KUSCH · AITS



# TAFELWERK

## MATHEMATIK
## PHYSIK
## CHEMIE

Cornelsen

Für den Gebrauch an Schulen


Bestellnummer 828862
1. Auflage
Druck 4 3 2 1 / 94 93 92 91
Alle Drucke derselben Auflage sind im Unterricht parallel verwendbar.

Vertrieb: Cornelsen Verlagsgesellschaft, Bielefeld
Gesamtherstellung: Universitätsdruckerei H. Stürtz AG, Würzburg

ISBN 3-590-82886-2

**Inhaltsverzeichnis**

## Gebrauch der Zahlentafeln

**1.**



In den Tafeln kann man für jede ganze Zahl ($d$ oder $n$) von 1 ... 1000 sofort das entsprechende Ergebnis von $d \cdot \pi$, $\frac{d^2 \cdot \pi}{4}$, $n^2$, $n^3$, $\sqrt{n}$, und $\sqrt[3]{n}$ ablesen. Auch für Dezimalzahlen oder Zahlen über 1000 kann man durch Kommaverschiebung mit Hilfe der Tabelle das Ergebnis berechnen. Das Komma wird dabei um so viele Stellen nach rechts (→) oder links (←) verschoben, bis eine Zahl (Hilfszahl) entsteht, die in der Tabelle enthalten ist. Um den wirklichen Wert zu erhalten, muß man das Komma beim Tabellenwert der Hilfszahl nach nebenstehendem Schema verschieben.

| Stellenzahl der Kommaverschiebung bei $d$ oder $n$ | Stellenzahl der Kommaverschiebung bei $d \cdot \pi$ | $\frac{d^2 \cdot \pi}{4}$ | $n^2$ | $n^3$ |
|---|---|---|---|---|
| 1 → | ← 1 | ← 2 | ← 2 | ← 3 |
| 1 ← | 1 → | 2 → | 2 → | 3 → |
| 2 → | ← 2 | ← 4 | ← 4 | ← 6 |
| 3 ← | 3 → | 6 → | 6 → | 9 → |

| Beispiel | Stellenzahl der Kommaverschiebung | Hilfszahl | Tabellenwerte der Hilfszahl $d \cdot \pi$ | $\frac{d^2 \cdot \pi}{4}$ | $n^2$ | $n^3$ | Wirkliche Werte nach Kommaverschiebung $d \cdot \pi$ | $\frac{d^2 \cdot \pi}{4}$ | $n^2$ | $n^3$ |
|---|---|---|---|---|---|---|---|---|---|---|
| 34,8 | 1 → | 348 | 1093,3 | 95 114,9 | 121 104 | 42 144 192 | 109,33<br>1 Stelle ← | 951,149<br>2 Stellen ← | 1211,04<br>2 Stellen ← | 42 144,192<br>3 Stellen ← |
| 0,125 | 3 → | 125 | 392,70 | 12 271,8 | 15 625 | 1 953 125 | 0,39270<br>3 Stellen ← | 0,0122718<br>6 Stellen ← | 0,015625<br>6 Stellen ← | 0,001953125<br>9 Stellen ← |
| 45 000 | 2 ← | 450 | 1 413,7 | 159 043 | 202 500 | 91 125 000 | 141 370<br>2 Stellen → | 1 590 430 000<br>4 Stellen → | 2 025 000 000<br>4 Stellen → | 91 125 000 000 000<br>6 Stellen → |

Soll von einer Zahl ($n = d$), die nicht in der Tabelle steht, der Wurzelwert aufgesucht werden, so wird ihr Komma bei der Quadratwurzel ($\sqrt{n}$) einmal oder mehrmals um zwei Stellen, bei der Kubikwurzel ($\sqrt[3]{n}$) einmal oder mehrmals um drei Stellen verschoben, bis eine Hilfszahl entsteht, die in der Tabelle enthalten ist. Für je zwei Stellen Kommaverschiebung bei $\sqrt{n}$ bzw. drei Stellen bei $\sqrt[3]{n}$ verschiebt sich das Komma beim Wurzelwert um eine Stelle nach rechts oder links.

| Beispiel | Stellenzahl der Kommaverschiebung ← → | Hilfszahl | Tabellenwert der Hilfszahl | Stellenzahl der Kommaverschiebung ← → | Wirklicher Wurzelwert |
|---|---|---|---|---|---|
| $\sqrt{4{,}8}$ | 2 → | $\sqrt{480}$ | 21,9089 | 1 ← | 2,19089 |
| $\sqrt{0{,}048}$ | 4 → | $\sqrt{480}$ | 21,9089 | 2 ← | 0,219089 |
| $\sqrt{37\,600}$ | 2 ← | $\sqrt{376}$ | 19,3907 | 1 → | 193,907 |
| $\sqrt[3]{0{,}27}$ | 3 → | $\sqrt[3]{270}$ | 6,4633 | 1 ← | 0,64633 |
| $\sqrt[3]{976\,000}$ | 3 ← | $\sqrt[3]{976}$ | 9,9194 | 1 → | 99,194 |

Die Tabelle kann man auch zum Rückwärtstabellieren benutzen.

### 1. Aufsuchen von *d*

Zu einem gegebenen Wert $d \cdot \pi$ oder $\frac{d^2 \cdot \pi}{4}$ kann man den Wert für $d$ aus der Tabelle aufsuchen.

Beispiel: $U = 250$ cm; $d =$ ? cm.
Aus der Grobablesung bei 250 erkennt man, daß der Wert für $d$ zwischen 79 und 80 liegt. Nach Kommaverschiebung um eine Stelle (Hilfszahl = 2 500) liest man für $d$ ungefähr den Wert 796 ab. Nach Kommarückverschiebung erhält man als Ergebnis: $d = 79{,}6$ cm.

Beispiel: $A = 2\,600$ cm$^2$; $d =$ ? cm.
Grobablesung: $d$ zwischen 57 und 58 cm.
Nach Kommaverschiebung: $A = 260\,000$ cm$^2$; $d = 575$ cm.
Nach Kommarückverschiebung: $d = 57{,}5$ cm.

### 2. Wurzelziehen

Mit Hilfe der Spalten $n^2$ und $n^3$ kann man durch Rückwärtstabellieren Wurzeln berechnen.

Beispiel: $\sqrt{39{,}7} =$ ?
Grobablesung: $\sqrt{39} = 6{,}2450$; $\sqrt{40} = 6{,}3246$.
Das Ergebnis hat also die Kommastelle 6, ..... Nun verschiebt man bei 39,7 das Komma $2 \cdot 2 = 4$ Stellen nach rechts. Die Hilfszahl 397 000 liegt in der $n^2$-Spalte zwischen 396 900 und 398 161. Ihr Wurzelwert $n$ liegt demnach zwischen 630 und 631. Da die Hilfszahl 396 900 nahe bei 397 000 liegt, kann man als Zwischenwert 630,1 annehmen. Nach Kommarückverschiebung erhält man den Wert $\sqrt{39{,}7} = 6{,}301$.

Beispiel: $\sqrt[3]{2{,}57} =$ ?
Grobablesung: $\sqrt[3]{2} = 1{,}2599$; $\sqrt[3]{3} = 1{,}4422$.
Wurzelwert: 1, .....
Kommaverschiebung: $2 \cdot 3 = 6$ Stellen.
Hilfszahl: 2 570 000.
Wurzelwert der Hilfszahl: = 137.
Wurzelwert nach Kommaverschiebung: $\sqrt[3]{2{,}57} = 1{,}37$.

## 2. Zahlentafeln

| d oder n | $d \cdot \pi$ | $\frac{d^2 \cdot \pi}{4}$ | $n^2$ | $n^3$ | $\sqrt{n}$ | $\sqrt[3]{n}$ | Faktoren von n | d oder n |
|---|---|---|---|---|---|---|---|---|
| 1 | 3,142 | 0,7854 | 1 | 1 | 1,0000 | 1,0000 | | 1 |
| 2 | 6,283 | 3,1416 | 4 | 8 | 1,4142 | 1,2599 | Primzahl | 2 |
| 3 | 9,425 | 7,0686 | 9 | 27 | 1,7321 | 1,4422 | Primzahl | 3 |
| 4 | 12,566 | 12,5664 | 16 | 64 | 2,0000 | 1,5874 | $2^2$ | 4 |
| 5 | 15,708 | 19,6350 | 25 | 125 | 2,2361 | 1,7100 | Primzahl | 5 |
| 6 | 18,850 | 28,2743 | 36 | 216 | 2,4495 | 1,8171 | $2 \cdot 3$ | 6 |
| 7 | 21,991 | 38,4845 | 49 | 343 | 2,6458 | 1,9129 | Primzahl | 7 |
| 8 | 25,133 | 50,2655 | 64 | 512 | 2,8284 | 2,0000 | $2^3$ | 8 |
| 9 | 28,274 | 63,6173 | 81 | 729 | 3,0000 | 2,0801 | $3^2$ | 9 |
| 10 | 31,416 | 78,5398 | 100 | 1 000 | 3,1623 | 2,1544 | $2 \cdot 5$ | 10 |
| 11 | 34,558 | 95,0332 | 121 | 1 331 | 3,3166 | 2,2240 | Primzahl | 11 |
| 12 | 37,699 | 113,097 | 144 | 1 728 | 3,4641 | 2,2894 | $2^2 \cdot 3$ | 12 |
| 13 | 40,841 | 132,732 | 169 | 2 197 | 3,6056 | 2,3513 | Primzahl | 13 |
| 14 | 43,982 | 153,938 | 196 | 2 744 | 3,7417 | 2,4101 | $2 \cdot 7$ | 14 |
| 15 | 47,124 | 176,715 | 225 | 3 375 | 3,8730 | 2,4662 | $3 \cdot 5$ | 15 |
| 16 | 50,265 | 201,062 | 256 | 4 096 | 4,0000 | 2,5198 | $2^4$ | 16 |
| 17 | 53,407 | 226,980 | 289 | 4 913 | 4,1231 | 2,5713 | Primzahl | 17 |
| 18 | 56,549 | 254,469 | 324 | 5 832 | 4,2426 | 2,6207 | $2 \cdot 3^2$ | 18 |
| 19 | 59,690 | 283,529 | 361 | 6 859 | 4,3589 | 2,6684 | Primzahl | 19 |
| 20 | 62,832 | 314,159 | 400 | 8 000 | 4,4721 | 2,7144 | $2^2 \cdot 5$ | 20 |
| 21 | 65,973 | 346,361 | 441 | 9 261 | 4,5826 | 2,7589 | $3 \cdot 7$ | 21 |
| 22 | 69,115 | 380,133 | 484 | 10 648 | 4,6904 | 2,8020 | $2 \cdot 11$ | 22 |
| 23 | 72,257 | 415,476 | 529 | 12 167 | 4,7958 | 2,8439 | Primzahl | 23 |
| 24 | 75,398 | 452,389 | 576 | 13 824 | 4,8990 | 2,8845 | $2^3 \cdot 3$ | 24 |
| 25 | 78,540 | 490,874 | 625 | 15 625 | 5,0000 | 2,9240 | $5^2$ | 25 |
| 26 | 81,681 | 530,929 | 676 | 17 576 | 5,0990 | 2,9625 | $2 \cdot 13$ | 26 |
| 27 | 84,823 | 572,555 | 729 | 19 683 | 5,1962 | 3,0000 | $3^3$ | 27 |
| 28 | 87,965 | 615,752 | 784 | 21 952 | 5,2915 | 3,0366 | $2^2 \cdot 7$ | 28 |
| 29 | 91,106 | 660,520 | 841 | 24 389 | 5,3852 | 3,0723 | Primzahl | 29 |
| 30 | 94,248 | 706,858 | 900 | 27 000 | 5,4772 | 3,1072 | $2 \cdot 3 \cdot 5$ | 30 |
| 31 | 97,389 | 754,768 | 961 | 29 791 | 5,5678 | 3,1414 | Primzahl | 31 |
| 32 | 100,531 | 804,248 | 1 024 | 32 768 | 5,6569 | 3,1748 | $2^5$ | 32 |
| 33 | 103,673 | 855,299 | 1 089 | 35 937 | 5,7446 | 3,2075 | $3 \cdot 11$ | 33 |
| 34 | 106,814 | 907,920 | 1 156 | 39 304 | 5,8310 | 3,2396 | $2 \cdot 17$ | 34 |
| 35 | 109,956 | 962,113 | 1 225 | 42 875 | 5,9161 | 3,2711 | $5 \cdot 7$ | 35 |
| 36 | 113,097 | 1 017,88 | 1 296 | 46 656 | 6,0000 | 3,3019 | $2^2 \cdot 3^2$ | 36 |
| 37 | 116,239 | 1 075,21 | 1 369 | 50 653 | 6,0828 | 3,3322 | Primzahl | 37 |
| 38 | 119,381 | 1 134,11 | 1 444 | 54 872 | 6,1644 | 3,3620 | $2 \cdot 19$ | 38 |
| 39 | 122,522 | 1 194,59 | 1 521 | 59 319 | 6,2450 | 3,3912 | $3 \cdot 13$ | 39 |
| 40 | 125,66 | 1 256,64 | 1 600 | 64 000 | 6,3246 | 3,4200 | $2^3 \cdot 5$ | 40 |
| 41 | 128,81 | 1 320,25 | 1 681 | 68 921 | 6,4031 | 3,4482 | Primzahl | 41 |
| 42 | 131,95 | 1 385,44 | 1 764 | 74 088 | 6,4807 | 3,4760 | $2 \cdot 3 \cdot 7$ | 42 |
| 43 | 135,09 | 1 452,20 | 1 849 | 79 507 | 6,5574 | 3,5034 | Primzahl | 43 |
| 44 | 138,23 | 1 520,53 | 1 936 | 85 184 | 6,6332 | 3,5303 | $2^2 \cdot 11$ | 44 |
| 45 | 141,37 | 1 590,43 | 2 025 | 91 125 | 6,7082 | 3,5569 | $3^2 \cdot 5$ | 45 |
| 46 | 144,51 | 1 661,90 | 2 116 | 97 336 | 6,7823 | 3,5830 | $2 \cdot 23$ | 46 |
| 47 | 147,65 | 1 734,94 | 2 209 | 103 823 | 6,8557 | 3,6088 | Primzahl | 47 |
| 48 | 150,80 | 1 809,56 | 2 304 | 110 592 | 6,9282 | 3,6342 | $2^4 \cdot 3$ | 48 |
| 49 | 153,94 | 1 885,74 | 2 401 | 117 649 | 7,0000 | 3,6593 | $7^2$ | 49 |
| 50 | 157,08 | 1 963,50 | 2 500 | 125 000 | 7,0711 | 3,6840 | $2 \cdot 5^2$ | 50 |

| *d* oder *n* | $d \cdot \pi$ | $\frac{d^2 \cdot \pi}{4}$ | $n^2$ | $n^3$ | $\sqrt{n}$ | $\sqrt[3]{n}$ | Faktoren von *n* | *d* oder *n* |
|---|---|---|---|---|---|---|---|---|
| 51 | 160,22 | 2 042,82 | 2 601 | 132 651 | 7,1414 | 3,7084 | $3 \cdot 17$ | 51 |
| 52 | 163,36 | 2 123,72 | 2 704 | 140 608 | 7,2111 | 3,7325 | $2^2 \cdot 13$ | 52 |
| 53 | 166,50 | 2 206,18 | 2 809 | 148 877 | 7,2801 | 3,7563 | Primzahl | 53 |
| 54 | 169,65 | 2 290,22 | 2 916 | 157 464 | 7,3485 | 3,7798 | $2 \cdot 3^3$ | 54 |
| 55 | 172,79 | 2 375,83 | 3 025 | 166 375 | 7,4162 | 3,8030 | $5 \cdot 11$ | 55 |
| 56 | 175,93 | 2 463,01 | 3 136 | 175 616 | 7,4833 | 3,8259 | $2^3 \cdot 7$ | 56 |
| 57 | 179,07 | 2 551,76 | 3 249 | 185 193 | 7,5498 | 3,8485 | $3 \cdot 19$ | 57 |
| 58 | 182,21 | 2 642,08 | 3 364 | 195 112 | 7,6158 | 3,8709 | $2 \cdot 29$ | 58 |
| 59 | 185,35 | 2 733,97 | 3 481 | 205 379 | 7,6811 | 3,8930 | Primzahl | 59 |
| 60 | 188,50 | 2 827,43 | 3 600 | 216 000 | 7,7460 | 3,9149 | $2^2 \cdot 3 \cdot 5$ | 60 |
| 61 | 191,64 | 2 922,47 | 3 721 | 226 981 | 7,8102 | 3,9365 | Primzahl | 61 |
| 62 | 194,78 | 3 019,07 | 3 844 | 238 328 | 7,8740 | 3,9579 | $2 \cdot 31$ | 62 |
| 63 | 197,92 | 3 117,25 | 3 969 | 250 047 | 7,9373 | 3,9791 | $3^2 \cdot 7$ | 63 |
| 64 | 201,06 | 3 216,99 | 4 096 | 262 144 | 8,0000 | 4,0000 | $2^6$ | 64 |
| 65 | 204,20 | 3 318,31 | 4 225 | 274 625 | 8,0623 | 4,0207 | $5 \cdot 13$ | 65 |
| 66 | 207,35 | 3 421,19 | 4 356 | 287 496 | 8,1240 | 4,0412 | $2 \cdot 3 \cdot 11$ | 66 |
| 67 | 210,49 | 3 525,65 | 4 489 | 300 763 | 8,1854 | 4,0615 | Primzahl | 67 |
| 68 | 213,63 | 3 631,68 | 4 624 | 314 432 | 8,2462 | 4,0817 | $2^2 \cdot 17$ | 68 |
| 69 | 216,77 | 3 739,28 | 4 761 | 328 509 | 8,3066 | 4,1016 | $3 \cdot 23$ | 69 |
| 70 | 219,91 | 3 848,45 | 4 900 | 343 000 | 8,3666 | 4,1213 | $2 \cdot 5 \cdot 7$ | 70 |
| 71 | 223,05 | 3 959,19 | 5 041 | 357 911 | 8,4261 | 4,1408 | Primzahl | 71 |
| 72 | 226,19 | 4 071,50 | 5 184 | 373 248 | 8,4853 | 4,1602 | $2^3 \cdot 3^2$ | 72 |
| 73 | 229,34 | 4 185,39 | 5 329 | 389 017 | 8,5440 | 4,1793 | Primzahl | 73 |
| 74 | 232,48 | 4 300,84 | 5 476 | 405 224 | 8,6023 | 4,1983 | $2 \cdot 37$ | 74 |
| 75 | 235,62 | 4 417,86 | 5 625 | 421 875 | 8,6603 | 4,2172 | $3 \cdot 5^2$ | 75 |
| 76 | 238,76 | 4 536,46 | 5 776 | 438 976 | 8,7178 | 4,2358 | $2^2 \cdot 19$ | 76 |
| 77 | 241,90 | 4 656,63 | 5 929 | 456 533 | 8,7750 | 4,2543 | $7 \cdot 11$ | 77 |
| 78 | 245,04 | 4 778,36 | 6 084 | 474 552 | 8,8318 | 4,2727 | $2 \cdot 3 \cdot 13$ | 78 |
| 79 | 248,19 | 4 901,67 | 6 241 | 493 039 | 8,8882 | 4,2908 | Primzahl | 79 |
| 80 | 251,33 | 5 026,55 | 6 400 | 512 000 | 8,9443 | 4,3089 | $2^4 \cdot 5$ | 80 |
| 81 | 254,47 | 5 153,00 | 6 561 | 531 441 | 9,0000 | 4,3267 | $3^4$ | 81 |
| 82 | 257,61 | 5 281,02 | 6 724 | 551 368 | 9,0554 | 4,3445 | $2 \cdot 41$ | 82 |
| 83 | 260,75 | 5 410,61 | 6 889 | 571 787 | 9,1104 | 4,3621 | Primzahl | 83 |
| 84 | 263,89 | 5 541,77 | 7 056 | 592 704 | 9,1652 | 4,3795 | $2^2 \cdot 3 \cdot 7$ | 84 |
| 85 | 267,04 | 5 674,50 | 7 225 | 614 125 | 9,2195 | 4,3968 | $5 \cdot 17$ | 85 |
| 86 | 270,18 | 5 808,80 | 7 396 | 636 056 | 9,2736 | 4,4140 | $2 \cdot 43$ | 86 |
| 87 | 273,32 | 5 944,68 | 7 569 | 658 503 | 9,3274 | 4,4310 | $3 \cdot 29$ | 87 |
| 88 | 276,46 | 6 082,12 | 7 744 | 681 472 | 9,3808 | 4,4480 | $2^3 \cdot 11$ | 88 |
| 89 | 279,60 | 6 221,14 | 7 921 | 704 969 | 9,4340 | 4,4647 | Primzahl | 89 |
| 90 | 282,74 | 6 361,73 | 8 100 | 729 000 | 9,4868 | 4,4814 | $2 \cdot 3^2 \cdot 5$ | 90 |
| 91 | 285,88 | 6 503,08 | 8 281 | 753 571 | 9,5394 | 4,4979 | $7 \cdot 13$ | 91 |
| 92 | 289,03 | 6 647,61 | 8 464 | 778 688 | 9,5917 | 4,5144 | $2^2 \cdot 23$ | 92 |
| 93 | 292,17 | 6 792,91 | 8 649 | 804 357 | 9,6437 | 4,5307 | $3 \cdot 31$ | 93 |
| 94 | 295,31 | 6 939,78 | 8 836 | 830 584 | 9,6954 | 4,5468 | $2 \cdot 47$ | 94 |
| 95 | 298,45 | 7 088,22 | 9 025 | 857 375 | 9,7468 | 4,5629 | $5 \cdot 19$ | 95 |
| 96 | 301,59 | 7 238,23 | 9 216 | 884 736 | 9,7980 | 4,5789 | $2^5 \cdot 3$ | 96 |
| 97 | 304,73 | 7 389,81 | 9 409 | 912 673 | 9,8489 | 4,5947 | Primzahl | 97 |
| 98 | 307,88 | 7 542,96 | 9 604 | 941 192 | 9,8995 | 4,6104 | $2 \cdot 7^2$ | 98 |
| 99 | 311,02 | 7 697,69 | 9 801 | 970 299 | 9,9499 | 4,6261 | $3^2 \cdot 11$ | 99 |
| 100 | 314,16 | 7 853,98 | 10 000 | 1 000 000 | 10,0000 | 4,6416 | $2^2 \cdot 5^2$ | 100 |

# 101 . . . 150

| *d* oder *n* | $d \cdot \pi$ | $\frac{d^2 \cdot \pi}{4}$ | $n^2$ | $n^3$ | $\sqrt{n}$ | $\sqrt[3]{n}$ | Faktoren von *n* | *d* oder *n* |
|---|---|---|---|---|---|---|---|---|
| 101 | 317,30 | 8 011,85 | 10 201 | 1 030 301 | 10,0499 | 4,6570 | Primzahl | 101 |
| 102 | 320,44 | 8 171,28 | 10 404 | 1 061 208 | 10,0995 | 4,6723 | $2 \cdot 3 \cdot 17$ | 102 |
| 103 | 323,58 | 8 332,29 | 10 609 | 1 092 727 | 10,1489 | 4,6875 | Primzahl | 103 |
| 104 | 326,73 | 8 494,87 | 10 816 | 1 124 864 | 10,1980 | 4,7027 | $2^3 \cdot 13$ | 104 |
| 105 | 329,87 | 8 659,01 | 11 025 | 1 157 625 | 10,2470 | 4,7177 | $3 \cdot 5 \cdot 7$ | 105 |
| 106 | 333,01 | 8 824,73 | 11 236 | 1 191 016 | 10,2956 | 4,7326 | $2 \cdot 53$ | 106 |
| 107 | 336,15 | 8 992,02 | 11 449 | 1 225 043 | 10,3441 | 4,7475 | Primzahl | 107 |
| 108 | 339,29 | 9 160,88 | 11 664 | 1 259 712 | 10,3923 | 4,7622 | $2^2 \cdot 3^3$ | 108 |
| 109 | 342,43 | 9 331,32 | 11 881 | 1 295 029 | 10,4403 | 4,7769 | Primzahl | 109 |
| 110 | 345,58 | 9 503,32 | 12 100 | 1 331 000 | 10,4881 | 4,7914 | $2 \cdot 5 \cdot 11$ | 110 |
| 111 | 348,72 | 9 676,89 | 12 321 | 1 367 631 | 10,5357 | 4,8059 | $3 \cdot 37$ | 111 |
| 112 | 351,86 | 9 852,03 | 12 544 | 1 404 928 | 10,5830 | 4,8203 | $2^4 \cdot 7$ | 112 |
| 113 | 355,00 | 10 028,7 | 12 769 | 1 442 897 | 10,6301 | 4,8346 | Primzahl | 113 |
| 114 | 358,14 | 10 207,0 | 12 996 | 1 481 544 | 10,6771 | 4,8488 | $2 \cdot 3 \cdot 19$ | 114 |
| 115 | 361,28 | 10 386,9 | 13 225 | 1 520 875 | 10,7238 | 4,8629 | $5 \cdot 23$ | 115 |
| 116 | 364,42 | 10 568,3 | 13 456 | 1 560 896 | 10,7703 | 4,8770 | $2^2 \cdot 29$ | 116 |
| 117 | 367,57 | 10 751,3 | 13 689 | 1 601 613 | 10,8167 | 4,8910 | $3^2 \cdot 13$ | 117 |
| 118 | 370,71 | 10 935,9 | 13 924 | 1 643 032 | 10,8628 | 4,9049 | $2 \cdot 59$ | 118 |
| 119 | 373,85 | 11 122,0 | 14 161 | 1 685 159 | 10,9087 | 4,9187 | $7 \cdot 17$ | 119 |
| 120 | 376,99 | 11 309,7 | 14 400 | 1 728 000 | 10,9545 | 4,9324 | $2^3 \cdot 3 \cdot 5$ | 120 |
| 121 | 380,13 | 11 499,0 | 14 641 | 1 771 561 | 11,0000 | 4,9461 | $11^2$ | 121 |
| 122 | 383,27 | 11 689,9 | 14 884 | 1 815 848 | 11,0454 | 4,9597 | $2 \cdot 61$ | 122 |
| 123 | 386,42 | 11 882,3 | 15 129 | 1 860 867 | 11,0905 | 4,9732 | $3 \cdot 41$ | 123 |
| 124 | 389,56 | 12 076,3 | 15 376 | 1 906 624 | 11,1355 | 4,9866 | $2^2 \cdot 31$ | 124 |
| 125 | 392,70 | 12 271,8 | 15 625 | 1 953 125 | 11,1803 | 5,0000 | $5^3$ | 125 |
| 126 | 395,84 | 12 469,0 | 15 876 | 2 000 376 | 11,2250 | 5,0133 | $2 \cdot 3^2 \cdot 7$ | 126 |
| 127 | 398,98 | 12 667,7 | 16 129 | 2 048 383 | 11,2694 | 5,0265 | Primzahl | 127 |
| 128 | 402,12 | 12 868,0 | 16 384 | 2 097 152 | 11,3137 | 5,0397 | $2^7$ | 128 |
| 129 | 405,27 | 13 069,8 | 16 641 | 2 146 689 | 11,3578 | 5,0528 | $3 \cdot 43$ | 129 |
| 130 | 408,41 | 13 273,2 | 16 900 | 2 197 000 | 11,4018 | 5,0658 | $2 \cdot 5 \cdot 13$ | 130 |
| 131 | 411,55 | 13 478,2 | 17 161 | 2 248 091 | 11,4455 | 5,0788 | Primzahl | 131 |
| 132 | 414,69 | 13 684,8 | 17 424 | 2 299 968 | 11,4891 | 5,0916 | $2^2 \cdot 3 \cdot 11$ | 132 |
| 133 | 417,83 | 13 892,9 | 17 689 | 2 352 637 | 11,5326 | 5,1045 | $7 \cdot 19$ | 133 |
| 134 | 420,97 | 14 102,6 | 17 956 | 2 406 104 | 11,5758 | 5,1172 | $2 \cdot 67$ | 134 |
| 135 | 424,12 | 14 313,9 | 18 225 | 2 460 375 | 11,6190 | 5,1299 | $3^3 \cdot 5$ | 135 |
| 136 | 427,26 | 14 526,7 | 18 496 | 2 515 456 | 11,6619 | 5,1426 | $2^3 \cdot 17$ | 136 |
| 137 | 430,40 | 14 741,1 | 18 769 | 2 571 353 | 11,7047 | 5,1551 | Primzahl | 137 |
| 138 | 433,54 | 14 957,1 | 19 044 | 2 628 072 | 11,7473 | 5,1676 | $2 \cdot 3 \cdot 23$ | 138 |
| 139 | 436,68 | 15 174,7 | 19 321 | 2 685 619 | 11,7898 | 5,1801 | Primzahl | 139 |
| 140 | 439,82 | 15 393,8 | 19 600 | 2 744 000 | 11,8322 | 5,1925 | $2^2 \cdot 5 \cdot 7$ | 140 |
| 141 | 442,96 | 15 614,5 | 19 881 | 2 803 221 | 11,8743 | 5,2048 | $3 \cdot 47$ | 141 |
| 142 | 446,11 | 15 836,8 | 20 164 | 2 863 288 | 11,9164 | 5,2171 | $2 \cdot 71$ | 142 |
| 143 | 449,25 | 16 060,6 | 20 449 | 2 924 207 | 11,9583 | 5,2293 | $11 \cdot 13$ | 143 |
| 144 | 452,39 | 16 286,0 | 20 736 | 2 985 984 | 12,0000 | 5,2415 | $2^4 \cdot 3^2$ | 144 |
| 145 | 455,53 | 16 513,0 | 21 025 | 3 048 625 | 12,0416 | 5,2536 | $5 \cdot 29$ | 145 |
| 146 | 458,67 | 16 741,5 | 21 316 | 3 112 136 | 12,0830 | 5,2656 | $2 \cdot 73$ | 146 |
| 147 | 461,81 | 16 971,7 | 21 609 | 3 176 523 | 12,1244 | 5,2776 | $3 \cdot 7^2$ | 147 |
| 148 | 464,96 | 17 203,4 | 21 904 | 3 241 792 | 12,1655 | 5,2896 | $2^2 \cdot 37$ | 148 |
| 149 | 468,10 | 17 436,6 | 22 201 | 3 307 949 | 12,2066 | 5,3015 | Primzahl | 149 |
| 150 | 471,24 | 17 671,5 | 22 500 | 3 375 000 | 12,2474 | 5,3133 | $2 \cdot 3 \cdot 5^2$ | 150 |

| *d* oder *n* | $d \cdot \pi$ | $\frac{d^2 \cdot \pi}{4}$ | $n^2$ | $n^3$ | $\sqrt{n}$ | $\sqrt[3]{n}$ | Faktoren von *n* | *d* oder *n* |
|---|---|---|---|---|---|---|---|---|
| 151 | 474,38 | 17 907,9 | 22 801 | 3 442 951 | 12,2882 | 5,3251 | Primzahl | 151 |
| 152 | 477,52 | 18 145,8 | 23 104 | 3 511 808 | 12,3288 | 5,3368 | $2^3 \cdot 19$ | 152 |
| 153 | 480,66 | 18 385,4 | 23 409 | 3 581 577 | 12,3693 | 5,3485 | $3^2 \cdot 17$ | 153 |
| 154 | 483,81 | 18 626,5 | 23 716 | 3 652 264 | 12,4097 | 5,3601 | $2 \cdot 7 \cdot 11$ | 154 |
| 155 | 486,95 | 18 869,2 | 24 025 | 3 723 875 | 12,4499 | 5,3717 | $5 \cdot 31$ | 155 |
| 156 | 490,09 | 19 113,4 | 24 336 | 3 796 416 | 12,4900 | 5,3832 | $2^2 \cdot 3 \cdot 13$ | 156 |
| 157 | 493,23 | 19 359,3 | 24 649 | 3 869 893 | 12,5300 | 5,3947 | Primzahl | 157 |
| 158 | 496,37 | 19 606,7 | 24 964 | 3 944 312 | 12,5698 | 5,4061 | $2 \cdot 79$ | 158 |
| 159 | 499,51 | 19 855,7 | 25 281 | 4 019 679 | 12,6095 | 5,4175 | $3 \cdot 53$ | 159 |
| **160** | 502,65 | 20 106,2 | 25 600 | 4 096 000 | 12,6491 | 5,4288 | $2^5 \cdot 5$ | **160** |
| 161 | 505,80 | 20 358,3 | 25 921 | 4 173 281 | 12,6886 | 5,4401 | $7 \cdot 23$ | 161 |
| 162 | 508,94 | 20 612,0 | 26 244 | 4 251 528 | 12,7279 | 5,4514 | $2 \cdot 3^4$ | 162 |
| 163 | 512,08 | 20 867,2 | 26 569 | 4 330 747 | 12,7671 | 5,4626 | Primzahl | 163 |
| 164 | 515,22 | 21 124,1 | 26 896 | 4 410 944 | 12,8062 | 5,4737 | $2^2 \cdot 41$ | 164 |
| 165 | 518,36 | 21 382,5 | 27 225 | 4 492 125 | 12,8452 | 5,4848 | $3 \cdot 5 \cdot 11$ | 165 |
| 166 | 521,50 | 21 642,4 | 27 556 | 4 574 296 | 12,8841 | 5,4959 | $2 \cdot 83$ | 166 |
| 167 | 524,65 | 21 904,0 | 27 889 | 4 657 463 | 12,9228 | 5,5069 | Primzahl | 167 |
| 168 | 527,79 | 22 167,1 | 28 224 | 4 741 632 | 12,9615 | 5,5178 | $2^3 \cdot 3 \cdot 7$ | 168 |
| 169 | 530,93 | 22 431,8 | 28 561 | 4 826 809 | 13,0000 | 5,5288 | $13^2$ | 169 |
| **170** | 534,07 | 22 698,0 | 28 900 | 4 913 000 | 13,0384 | 5,5397 | $2 \cdot 5 \cdot 17$ | **170** |
| 171 | 537,21 | 22 965,8 | 29 241 | 5 000 211 | 13,0767 | 5,5505 | $3^2 \cdot 19$ | 171 |
| 172 | 540,35 | 23 235,2 | 29 584 | 5 088 448 | 13,1149 | 5,5613 | $2^2 \cdot 43$ | 172 |
| 173 | 543,50 | 23 506,2 | 29 929 | 5 177 717 | 13,1529 | 5,5721 | Primzahl | 173 |
| 174 | 546,64 | 23 778,7 | 30 276 | 5 268 024 | 13,1909 | 5,5828 | $2 \cdot 3 \cdot 29$ | 174 |
| 175 | 549,78 | 24 052,8 | 30 625 | 5 359 375 | 13,2288 | 5,5934 | $5^2 \cdot 7$ | 175 |
| 176 | 552,92 | 24 328,5 | 30 976 | 5 451 776 | 13,2665 | 5,6041 | $2^4 \cdot 11$ | 176 |
| 177 | 556,06 | 24 605,7 | 31 329 | 5 545 233 | 13,3041 | 5,6147 | $3 \cdot 59$ | 177 |
| 178 | 559,20 | 24 884,6 | 31 684 | 5 639 752 | 13,3417 | 5,6252 | $2 \cdot 89$ | 178 |
| 179 | 562,35 | 25 164,9 | 32 041 | 5 735 339 | 13,3791 | 5,6357 | Primzahl | 179 |
| **180** | 565,49 | 25 446,9 | 32 400 | 5 832 000 | 13,4164 | 5,6462 | $2^2 \cdot 3^2 \cdot 5$ | **180** |
| 181 | 568,63 | 25 730,4 | 32 761 | 5 929 741 | 13,4536 | 5,6567 | Primzahl | 181 |
| 182 | 571,77 | 26 015,5 | 33 124 | 6 028 568 | 13,4907 | 5,6671 | $2 \cdot 7 \cdot 13$ | 182 |
| 183 | 574,91 | 26 302,2 | 33 489 | 6 128 487 | 13,5277 | 5,6774 | $3 \cdot 61$ | 183 |
| 184 | 578,05 | 26 590,4 | 33 856 | 6 229 504 | 13,5647 | 5,6877 | $2^3 \cdot 23$ | 184 |
| 185 | 581,19 | 26 880,3 | 34 225 | 6 331 625 | 13,6015 | 5,6980 | $5 \cdot 37$ | 185 |
| 186 | 584,34 | 27 171,6 | 34 596 | 6 434 856 | 13,6382 | 5,7083 | $2 \cdot 3 \cdot 31$ | 186 |
| 187 | 587,48 | 27 464,6 | 34 969 | 6 539 203 | 13,6748 | 5,7185 | $11 \cdot 17$ | 187 |
| 188 | 590,62 | 27 759,1 | 35 344 | 6 644 672 | 13,7113 | 5,7287 | $2^2 \cdot 47$ | 188 |
| 189 | 593,76 | 28 055,2 | 35 721 | 6 751 269 | 13,7477 | 5,7388 | $3^3 \cdot 7$ | 189 |
| **190** | 596,90 | 28 352,9 | 36 100 | 6 859 000 | 13,7840 | 5,7489 | $2 \cdot 5 \cdot 19$ | **190** |
| 191 | 600,04 | 28 652,1 | 36 481 | 6 967 871 | 13,8203 | 5,7590 | Primzahl | 191 |
| 192 | 603,19 | 28 952,9 | 36 864 | 7 077 888 | 13,8564 | 5,7690 | $2^6 \cdot 3$ | 192 |
| 193 | 606,33 | 29 255,3 | 37 249 | 7 189 057 | 13,8924 | 5,7790 | Primzahl | 193 |
| 194 | 609,47 | 29 559,2 | 37 636 | 7 301 384 | 13,9284 | 5,7890 | $2 \cdot 97$ | 194 |
| 195 | 612,61 | 29 864,8 | 38 025 | 7 414 875 | 13,9642 | 5,7989 | $3 \cdot 5 \cdot 13$ | 195 |
| 196 | 615,75 | 30 171,9 | 38 416 | 7 529 536 | 14,0000 | 5,8088 | $2^2 \cdot 7^2$ | 196 |
| 197 | 618,89 | 30 480,5 | 38 809 | 7 645 373 | 14,0357 | 5,8186 | Primzahl | 197 |
| 198 | 622,04 | 30 790,7 | 39 204 | 7 762 392 | 14,0712 | 5,8285 | $2 \cdot 3^2 \cdot 11$ | 198 |
| 199 | 625,18 | 31 102,6 | 39 601 | 7 880 599 | 14,1067 | 5,8383 | Primzahl | 199 |
| **200** | 628,32 | 31 415,9 | 40 000 | 8 000 000 | 14,1421 | 5,8480 | $2^3 \cdot 5^2$ | **200** |

| *d* oder *n* | $d \cdot \pi$ | $\frac{d^2 \cdot \pi}{4}$ | $n^2$ | $n^3$ | $\sqrt{n}$ | $\sqrt[3]{n}$ | Faktoren von *n* | *d* oder *n* |
|---|---|---|---|---|---|---|---|---|
| 201 | 631,46 | 31 730,9 | 40 401 | 8 120 601 | 14,1774 | 5,8578 | $3 \cdot 67$ | 201 |
| 202 | 634,60 | 32 047,4 | 40 804 | 8 242 408 | 14,2127 | 5,8675 | $2 \cdot 101$ | 202 |
| 203 | 637,74 | 32 365,5 | 41 209 | 8 365 427 | 14,2478 | 5,8771 | $7 \cdot 29$ | 203 |
| 204 | 640,88 | 32 685,1 | 41 616 | 8 489 664 | 14,2829 | 5,8868 | $2^2 \cdot 3 \cdot 17$ | 204 |
| 205 | 644,03 | 33 006,4 | 42 025 | 8 615 125 | 14,3178 | 5,8964 | $5 \cdot 41$ | 205 |
| 206 | 647,17 | 33 329,2 | 42 436 | 8 741 816 | 14,3527 | 5,9059 | $2 \cdot 103$ | 206 |
| 207 | 650,31 | 33 653,5 | 42 849 | 8 869 743 | 14,3875 | 5,9155 | $3^2 \cdot 23$ | 207 |
| 208 | 653,45 | 33 979,5 | 43 264 | 8 998 912 | 14,4222 | 5,9250 | $2^4 \cdot 13$ | 208 |
| 209 | 656,59 | 34 307,0 | 43 681 | 9 129 329 | 14,4568 | 5,9345 | $11 \cdot 19$ | 209 |
| 210 | 659,73 | 34 636,1 | 44 100 | 9 261 000 | 14,4914 | 5,9439 | $2 \cdot 3 \cdot 5 \cdot 7$ | 210 |
| 211 | 662,88 | 34 966,7 | 44 521 | 9 393 931 | 14,5258 | 5,9533 | Primzahl | 211 |
| 212 | 666,02 | 35 298,9 | 44 944 | 9 528 128 | 14,5602 | 5,9627 | $2^2 \cdot 53$ | 212 |
| 213 | 669,16 | 35 632,7 | 45 369 | 9 663 597 | 14,5945 | 5,9721 | $3 \cdot 71$ | 213 |
| 214 | 672,30 | 35 968,1 | 45 796 | 9 800 344 | 14,6287 | 5,9814 | $2 \cdot 107$ | 214 |
| 215 | 675,44 | 36 305,0 | 46 225 | 9 938 375 | 14,6629 | 5,9907 | $5 \cdot 43$ | 215 |
| 216 | 678,58 | 36 643,5 | 46 656 | 10 077 696 | 14,6969 | 6,0000 | $2^3 \cdot 3^3$ | 216 |
| 217 | 681,73 | 36 983,6 | 47 089 | 10 218 313 | 14,7309 | 6,0092 | $7 \cdot 31$ | 217 |
| 218 | 684,87 | 37 325,3 | 47 524 | 10 360 232 | 14,7648 | 6,0185 | $2 \cdot 109$ | 218 |
| 219 | 688,01 | 37 668,5 | 47 961 | 10 503 459 | 14,7986 | 6,0277 | $3 \cdot 73$ | 219 |
| 220 | 691,15 | 38 013,3 | 48 400 | 10 648 000 | 14,8324 | 6,0368 | $2^2 \cdot 5 \cdot 11$ | 220 |
| 221 | 694,29 | 38 359,6 | 48 841 | 10 793 861 | 14,8661 | 6,0459 | $13 \cdot 17$ | 221 |
| 222 | 697,43 | 38 707,6 | 49 284 | 10 941 048 | 14,8997 | 6,0550 | $2 \cdot 3 \cdot 37$ | 222 |
| 223 | 700,58 | 39 057,1 | 49 729 | 11 089 567 | 14,9332 | 6,0641 | Primzahl | 223 |
| 224 | 703,72 | 39 408,1 | 50 176 | 11 239 424 | 14,9666 | 6,0732 | $2^5 \cdot 7$ | 224 |
| 225 | 706,86 | 39 760,8 | 50 625 | 11 390 625 | 15,0000 | 6,0822 | $3^2 \cdot 5^2$ | 225 |
| 226 | 710,00 | 40 115,0 | 51 076 | 11 543 176 | 15,0333 | 6,0912 | $2 \cdot 113$ | 226 |
| 227 | 713,14 | 40 470,8 | 51 529 | 11 697 083 | 15,0665 | 6,1002 | Primzahl | 227 |
| 228 | 716,28 | 40 828,1 | 51 984 | 11 852 352 | 15,0997 | 6,1091 | $2^2 \cdot 3 \cdot 19$ | 228 |
| 229 | 719,42 | 41 187,1 | 52 441 | 12 008 989 | 15,1327 | 6,1180 | Primzahl | 229 |
| 230 | 722,57 | 41 547,6 | 52 900 | 12 167 000 | 15,1658 | 6,1269 | $2 \cdot 5 \cdot 23$ | 230 |
| 231 | 725,71 | 41 909,6 | 53 361 | 12 326 391 | 15,1987 | 6,1358 | $3 \cdot 7 \cdot 11$ | 231 |
| 232 | 728,85 | 42 273,3 | 53 824 | 12 487 168 | 15,2315 | 6,1446 | $2^3 \cdot 29$ | 232 |
| 233 | 731,99 | 42 638,5 | 54 289 | 12 649 337 | 15,2643 | 6,1534 | Primzahl | 233 |
| 234 | 735,13 | 43 005,3 | 54 756 | 12 812 904 | 15,2971 | 6,1622 | $2 \cdot 3^2 \cdot 13$ | 234 |
| 235 | 738,27 | 43 373,6 | 55 225 | 12 977 875 | 15,3297 | 6,1710 | $5 \cdot 47$ | 235 |
| 236 | 741,42 | 43 743,5 | 55 696 | 13 144 256 | 15,3623 | 6,1797 | $2^2 \cdot 59$ | 236 |
| 237 | 744,56 | 44 115,0 | 56 169 | 13 312 053 | 15,3948 | 6,1885 | $3 \cdot 79$ | 237 |
| 238 | 747,70 | 44 488,1 | 56 644 | 13 481 272 | 15,4272 | 6,1972 | $2 \cdot 7 \cdot 17$ | 238 |
| 239 | 750,84 | 44 862,7 | 57 121 | 13 651 919 | 15,4596 | 6,2058 | Primzahl | 239 |
| 240 | 753,98 | 45 238,9 | 57 600 | 13 824 000 | 15,4919 | 6,2145 | $2^4 \cdot 3 \cdot 5$ | 240 |
| 241 | 757,12 | 45 616,7 | 58 081 | 13 997 521 | 15,5242 | 6,2231 | Primzahl | 241 |
| 242 | 760,27 | 45 996,1 | 58 564 | 14 172 488 | 15,5563 | 6,2317 | $2 \cdot 11^2$ | 242 |
| 243 | 763,41 | 46 377,0 | 59 049 | 14 348 907 | 15,5885 | 6,2403 | $3^5$ | 243 |
| 244 | 766,55 | 46 759,5 | 59 536 | 14 526 784 | 15,6205 | 6,2488 | $2^2 \cdot 61$ | 244 |
| 245 | 769,69 | 47 143,5 | 60 025 | 14 706 125 | 15,6525 | 6,2573 | $5 \cdot 7^2$ | 245 |
| 246 | 772,83 | 47 529,2 | 60 516 | 14 886 936 | 15,6844 | 6,2658 | $2 \cdot 3 \cdot 41$ | 246 |
| 247 | 775,97 | 47 916,4 | 61 009 | 15 069 223 | 15,7162 | 6,2743 | $13 \cdot 19$ | 247 |
| 248 | 779,11 | 48 305,1 | 61 504 | 15 252 992 | 15,7480 | 6,2828 | $2^3 \cdot 31$ | 248 |
| 249 | 782,26 | 48 695,5 | 62 001 | 15 438 249 | 15,7797 | 6,2912 | $3 \cdot 83$ | 249 |
| 250 | 785,40 | 49 087,4 | 62 500 | 15 625 000 | 15,8114 | 6,2996 | $2 \cdot 5^3$ | 250 |

| d oder n | $d \cdot \pi$ | $\frac{d^2 \cdot \pi}{4}$ | $n^2$ | $n^3$ | $\sqrt{n}$ | $\sqrt[3]{n}$ | Faktoren von n | d oder n |
|---|---|---|---|---|---|---|---|---|
| 251 | 788,54 | 49 480,9 | 63 001 | 15 813 251 | 15,8430 | 6,3080 | Primzahl | 251 |
| 252 | 791,68 | 49 875,8 | 63 504 | 16 003 008 | 15,8745 | 6,3164 | $2^2 \cdot 3^2 \cdot 7$ | 252 |
| 253 | 794,82 | 50 272,6 | 64 009 | 16 194 277 | 15,9060 | 6,3247 | $11 \cdot 23$ | 253 |
| 254 | 797,96 | 50 670,7 | 64 516 | 16 387 064 | 15,9374 | 6,3330 | $2 \cdot 127$ | 254 |
| 255 | 801,11 | 51 070,5 | 65 025 | 16 581 375 | 15,9687 | 6,3413 | $3 \cdot 5 \cdot 17$ | 255 |
| 256 | 804,25 | 51 471,9 | 65 536 | 16 777 216 | 16,0000 | 6,3496 | $2^8$ | 256 |
| 257 | 807,39 | 51 874,8 | 66 049 | 16 974 593 | 16,0312 | 6,3579 | Primzahl | 257 |
| 258 | 810,53 | 52 279,2 | 66 564 | 17 173 512 | 16,0624 | 6,3661 | $2 \cdot 3 \cdot 43$ | 258 |
| 259 | 813,67 | 52 685,3 | 67 081 | 17 373 979 | 16,0935 | 6,3743 | $7 \cdot 37$ | 259 |
| **260** | 816,81 | 53 092,9 | 67 600 | 17 576 000 | 16,1245 | 6,3825 | $2^2 \cdot 5 \cdot 13$ | **260** |
| 261 | 819,96 | 53 502,1 | 68 121 | 17 779 581 | 16,1555 | 6,3907 | $3^2 \cdot 29$ | 261 |
| 262 | 823,10 | 53 912,9 | 68 644 | 17 984 728 | 16,1864 | 6,3988 | $2 \cdot 131$ | 262 |
| 263 | 826,24 | 54 325,2 | 69 169 | 18 191 447 | 16,2173 | 6,4070 | Primzahl | 263 |
| 264 | 829,38 | 54 739,1 | 69 696 | 18 399 744 | 16,2481 | 6,4151 | $2^3 \cdot 3 \cdot 11$ | 264 |
| 265 | 832,52 | 55 154,6 | 70 225 | 18 609 625 | 16,2788 | 6,4232 | $5 \cdot 53$ | 265 |
| 266 | 835,66 | 55 571,6 | 70 756 | 18 821 096 | 16,3095 | 6,4312 | $2 \cdot 7 \cdot 19$ | 266 |
| 267 | 838,81 | 55 990,2 | 71 289 | 19 034 163 | 16,3401 | 6,4393 | $3 \cdot 89$ | 267 |
| 268 | 841,95 | 56 410,4 | 71 824 | 19 248 832 | 16,3707 | 6,4473 | $2^2 \cdot 67$ | 268 |
| 269 | 845,09 | 56 832,2 | 72 361 | 19 465 109 | 16,4012 | 6,4553 | Primzahl | 269 |
| **270** | 848,23 | 57 255,5 | 72 900 | 19 683 000 | 16,4317 | 6,4633 | $2 \cdot 3^3 \cdot 5$ | **270** |
| 271 | 851,37 | 57 680,4 | 73 441 | 19 902 511 | 16,4621 | 6,4713 | Primzahl | 271 |
| 272 | 854,51 | 58 106,9 | 73 984 | 20 123 648 | 16,4924 | 6,4792 | $2^4 \cdot 17$ | 272 |
| 273 | 857,65 | 58 534,9 | 74 529 | 20 346 417 | 16,5227 | 6,4872 | $3 \cdot 7 \cdot 13$ | 273 |
| 274 | 860,80 | 58 964,6 | 75 076 | 20 570 824 | 16,5529 | 6,4951 | $2 \cdot 137$ | 274 |
| 275 | 863,94 | 59 395,7 | 75 625 | 20 796 875 | 16,5831 | 6,5030 | $5^2 \cdot 11$ | 275 |
| 276 | 867,08 | 59 828,5 | 76 176 | 21 024 576 | 16,6132 | 6,5108 | $2^2 \cdot 3 \cdot 23$ | 276 |
| 277 | 870,22 | 60 262,8 | 76 729 | 21 253 933 | 16,6433 | 6,5187 | Primzahl | 277 |
| 278 | 873,36 | 60 698,7 | 77 284 | 21 484 952 | 16,6733 | 6,5265 | $2 \cdot 139$ | 278 |
| 279 | 876,50 | 61 136,2 | 77 841 | 21 717 639 | 16,7033 | 6,5343 | $3^2 \cdot 31$ | 279 |
| **280** | 879,65 | 61 575,2 | 78 400 | 21 952 000 | 16,7332 | 6,5421 | $2^3 \cdot 5 \cdot 7$ | **280** |
| 281 | 882,79 | 62 015,8 | 78 961 | 22 188 041 | 16,7631 | 6,5499 | Primzahl | 281 |
| 282 | 885,93 | 62 458,0 | 79 524 | 22 425 768 | 16,7929 | 6,5577 | $2 \cdot 3 \cdot 47$ | 282 |
| 283 | 889,07 | 62 901,8 | 80 089 | 22 665 187 | 16,8226 | 6,5654 | Primzahl | 283 |
| 284 | 892,21 | 63 347,1 | 80 656 | 22 906 304 | 16,8523 | 6,5731 | $2^2 \cdot 71$ | 284 |
| 285 | 895,35 | 63 794,0 | 81 225 | 23 149 125 | 16,8819 | 6,5808 | $3 \cdot 5 \cdot 19$ | 285 |
| 286 | 898,50 | 64 242,4 | 81 796 | 23 393 656 | 16,9115 | 6,5885 | $2 \cdot 11 \cdot 13$ | 286 |
| 287 | 901,64 | 64 692,5 | 82 369 | 23 639 903 | 16,9411 | 6,5962 | $7 \cdot 41$ | 287 |
| 288 | 904,78 | 65 144,1 | 82 944 | 23 887 872 | 16,9706 | 6,6039 | $2^5 \cdot 3^2$ | 288 |
| 289 | 907,92 | 65 597,2 | 83 521 | 24 137 569 | 17,0000 | 6,6115 | $17^2$ | 289 |
| **290** | 911,06 | 66 052,0 | 84 100 | 24 389 000 | 17,0294 | 6,6191 | $2 \cdot 5 \cdot 29$ | **290** |
| 291 | 914,20 | 66 508,3 | 84 681 | 24 642 171 | 17,0587 | 6,6267 | $3 \cdot 97$ | 291 |
| 292 | 917,35 | 66 966,2 | 85 264 | 24 897 088 | 17,0880 | 6,6343 | $2^2 \cdot 73$ | 292 |
| 293 | 920,49 | 67 425,6 | 85 849 | 25 153 757 | 17,1172 | 6,6419 | Primzahl | 293 |
| 294 | 923,63 | 67 886,7 | 86 436 | 25 412 184 | 17,1464 | 6,6494 | $2 \cdot 3 \cdot 7^2$ | 294 |
| 295 | 926,77 | 68 349,3 | 87 025 | 25 672 375 | 17,1756 | 6,6569 | $5 \cdot 59$ | 295 |
| 296 | 929,91 | 68 813,4 | 87 616 | 25 934 336 | 17,2047 | 6,6644 | $2^3 \cdot 37$ | 296 |
| 297 | 933,05 | 69 279,2 | 88 209 | 26 198 073 | 17,2337 | 6,6719 | $3^3 \cdot 11$ | 297 |
| 298 | 936,19 | 69 746,5 | 88 804 | 26 463 592 | 17,2627 | 6,6794 | $2 \cdot 149$ | 298 |
| 299 | 939,34 | 70 215,4 | 89 401 | 26 730 899 | 17,2916 | 6,6869 | $13 \cdot 23$ | 299 |
| **300** | 942,48 | 70 685,8 | 90 000 | 27 000 000 | 17,3205 | 6,6943 | $2^2 \cdot 3 \cdot 5^2$ | **300** |

| *d* oder *n* | $d \cdot \pi$ | $\frac{d^2 \cdot \pi}{4}$ | $n^2$ | $n^3$ | $\sqrt{n}$ | $\sqrt[3]{n}$ | Faktoren von *n* | *d* oder *n* |
|---|---|---|---|---|---|---|---|---|
| 301 | 945,62 | 71 157,9 | 90 601 | 27 270 901 | 17,3494 | 6,7018 | $7 \cdot 43$ | 301 |
| 302 | 948,76 | 71 631,5 | 91 204 | 27 543 608 | 17,3781 | 6,7092 | $2 \cdot 151$ | 302 |
| 303 | 951,90 | 72 106,6 | 91 809 | 27 818 127 | 17,4069 | 6,7166 | $3 \cdot 101$ | 303 |
| 304 | 955,04 | 72 583,4 | 92 416 | 28 094 464 | 17,4356 | 6,7240 | $2^4 \cdot 19$ | 304 |
| 305 | 958,19 | 73 061,7 | 93 025 | 28 372 625 | 17,4642 | 6,7313 | $5 \cdot 61$ | 305 |
| 306 | 961,33 | 73 541,5 | 93 636 | 28 652 616 | 17,4929 | 6,7387 | $2 \cdot 3^2 \cdot 17$ | 306 |
| 307 | 964,47 | 74 023,0 | 94 249 | 28 934 443 | 17,5214 | 6,7460 | Primzahl | 307 |
| 308 | 967,61 | 74 506,0 | 94 864 | 29 218 112 | 17,5499 | 6,7533 | $2^2 \cdot 7 \cdot 11$ | 308 |
| 309 | 970,75 | 74 990,6 | 95 481 | 29 503 629 | 17,5784 | 6,7606 | $3 \cdot 103$ | 309 |
| 310 | 973,89 | 75 476,8 | 96 100 | 29 791 000 | 17,6068 | 6,7679 | $2 \cdot 5 \cdot 31$ | 310 |
| 311 | 977,04 | 75 964,5 | 96 721 | 30 080 231 | 17,6352 | 6,7752 | Primzahl | 311 |
| 312 | 980,18 | 76 453,8 | 97 344 | 30 371 328 | 17,6635 | 6,7824 | $2^3 \cdot 3 \cdot 13$ | 312 |
| 313 | 983,32 | 76 944,7 | 97 969 | 30 664 297 | 17,6918 | 6,7897 | Primzahl | 313 |
| 314 | 986,46 | 77 437,1 | 98 596 | 30 959 144 | 17,7200 | 6,7969 | $2 \cdot 157$ | 314 |
| 315 | 989,60 | 77 931,1 | 99 225 | 31 255 875 | 17,7482 | 6,8041 | $3^2 \cdot 5 \cdot 7$ | 315 |
| 316 | 992,74 | 78 426,7 | 99 856 | 31 554 496 | 17,7764 | 6,8113 | $2^2 \cdot 79$ | 316 |
| 317 | 995,88 | 78 923,9 | 100 489 | 31 855 013 | 17,8045 | 6,8185 | Primzahl | 317 |
| 318 | 999,03 | 79 422,6 | 101 124 | 32 157 432 | 17,8326 | 6,8256 | $2 \cdot 3 \cdot 53$ | 318 |
| 319 | 1 002,2 | 79 922,9 | 101 761 | 32 461 759 | 17,8606 | 6,8328 | $11 \cdot 29$ | 319 |
| 320 | 1 005,3 | 80 424,8 | 102 400 | 32 768 000 | 17,8885 | 6,8399 | $2^6 \cdot 5$ | 320 |
| 321 | 1 008,5 | 80 928,2 | 103 041 | 33 076 161 | 17,9165 | 6,8470 | $3 \cdot 107$ | 321 |
| 322 | 1 011,6 | 81 433,2 | 103 684 | 33 386 248 | 17,9444 | 6,8541 | $2 \cdot 7 \cdot 23$ | 322 |
| 323 | 1 014,7 | 81 939,8 | 104 329 | 33 698 267 | 17,9722 | 6,8612 | $17 \cdot 19$ | 323 |
| 324 | 1 017,9 | 82 448,0 | 104 976 | 34 012 224 | 18,0000 | 6,8683 | $2^2 \cdot 3^4$ | 324 |
| 325 | 1 021,0 | 82 957,7 | 105 625 | 34 328 125 | 18,0278 | 6,8753 | $5^2 \cdot 13$ | 325 |
| 326 | 1 024,2 | 83 469,0 | 106 276 | 34 645 976 | 18,0555 | 6,8824 | $2 \cdot 163$ | 326 |
| 327 | 1 027,3 | 83 981,8 | 106 929 | 34 965 783 | 18,0831 | 6,8894 | $3 \cdot 109$ | 327 |
| 328 | 1 030,4 | 84 496,3 | 107 584 | 35 287 552 | 18,1108 | 6,8964 | $2^3 \cdot 41$ | 328 |
| 329 | 1 033,6 | 85 012,3 | 108 241 | 35 611 289 | 18,1384 | 6,9034 | $7 \cdot 47$ | 329 |
| 330 | 1 036,7 | 85 529,9 | 108 900 | 35 937 000 | 18,1659 | 6,9104 | $2 \cdot 3 \cdot 5 \cdot 11$ | 330 |
| 331 | 1 039,9 | 86 049,0 | 109 561 | 36 264 691 | 18,1934 | 6,9174 | Primzahl | 331 |
| 332 | 1 043,0 | 86 569,7 | 110 224 | 36 594 368 | 18,2209 | 6,9244 | $2^2 \cdot 83$ | 332 |
| 333 | 1 046,2 | 87 092,0 | 110 889 | 36 926 037 | 18,2483 | 6,9313 | $3^2 \cdot 37$ | 333 |
| 334 | 1 049,3 | 87 615,9 | 111 556 | 37 259 704 | 18,2757 | 6,9382 | $2 \cdot 167$ | 334 |
| 335 | 1 052,4 | 88 141,3 | 112 225 | 37 595 375 | 18,3030 | 6,9451 | $5 \cdot 67$ | 335 |
| 336 | 1 055,6 | 88 668,3 | 112 896 | 37 933 056 | 18,3303 | 6,9521 | $2^4 \cdot 3 \cdot 7$ | 336 |
| 337 | 1 058,7 | 89 196,9 | 113 569 | 38 272 753 | 18,3576 | 6,9589 | Primzahl | 337 |
| 338 | 1 061,9 | 89 727,0 | 114 244 | 38 614 472 | 18,3848 | 6,9658 | $2 \cdot 13^2$ | 338 |
| 339 | 1 065,0 | 90 258,7 | 114 921 | 38 958 219 | 18,4120 | 6,9727 | $3 \cdot 113$ | 339 |
| 340 | 1 068,1 | 90 792,0 | 115 600 | 39 304 000 | 18,4391 | 6,9795 | $2^2 \cdot 5 \cdot 17$ | 340 |
| 341 | 1 071,3 | 91 326,9 | 116 281 | 39 651 821 | 18,4662 | 6,9864 | $11 \cdot 31$ | 341 |
| 342 | 1 074,4 | 91 863,3 | 116 964 | 40 001 688 | 18,4932 | 6,9932 | $2 \cdot 3^2 \cdot 19$ | 342 |
| 343 | 1 077,6 | 92 401,3 | 117 649 | 40 353 607 | 18,5203 | 7,0000 | $7^3$ | 343 |
| 344 | 1 080,7 | 92 940,9 | 118 336 | 40 707 584 | 18,5472 | 7,0068 | $2^3 \cdot 43$ | 344 |
| 345 | 1 083,8 | 93 482,0 | 119 025 | 41 063 625 | 18,5742 | 7,0136 | $3 \cdot 5 \cdot 23$ | 345 |
| 346 | 1 087,0 | 94 024,7 | 119 716 | 41 421 736 | 18,6011 | 7,0203 | $2 \cdot 173$ | 346 |
| 347 | 1 090,1 | 94 569,0 | 120 409 | 41 781 923 | 18,6279 | 7,0271 | Primzahl | 347 |
| 348 | 1 093,3 | 95 114,9 | 121 104 | 42 144 192 | 18,6548 | 7,0338 | $2^2 \cdot 3 \cdot 29$ | 348 |
| 349 | 1 096,4 | 95 662,3 | 121 801 | 42 508 549 | 18,6815 | 7,0406 | Primzahl | 349 |
| 350 | 1 099,6 | 96 211,3 | 122 500 | 42 875 000 | 18,7083 | 7,0473 | $2 \cdot 5^2 \cdot 7$ | 350 |

| $d$ oder $n$ | $d \cdot \pi$ | $\frac{d^2 \cdot \pi}{4}$ | $n^2$ | $n^3$ | $\sqrt{n}$ | $\sqrt[3]{n}$ | Faktoren von $n$ | $d$ oder $n$ |
|---|---|---|---|---|---|---|---|---|
| 351 | 1 102,7 | 96 761,8 | 123 201 | 43 243 551 | 18,7350 | 7,0540 | $3^3 \cdot 13$ | 351 |
| 352 | 1 105,8 | 97 314,0 | 123 904 | 43 614 208 | 18,7617 | 7,0607 | $2^5 \cdot 11$ | 352 |
| 353 | 1 109,0 | 97 867,7 | 124 609 | 43 986 977 | 18,7883 | 7,0674 | Primzahl | 353 |
| 354 | 1 112,1 | 98 423,0 | 125 316 | 44 361 864 | 18,8149 | 7,0740 | $2 \cdot 3 \cdot 59$ | 354 |
| 355 | 1 115,3 | 98 979,8 | 126 025 | 44 738 875 | 18,8414 | 7,0807 | $5 \cdot 71$ | 355 |
| 356 | 1 118,4 | 99 538,2 | 126 736 | 45 118 016 | 18,8680 | 7,0873 | $2^2 \cdot 89$ | 356 |
| 357 | 1 121,5 | 100 098 | 127 449 | 45 499 293 | 18,8944 | 7,0940 | $3 \cdot 7 \cdot 17$ | 357 |
| 358 | 1 124,7 | 100 660 | 128 164 | 45 882 712 | 18,9209 | 7,1006 | $2 \cdot 179$ | 358 |
| 359 | 1 127,8 | 101 223 | 128 881 | 46 268 279 | 18,9473 | 7,1072 | Primzahl | 359 |
| 360 | 1 131,0 | 101 788 | 129 600 | 46 656 000 | 18,9737 | 7,1138 | $2^3 \cdot 3^2 \cdot 5$ | 360 |
| 361 | 1 134,1 | 102 354 | 130 321 | 47 045 881 | 19,0000 | 7,1204 | $19^2$ | 361 |
| 362 | 1 137,3 | 102 922 | 131 044 | 47 437 928 | 19,0263 | 7,1269 | $2 \cdot 181$ | 362 |
| 363 | 1 140,4 | 103 491 | 131 769 | 47 832 147 | 19,0526 | 7,1335 | $3 \cdot 11^2$ | 363 |
| 364 | 1 143,5 | 104 062 | 132 496 | 48 228 544 | 19,0788 | 7,1400 | $2^2 \cdot 7 \cdot 13$ | 364 |
| 365 | 1 146,7 | 104 635 | 133 225 | 48 627 125 | 19,1050 | 7,1466 | $5 \cdot 73$ | 365 |
| 366 | 1 149,8 | 105 209 | 133 956 | 49 027 896 | 19,1311 | 7,1531 | $2 \cdot 3 \cdot 61$ | 366 |
| 367 | 1 153,0 | 105 785 | 134 689 | 49 430 863 | 19,1572 | 7,1596 | Primzahl | 367 |
| 368 | 1 156,1 | 106 362 | 135 424 | 49 836 032 | 19,1833 | 7,1661 | $2^4 \cdot 23$ | 368 |
| 369 | 1 159,2 | 106 941 | 136 161 | 50 243 409 | 19,2094 | 7,1726 | $3^2 \cdot 41$ | 369 |
| 370 | 1 162,4 | 107 521 | 136 900 | 50 653 000 | 19,2354 | 7,1791 | $2 \cdot 5 \cdot 37$ | 370 |
| 371 | 1 165,5 | 108 103 | 137 641 | 51 064 811 | 19,2614 | 7,1855 | $7 \cdot 53$ | 371 |
| 372 | 1 168,7 | 108 687 | 138 384 | 51 478 848 | 19,2873 | 7,1920 | $2^2 \cdot 3 \cdot 31$ | 372 |
| 373 | 1 171,8 | 109 272 | 139 129 | 51 895 117 | 19,3132 | 7,1984 | Primzahl | 373 |
| 374 | 1 175,0 | 109 858 | 139 876 | 52 313 624 | 19,3391 | 7,2048 | $2 \cdot 11 \cdot 17$ | 374 |
| 375 | 1 178,1 | 110 447 | 140 625 | 52 734 375 | 19,3649 | 7,2112 | $3 \cdot 5^3$ | 375 |
| 376 | 1 181,2 | 111 036 | 141 376 | 53 157 376 | 19,3907 | 7,2177 | $2^3 \cdot 47$ | 376 |
| 377 | 1 184,4 | 111 628 | 142 129 | 53 582 633 | 19,4165 | 7,2240 | $13 \cdot 29$ | 377 |
| 378 | 1 187,5 | 112 221 | 142 884 | 54 010 152 | 19,4422 | 7,2304 | $2 \cdot 3^3 \cdot 7$ | 378 |
| 379 | 1 190,7 | 112 815 | 143 641 | 54 439 939 | 19,4679 | 7,2368 | Primzahl | 379 |
| 380 | 1 193,8 | 113 411 | 144 400 | 54 872 000 | 19,4936 | 7,2432 | $2^2 \cdot 5 \cdot 19$ | 380 |
| 381 | 1 196,9 | 114 009 | 145 161 | 55 306 341 | 19,5192 | 7,2495 | $3 \cdot 127$ | 381 |
| 382 | 1 200,1 | 114 608 | 145 924 | 55 742 968 | 19,5448 | 7,2558 | $2 \cdot 191$ | 382 |
| 383 | 1 203,2 | 115 209 | 146 689 | 56 181 887 | 19,5704 | 7,2622 | Primzahl | 383 |
| 384 | 1 206,4 | 115 812 | 147 456 | 56 623 104 | 19,5959 | 7,2685 | $2^7 \cdot 3$ | 384 |
| 385 | 1 209,5 | 116 416 | 148 225 | 57 066 625 | 19,6214 | 7,2748 | $5 \cdot 7 \cdot 11$ | 385 |
| 386 | 1 212,7 | 117 021 | 148 996 | 57 512 456 | 19,6469 | 7,2811 | $2 \cdot 193$ | 386 |
| 387 | 1 215,8 | 117 628 | 149 769 | 57 960 603 | 19,6723 | 7,2874 | $3^2 \cdot 43$ | 387 |
| 388 | 1 218,9 | 118 237 | 150 544 | 58 411 072 | 19,6977 | 7,2936 | $2^2 \cdot 97$ | 388 |
| 389 | 1 222,1 | 118 847 | 151 321 | 58 863 869 | 19,7231 | 7,2999 | Primzahl | 389 |
| 390 | 1 225,2 | 119 459 | 152 100 | 59 319 000 | 19,7484 | 7,3061 | $2 \cdot 3 \cdot 5 \cdot 13$ | 390 |
| 391 | 1 228,4 | 120 072 | 152 881 | 59 776 471 | 19,7737 | 7,3124 | $17 \cdot 23$ | 391 |
| 392 | 1 231,5 | 120 687 | 153 664 | 60 236 288 | 19,7990 | 7,3186 | $2^3 \cdot 7^2$ | 392 |
| 393 | 1 234,6 | 121 304 | 154 449 | 60 698 457 | 19,8242 | 7,3248 | $3 \cdot 131$ | 393 |
| 394 | 1 237,8 | 121 922 | 155 236 | 61 162 984 | 19,8494 | 7,3310 | $2 \cdot 197$ | 394 |
| 395 | 1 240,9 | 122 542 | 156 025 | 61 629 875 | 19,8746 | 7,3372 | $5 \cdot 79$ | 395 |
| 396 | 1 244,1 | 123 163 | 156 816 | 62 099 136 | 19,8997 | 7,3434 | $2^2 \cdot 3^2 \cdot 11$ | 396 |
| 397 | 1 247,2 | 123 786 | 157 609 | 62 570 773 | 19,9249 | 7,3496 | Primzahl | 397 |
| 398 | 1 250,4 | 124 410 | 158 404 | 63 044 792 | 19,9499 | 7,3558 | $2 \cdot 199$ | 398 |
| 399 | 1 253,5 | 125 036 | 159 201 | 63 521 199 | 19,9750 | 7,3619 | $3 \cdot 7 \cdot 19$ | 399 |
| 400 | 1 256,6 | 125 664 | 160 000 | 64 000 000 | 20,0000 | 7,3681 | $2^4 \cdot 5^2$ | 400 |

## 401 ... 450

| $d$ oder $n$ | $d \cdot \pi$ | $\frac{d^2 \cdot \pi}{4}$ | $n^2$ | $n^3$ | $\sqrt{n}$ | $\sqrt[3]{n}$ | Faktoren von $n$ | $d$ oder $n$ |
|---|---|---|---|---|---|---|---|---|
| 401 | 1 259,8 | 126 293 | 160 801 | 64 481 201 | 20,0250 | 7,3742 | Primzahl | 401 |
| 402 | 1 262,9 | 126 923 | 161 604 | 64 964 808 | 20,0499 | 7,3803 | $2 \cdot 3 \cdot 67$ | 402 |
| 403 | 1 266,1 | 127 556 | 162 409 | 65 450 827 | 20,0749 | 7,3864 | $13 \cdot 31$ | 403 |
| 404 | 1 269,2 | 128 190 | 163 216 | 65 939 264 | 20,0998 | 7,3925 | $2^2 \cdot 101$ | 404 |
| 405 | 1 272,3 | 128 825 | 164 025 | 66 430 125 | 20,1246 | 7,3986 | $3^4 \cdot 5$ | 405 |
| 406 | 1 275,5 | 129 462 | 164 836 | 66 923 416 | 20,1494 | 7,4047 | $2 \cdot 7 \cdot 29$ | 406 |
| 407 | 1 278,6 | 130 100 | 165 649 | 67 419 143 | 20,1742 | 7,4108 | $11 \cdot 37$ | 407 |
| 408 | 1 281,8 | 130 741 | 166 464 | 67 917 312 | 20,1990 | 7,4169 | $2^3 \cdot 3 \cdot 17$ | 408 |
| 409 | 1 284,9 | 131 382 | 167 281 | 68 417 929 | 20,2237 | 7,4229 | Primzahl | 409 |
| 410 | 1 288,1 | 132 025 | 168 100 | 68 921 000 | 20,2485 | 7,4290 | $2 \cdot 5 \cdot 41$ | 410 |
| 411 | 1 291,2 | 132 670 | 168 921 | 69 426 531 | 20,2731 | 7,4350 | $3 \cdot 137$ | 411 |
| 412 | 1 294,3 | 133 317 | 169 744 | 69 934 528 | 20,2978 | 7,4410 | $2^2 \cdot 103$ | 412 |
| 413 | 1 297,5 | 133 965 | 170 569 | 70 444 997 | 20,3224 | 7,4470 | $7 \cdot 59$ | 413 |
| 414 | 1 300,6 | 134 614 | 171 396 | 70 957 944 | 20,3470 | 7,4530 | $2 \cdot 3^2 \cdot 23$ | 414 |
| 415 | 1 303,8 | 135 265 | 172 225 | 71 473 375 | 20,3715 | 7,4590 | $5 \cdot 83$ | 415 |
| 416 | 1 306,9 | 135 918 | 173 056 | 71 991 296 | 20,3961 | 7,4650 | $2^5 \cdot 13$ | 416 |
| 417 | 1 310,0 | 136 572 | 173 889 | 72 511 713 | 20,4206 | 7,4710 | $3 \cdot 139$ | 417 |
| 418 | 1 313,2 | 137 228 | 174 724 | 73 034 632 | 20,4450 | 7,4770 | $2 \cdot 11 \cdot 19$ | 418 |
| 419 | 1 316,3 | 137 885 | 175 561 | 73 560 059 | 20,4695 | 7,4829 | Primzahl | 419 |
| 420 | 1 319,5 | 138 544 | 176 400 | 74 088 000 | 20,4939 | 7,4889 | $2^2 \cdot 3 \cdot 5 \cdot 7$ | 420 |
| 421 | 1 322,6 | 139 205 | 177 241 | 74 618 461 | 20,5183 | 7,4948 | Primzahl | 421 |
| 422 | 1 325,8 | 139 867 | 178 084 | 75 151 448 | 20,5426 | 7,5007 | $2 \cdot 211$ | 422 |
| 423 | 1 328,9 | 140 531 | 178 929 | 75 686 967 | 20,5670 | 7,5067 | $3^2 \cdot 47$ | 423 |
| 424 | 1 332,0 | 141 196 | 179 776 | 76 225 024 | 20,5913 | 7,5126 | $2^3 \cdot 53$ | 424 |
| 425 | 1 335,2 | 141 863 | 180 625 | 76 765 625 | 20,6155 | 7,5185 | $5^2 \cdot 17$ | 425 |
| 426 | 1 338,3 | 142 531 | 181 476 | 77 308 776 | 20,6398 | 7,5244 | $2 \cdot 3 \cdot 71$ | 426 |
| 427 | 1 341,5 | 143 201 | 182 329 | 77 854 483 | 20,6640 | 7,5302 | $7 \cdot 61$ | 427 |
| 428 | 1 344,6 | 143 872 | 183 184 | 78 402 752 | 20,6882 | 7,5361 | $2^2 \cdot 107$ | 428 |
| 429 | 1 347,7 | 144 545 | 184 041 | 78 953 589 | 20,7123 | 7,5420 | $3 \cdot 11 \cdot 13$ | 429 |
| 430 | 1 350,9 | 145 220 | 184 900 | 79 507 000 | 20,7364 | 7,5478 | $2 \cdot 5 \cdot 43$ | 430 |
| 431 | 1 354,0 | 145 896 | 185 761 | 80 062 991 | 20,7605 | 7,5537 | Primzahl | 431 |
| 432 | 1 357,2 | 146 574 | 186 624 | 80 621 568 | 20,7846 | 7,5595 | $2^4 \cdot 3^3$ | 432 |
| 433 | 1 360,3 | 147 254 | 187 489 | 81 182 737 | 20,8087 | 7,5654 | Primzahl | 433 |
| 434 | 1 363,5 | 147 934 | 188 356 | 81 746 504 | 20,8327 | 7,5712 | $2 \cdot 7 \cdot 31$ | 434 |
| 435 | 1 366,6 | 148 617 | 189 225 | 82 312 875 | 20,8567 | 7,5770 | $3 \cdot 5 \cdot 29$ | 435 |
| 436 | 1 369,7 | 149 301 | 190 096 | 82 881 856 | 20,8806 | 7,5828 | $2^2 \cdot 109$ | 436 |
| 437 | 1 372,9 | 149 987 | 190 969 | 83 453 453 | 20,9045 | 7,5886 | $19 \cdot 23$ | 437 |
| 438 | 1 376,0 | 150 674 | 191 844 | 84 027 672 | 20,9284 | 7,5944 | $2 \cdot 3 \cdot 73$ | 438 |
| 439 | 1 379,2 | 151 363 | 192 721 | 84 604 519 | 20,9523 | 7,6001 | Primzahl | 439 |
| 440 | 1 382,3 | 152 053 | 193 600 | 85 184 000 | 20,9762 | 7,6059 | $2^3 \cdot 5 \cdot 11$ | 440 |
| 441 | 1 385,4 | 152 745 | 194 481 | 85 766 121 | 21,0000 | 7,6117 | $3^2 \cdot 7^2$ | 441 |
| 442 | 1 388,6 | 153 439 | 195 364 | 86 350 888 | 21,0238 | 7,6174 | $2 \cdot 13 \cdot 17$ | 442 |
| 443 | 1 391,7 | 154 134 | 196 249 | 86 938 307 | 21,0476 | 7,6232 | Primzahl | 443 |
| 444 | 1 394,9 | 154 830 | 197 136 | 87 528 384 | 21,0713 | 7,6289 | $2^2 \cdot 3 \cdot 37$ | 444 |
| 445 | 1 398,0 | 155 528 | 198 025 | 88 121 125 | 21,0950 | 7,6346 | $5 \cdot 89$ | 445 |
| 446 | 1 401,2 | 156 228 | 198 916 | 88 716 536 | 21,1187 | 7,6403 | $2 \cdot 223$ | 446 |
| 447 | 1 404,3 | 156 930 | 199 809 | 89 314 623 | 21,1424 | 7,6460 | $3 \cdot 149$ | 447 |
| 448 | 1 407,4 | 157 633 | 200 704 | 89 915 392 | 21,1660 | 7,6517 | $2^6 \cdot 7$ | 448 |
| 449 | 1 410,6 | 158 337 | 201 601 | 90 518 849 | 21,1896 | 7,6574 | Primzahl | 449 |
| 450 | 1 413,7 | 159 043 | 202 500 | 91 125 000 | 21,2132 | 7,6631 | $2 \cdot 3^2 \cdot 5^2$ | 450 |

| d oder n | $d \cdot \pi$ | $\frac{d^2 \cdot \pi}{4}$ | $n^2$ | $n^3$ | $\sqrt{n}$ | $\sqrt[3]{n}$ | Faktoren von n | d oder n |
|---|---|---|---|---|---|---|---|---|
| 451 | 1 416,9 | 159 751 | 203 401 | 91 733 851 | 21,2368 | 7,6688 | $11 \cdot 41$ | 451 |
| 452 | 1 420,0 | 160 460 | 204 304 | 92 345 408 | 21,2603 | 7,6744 | $2^2 \cdot 113$ | 452 |
| 453 | 1 423,1 | 161 171 | 205 209 | 92 959 677 | 21,2838 | 7,6801 | $3 \cdot 151$ | 453 |
| 454 | 1 426,3 | 161 883 | 206 116 | 93 576 664 | 21,3073 | 7,6857 | $2 \cdot 227$ | 454 |
| 455 | 1 429,4 | 162 597 | 207 025 | 94 196 375 | 21,3307 | 7,6914 | $5 \cdot 7 \cdot 13$ | 455 |
| 456 | 1 432,6 | 163 313 | 207 936 | 94 818 816 | 21,3542 | 7,6970 | $2^3 \cdot 3 \cdot 19$ | 456 |
| 457 | 1 435,7 | 164 030 | 208 849 | 95 443 993 | 21,3776 | 7,7026 | Primzahl | 457 |
| 458 | 1 438,8 | 164 748 | 209 764 | 96 071 912 | 21,4009 | 7,7082 | $2 \cdot 229$ | 458 |
| 459 | 1 442,0 | 165 468 | 210 681 | 96 702 579 | 21,4243 | 7,7138 | $3^3 \cdot 17$ | 459 |
| 460 | 1 445,1 | 166 190 | 211 600 | 97 336 000 | 21,4476 | 7,7194 | $2^2 \cdot 5 \cdot 23$ | 460 |
| 461 | 1 448,3 | 166 914 | 212 521 | 97 972 181 | 21,4709 | 7,7250 | Primzahl | 461 |
| 462 | 1 451,4 | 167 639 | 213 444 | 98 611 128 | 21,4942 | 7,7306 | $2 \cdot 3 \cdot 7 \cdot 11$ | 462 |
| 463 | 1 454,6 | 168 365 | 214 369 | 99 252 847 | 21,5174 | 7,7362 | Primzahl | 463 |
| 464 | 1 457,7 | 169 093 | 215 296 | 99 897 344 | 21,5407 | 7,7418 | $2^4 \cdot 29$ | 464 |
| 465 | 1 460,8 | 169 823 | 216 225 | 100 544 625 | 21,5639 | 7,7473 | $3 \cdot 5 \cdot 31$ | 465 |
| 466 | 1 464,0 | 170 554 | 217 156 | 101 194 696 | 21,5870 | 7,7529 | $2 \cdot 233$ | 466 |
| 467 | 1 467,1 | 171 287 | 218 089 | 101 847 563 | 21,6102 | 7,7584 | Primzahl | 467 |
| 468 | 1 470,3 | 172 021 | 219 024 | 102 503 232 | 21,6333 | 7,7639 | $2^2 \cdot 3^2 \cdot 13$ | 468 |
| 469 | 1 473,4 | 172 757 | 219 961 | 103 161 709 | 21,6564 | 7,7695 | $7 \cdot 67$ | 469 |
| 470 | 1 476,5 | 173 494 | 220 900 | 103 823 000 | 21,6795 | 7,7750 | $2 \cdot 5 \cdot 47$ | 470 |
| 471 | 1 479,7 | 174 234 | 221 841 | 104 487 111 | 21,7025 | 7,7805 | $3 \cdot 157$ | 471 |
| 472 | 1 482,8 | 174 974 | 222 784 | 105 154 048 | 21,7256 | 7,7860 | $2^3 \cdot 59$ | 472 |
| 473 | 1 486,0 | 175 716 | 223 729 | 105 823 817 | 21,7486 | 7,7915 | $11 \cdot 43$ | 473 |
| 474 | 1 489,1 | 176 460 | 224 676 | 106 496 424 | 21,7715 | 7,7970 | $2 \cdot 3 \cdot 79$ | 474 |
| 475 | 1 492,3 | 177 205 | 225 625 | 107 171 875 | 21,7945 | 7,8025 | $5^2 \cdot 19$ | 475 |
| 476 | 1 495,4 | 177 952 | 226 576 | 107 850 176 | 21,8174 | 7,8079 | $2^2 \cdot 7 \cdot 17$ | 476 |
| 477 | 1 498,5 | 178 701 | 227 529 | 108 531 333 | 21,8403 | 7,8134 | $3^2 \cdot 53$ | 477 |
| 478 | 1 501,7 | 179 451 | 228 484 | 109 215 352 | 21,8632 | 7,8188 | $2 \cdot 239$ | 478 |
| 479 | 1 504,8 | 180 203 | 229 441 | 109 902 239 | 21,8861 | 7,8243 | Primzahl | 479 |
| 480 | 1 508,0 | 180 956 | 230 400 | 110 592 000 | 21,9089 | 7,8297 | $2^5 \cdot 3 \cdot 5$ | 480 |
| 481 | 1 511,1 | 181 711 | 231 361 | 111 284 641 | 21,9317 | 7,8352 | $13 \cdot 37$ | 481 |
| 482 | 1 514,2 | 182 467 | 232 324 | 111 980 168 | 21,9545 | 7,8406 | $2 \cdot 241$ | 482 |
| 483 | 1 517,4 | 183 225 | 233 289 | 112 678 587 | 21,9773 | 7,8460 | $3 \cdot 7 \cdot 23$ | 483 |
| 484 | 1 520,5 | 183 984 | 234 256 | 113 379 904 | 22,0000 | 7,8514 | $2^2 \cdot 11^2$ | 484 |
| 485 | 1 523,7 | 184 745 | 235 225 | 114 084 125 | 22,0227 | 7,8568 | $5 \cdot 97$ | 485 |
| 486 | 1 526,8 | 185 508 | 236 196 | 114 791 256 | 22,0454 | 7,8622 | $2 \cdot 3^5$ | 486 |
| 487 | 1 530,0 | 186 272 | 237 169 | 115 501 303 | 22,0681 | 7,8676 | Primzahl | 487 |
| 488 | 1 533,1 | 187 038 | 238 144 | 116 214 272 | 22,0907 | 7,8730 | $2^3 \cdot 61$ | 488 |
| 489 | 1 536,2 | 187 805 | 239 121 | 116 930 169 | 22,1133 | 7,8784 | $3 \cdot 163$ | 489 |
| 490 | 1 539,4 | 188 574 | 240 100 | 117 649 000 | 22,1359 | 7,8837 | $2 \cdot 5 \cdot 7^2$ | 490 |
| 491 | 1 542,5 | 189 345 | 241 081 | 118 370 771 | 22,1585 | 7,8891 | Primzahl | 491 |
| 492 | 1 545,7 | 190 117 | 242 064 | 119 095 488 | 22,1811 | 7,8944 | $2^2 \cdot 3 \cdot 41$ | 492 |
| 493 | 1 548,8 | 190 890 | 243 049 | 119 823 157 | 22,2036 | 7,8998 | $17 \cdot 29$ | 493 |
| 494 | 1 551,9 | 191 665 | 244 036 | 120 553 784 | 22,2261 | 7,9051 | $2 \cdot 13 \cdot 19$ | 494 |
| 495 | 1 555,1 | 192 442 | 245 025 | 121 287 375 | 22,2486 | 7,9105 | $3^2 \cdot 5 \cdot 11$ | 495 |
| 496 | 1 558,2 | 193 221 | 246 016 | 122 023 936 | 22,2711 | 7,9158 | $2^4 \cdot 31$ | 496 |
| 497 | 1 561,4 | 194 000 | 247 009 | 122 763 473 | 22,2935 | 7,9211 | $7 \cdot 71$ | 497 |
| 498 | 1 564,5 | 194 782 | 248 004 | 123 505 992 | 22,3159 | 7,9264 | $2 \cdot 3 \cdot 83$ | 498 |
| 499 | 1 567,7 | 195 565 | 249 001 | 124 251 499 | 22,3383 | 7,9317 | Primzahl | 499 |
| 500 | 1 570,8 | 196 350 | 250 000 | 125 000 000 | 22,3607 | 7,9370 | $2^2 \cdot 5^3$ | 500 |

| *d* oder *n* | $d \cdot \pi$ | $\frac{d^2 \cdot \pi}{4}$ | $n^2$ | $n^3$ | $\sqrt{n}$ | $\sqrt[3]{n}$ | Faktoren von *n* | *d* oder *n* |
|---|---|---|---|---|---|---|---|---|
| 501 | 1 573,9 | 197 136 | 251 001 | 125 751 501 | 22,3830 | 7,9423 | 3 · 167 | 501 |
| 502 | 1 577,1 | 197 923 | 252 004 | 126 506 008 | 22,4054 | 7,9476 | 2 · 251 | 502 |
| 503 | 1 580,2 | 198 713 | 253 009 | 127 263 527 | 22,4277 | 7,9528 | Primzahl | 503 |
| 504 | 1 583,4 | 199 504 | 254 016 | 128 024 064 | 22,4499 | 7,9581 | $2^3 \cdot 3^2 \cdot 7$ | 504 |
| 505 | 1 586,5 | 200 296 | 255 025 | 128 787 625 | 22,4722 | 7,9634 | 5 · 101 | 505 |
| 506 | 1 589,6 | 201 090 | 256 036 | 129 554 216 | 22,4944 | 7,9686 | 2 · 11 · 23 | 506 |
| 507 | 1 592,8 | 201 886 | 257 049 | 130 323 843 | 22,5167 | 7,9739 | $3 \cdot 13^2$ | 507 |
| 508 | 1 595,9 | 202 683 | 258 064 | 131 096 512 | 22,5389 | 7,9791 | $2^2 \cdot 127$ | 508 |
| 509 | 1 599,1 | 203 482 | 259 081 | 131 872 229 | 22,5610 | 7,9843 | Primzahl | 509 |
| **510** | 1 602,2 | 204 282 | 260 100 | 132 651 000 | 22,5832 | 7,9896 | 2 · 3 · 5 · 17 | **510** |
| 511 | 1 605,4 | 205 084 | 261 121 | 133 432 831 | 22,6053 | 7,9948 | 7 · 73 | 511 |
| 512 | 1 608,5 | 205 887 | 262 144 | 134 217 728 | 22,6274 | 8,0000 | $2^9$ | 512 |
| 513 | 1 611,6 | 206 692 | 263 169 | 135 005 697 | 22,6495 | 8,0052 | $3^3 \cdot 19$ | 513 |
| 514 | 1 614,8 | 207 499 | 264 196 | 135 796 744 | 22,6716 | 8,0104 | 2 · 257 | 514 |
| 515 | 1 617,9 | 208 307 | 265 225 | 136 590 875 | 22,6936 | 8,0156 | 5 · 103 | 515 |
| 516 | 1 621,1 | 209 117 | 266 256 | 137 388 096 | 22,7156 | 8,0208 | $2^2 \cdot 3 \cdot 43$ | 516 |
| 517 | 1 624,2 | 209 928 | 267 289 | 138 188 413 | 22,7376 | 8,0260 | 11 · 47 | 517 |
| 518 | 1 627,3 | 210 741 | 268 324 | 138 991 832 | 22,7596 | 8,0311 | 2 · 7 · 37 | 518 |
| 519 | 1 630,5 | 211 556 | 269 361 | 139 798 359 | 22,7816 | 8,0363 | 3 · 173 | 519 |
| **520** | 1 633,6 | 212 372 | 270 400 | 140 608 000 | 22,8035 | 8,0415 | $2^3 \cdot 5 \cdot 13$ | **520** |
| 521 | 1 636,8 | 213 189 | 271 441 | 141 420 761 | 22,8254 | 8,0466 | Primzahl | 521 |
| 522 | 1 639,9 | 214 008 | 272 484 | 142 236 648 | 22,8473 | 8,0517 | $2 \cdot 3^2 \cdot 29$ | 522 |
| 523 | 1 643,1 | 214 829 | 273 529 | 143 055 667 | 22,8692 | 8,0569 | Primzahl | 523 |
| 524 | 1 646,2 | 215 651 | 274 576 | 143 877 824 | 22,8910 | 8,0620 | $2^2 \cdot 131$ | 524 |
| 525 | 1 649,3 | 216 475 | 275 625 | 144 703 125 | 22,9129 | 8,0671 | $3 \cdot 5^2 \cdot 7$ | 525 |
| 526 | 1 652,5 | 217 301 | 276 676 | 145 531 576 | 22,9347 | 8,0723 | 2 · 263 | 526 |
| 527 | 1 655,6 | 218 128 | 277 729 | 146 363 183 | 22,9565 | 8,0774 | 17 · 31 | 527 |
| 528 | 1 658,8 | 218 956 | 278 784 | 147 197 952 | 22,9783 | 8,0825 | $2^4 \cdot 3 \cdot 11$ | 528 |
| 529 | 1 661,9 | 219 787 | 279 841 | 148 035 889 | 23,0000 | 8,0876 | $23^2$ | 529 |
| **530** | 1 665,0 | 220 618 | 280 900 | 148 877 000 | 23,0217 | 8,0927 | 2 · 5 · 53 | **530** |
| 531 | 1 668,2 | 221 452 | 281 961 | 149 721 291 | 23,0434 | 8,0978 | $3^2 \cdot 59$ | 531 |
| 532 | 1 671,3 | 222 287 | 283 024 | 150 568 768 | 23,0651 | 8,1028 | $2^2 \cdot 7 \cdot 19$ | 532 |
| 533 | 1 674,5 | 223 123 | 284 089 | 151 419 437 | 23,0868 | 8,1079 | 13 · 41 | 533 |
| 534 | 1 677,6 | 223 961 | 285 156 | 152 273 304 | 23,1084 | 8,1130 | 2 · 3 · 89 | 534 |
| 535 | 1 680,8 | 224 801 | 286 225 | 153 130 375 | 23,1301 | 8,1180 | 5 · 107 | 535 |
| 536 | 1 683,9 | 225 642 | 287 296 | 153 990 656 | 23,1517 | 8,1231 | $2^3 \cdot 67$ | 536 |
| 537 | 1 687,0 | 226 484 | 288 369 | 154 854 153 | 23,1733 | 8,1281 | 3 · 179 | 537 |
| 538 | 1 690,2 | 227 329 | 289 444 | 155 720 872 | 23,1948 | 8,1332 | 2 · 269 | 538 |
| 539 | 1 693,3 | 228 175 | 290 521 | 156 590 819 | 23,2164 | 8,1382 | $7^2 \cdot 11$ | 539 |
| **540** | 1 696,5 | 229 022 | 291 600 | 157 464 000 | 23,2379 | 8,1433 | $2^2 \cdot 3^3 \cdot 5$ | **540** |
| 541 | 1 699,6 | 229 871 | 292 681 | 158 340 421 | 23,2594 | 8,1483 | Primzahl | 541 |
| 542 | 1 702,7 | 230 722 | 293 764 | 159 220 088 | 23,2809 | 8,1533 | 2 · 271 | 542 |
| 543 | 1 705,9 | 231 574 | 294 849 | 160 103 007 | 23,3024 | 8,1583 | 3 · 181 | 543 |
| 544 | 1 709,0 | 232 428 | 295 936 | 160 989 184 | 23,3238 | 8,1633 | $2^5 \cdot 17$ | 544 |
| 545 | 1 712,2 | 233 283 | 297 025 | 161 878 625 | 23,3452 | 8,1683 | 5 · 109 | 545 |
| 546 | 1 715,3 | 234 140 | 298 116 | 162 771 336 | 23,3666 | 8,1733 | 2 · 3 · 7 · 13 | 546 |
| 547 | 1 718,5 | 234 998 | 299 209 | 163 667 323 | 23,3880 | 8,1783 | Primzahl | 547 |
| 548 | 1 721,6 | 235 858 | 300 304 | 164 566 592 | 23,4094 | 8,1833 | $2^2 \cdot 137$ | 548 |
| 549 | 1 724,7 | 236 720 | 301 401 | 165 469 149 | 23,4307 | 8,1882 | $3^2 \cdot 61$ | 549 |
| **550** | 1 727,9 | 237 583 | 302 500 | 166 375 000 | 23,4521 | 8,1932 | $2 \cdot 5^2 \cdot 11$ | **550** |

| $d$ oder $n$ | $d \cdot \pi$ | $\frac{d^2 \cdot \pi}{4}$ | $n^2$ | $n^3$ | $\sqrt{n}$ | $\sqrt[3]{n}$ | Faktoren von $n$ | $d$ oder $n$ |
|---|---|---|---|---|---|---|---|---|
| 551 | 1 731,0 | 238 448 | 303 601 | 167 284 151 | 23,4734 | 8,1982 | $19 \cdot 29$ | 551 |
| 552 | 1 734,2 | 239 314 | 304 704 | 168 196 608 | 23,4947 | 8,2031 | $2^3 \cdot 3 \cdot 23$ | 552 |
| 553 | 1 737,3 | 240 182 | 305 809 | 169 112 377 | 23,5160 | 8,2081 | $7 \cdot 79$ | 553 |
| 554 | 1 740,4 | 241 051 | 306 916 | 170 031 464 | 23,5372 | 8,2130 | $2 \cdot 277$ | 554 |
| 555 | 1 743,6 | 241 922 | 308 025 | 170 953 875 | 23,5584 | 8,2180 | $3 \cdot 5 \cdot 37$ | 555 |
| 556 | 1 746,7 | 242 795 | 309 136 | 171 879 616 | 23,5797 | 8,2229 | $2^2 \cdot 139$ | 556 |
| 557 | 1 749,9 | 243 669 | 310 249 | 172 808 693 | 23,6008 | 8,2278 | Primzahl | 557 |
| 558 | 1 753,0 | 244 545 | 311 364 | 173 741 112 | 23,6220 | 8,2327 | $2 \cdot 3^2 \cdot 31$ | 558 |
| 559 | 1 756,2 | 245 422 | 312 481 | 174 676 879 | 23,6432 | 8,2377 | $13 \cdot 43$ | 559 |
| **560** | 1 759,3 | 246 301 | 313 600 | 175 616 000 | 23,6643 | 8,2426 | $2^4 \cdot 5 \cdot 7$ | **560** |
| 561 | 1 762,4 | 247 181 | 314 721 | 176 558 481 | 23,6854 | 8,2475 | $3 \cdot 11 \cdot 17$ | 561 |
| 562 | 1 765,6 | 248 063 | 315 844 | 177 504 328 | 23,7065 | 8,2524 | $2 \cdot 281$ | 562 |
| 563 | 1 768,7 | 248 947 | 316 969 | 178 453 547 | 23,7276 | 8,2573 | Primzahl | 563 |
| 564 | 1 771,9 | 249 832 | 318 096 | 179 406 144 | 23,7487 | 8,2621 | $2^2 \cdot 3 \cdot 47$ | 564 |
| 565 | 1 775,0 | 250 719 | 319 225 | 180 362 125 | 23,7697 | 8,2670 | $5 \cdot 113$ | 565 |
| 566 | 1 778,1 | 251 607 | 320 356 | 181 321 496 | 23,7908 | 8,2719 | $2 \cdot 283$ | 566 |
| 567 | 1 781,3 | 252 497 | 321 489 | 182 284 263 | 23,8118 | 8,2768 | $3^4 \cdot 7$ | 567 |
| 568 | 1 784,4 | 253 388 | 322 624 | 183 250 432 | 23,8328 | 8,2816 | $2^3 \cdot 71$ | 568 |
| 569 | 1 787,6 | 254 281 | 323 761 | 184 220 009 | 23,8537 | 8,2865 | Primzahl | 569 |
| **570** | 1 790,7 | 255 176 | 324 900 | 185 193 000 | 23,8747 | 8,2913 | $2 \cdot 3 \cdot 5 \cdot 19$ | **570** |
| 571 | 1 793,8 | 256 072 | 326 041 | 186 169 411 | 23,8956 | 8,2962 | Primzahl | 571 |
| 572 | 1 797,0 | 256 970 | 327 184 | 187 149 248 | 23,9165 | 8,3010 | $2^2 \cdot 11 \cdot 13$ | 572 |
| 573 | 1 800,1 | 257 869 | 328 329 | 188 132 517 | 23,9374 | 8,3059 | $3 \cdot 191$ | 573 |
| 574 | 1 803,3 | 258 770 | 329 476 | 189 119 224 | 23,9583 | 8,3107 | $2 \cdot 7 \cdot 41$ | 574 |
| 575 | 1 806,4 | 259 672 | 330 625 | 190 109 375 | 23,9792 | 8,3155 | $5^2 \cdot 23$ | 575 |
| 576 | 1 809,6 | 260 576 | 331 776 | 191 102 976 | 24,0000 | 8,3203 | $2^6 \cdot 3^2$ | 576 |
| 577 | 1 812,7 | 261 482 | 332 929 | 192 100 033 | 24,0208 | 8,3251 | Primzahl | 577 |
| 578 | 1 815,8 | 262 389 | 334 084 | 193 100 552 | 24,0416 | 8,3300 | $2 \cdot 17^2$ | 578 |
| 579 | 1 819,0 | 263 298 | 335 241 | 194 104 539 | 24,0624 | 8,3348 | $3 \cdot 193$ | 579 |
| **580** | 1 822,1 | 264 208 | 336 400 | 195 112 000 | 24,0832 | 8,3396 | $2^2 \cdot 5 \cdot 29$ | **580** |
| 581 | 1 825,3 | 265 120 | 337 561 | 196 122 941 | 24,1039 | 8,3443 | $7 \cdot 83$ | 581 |
| 582 | 1 828,4 | 266 033 | 338 724 | 197 137 368 | 24,1247 | 8,3491 | $2 \cdot 3 \cdot 97$ | 582 |
| 583 | 1 831,5 | 266 948 | 339 889 | 198 155 287 | 24,1454 | 8,3539 | $11 \cdot 53$ | 583 |
| 584 | 1 834,7 | 267 865 | 341 056 | 199 176 704 | 24,1661 | 8,3587 | $2^3 \cdot 73$ | 584 |
| 585 | 1 837,8 | 268 783 | 342 225 | 200 201 625 | 24,1868 | 8,3634 | $3^2 \cdot 5 \cdot 13$ | 585 |
| 586 | 1 841,0 | 269 703 | 343 396 | 201 230 056 | 24,2074 | 8,3682 | $2 \cdot 293$ | 586 |
| 587 | 1 844,1 | 270 624 | 344 569 | 202 262 003 | 24,2281 | 8,3730 | Primzahl | 587 |
| 588 | 1 847,3 | 271 547 | 345 744 | 203 297 472 | 24,2487 | 8,3777 | $2^2 \cdot 3 \cdot 7^2$ | 588 |
| 589 | 1 850,4 | 272 471 | 346 921 | 204 336 469 | 24,2693 | 8,3825 | $19 \cdot 31$ | 589 |
| **590** | 1 853,5 | 273 397 | 348 100 | 205 379 000 | 24,2899 | 8,3872 | $2 \cdot 5 \cdot 59$ | **590** |
| 591 | 1 856,7 | 274 325 | 349 281 | 206 425 071 | 24,3105 | 8,3919 | $3 \cdot 197$ | 591 |
| 592 | 1 859,8 | 275 254 | 350 464 | 207 474 688 | 24,3311 | 8,3967 | $2^4 \cdot 37$ | 592 |
| 593 | 1 863,0 | 276 184 | 351 649 | 208 527 857 | 24,3516 | 8,4014 | Primzahl | 593 |
| 594 | 1 866,1 | 277 117 | 352 836 | 209 584 584 | 24,3721 | 8,4061 | $2 \cdot 3^3 \cdot 11$ | 594 |
| 595 | 1 869,2 | 278 051 | 354 025 | 210 644 875 | 24,3926 | 8,4108 | $5 \cdot 7 \cdot 17$ | 595 |
| 596 | 1 872,6 | 278 986 | 355 216 | 211 708 736 | 24,4131 | 8,4155 | $2^2 \cdot 149$ | 596 |
| 597 | 1 875,5 | 279 923 | 356 409 | 212 776 173 | 24,4336 | 8,4202 | $3 \cdot 199$ | 597 |
| 598 | 1 878,7 | 280 862 | 357 604 | 213 847 192 | 24,4540 | 8,4249 | $2 \cdot 13 \cdot 23$ | 598 |
| 599 | 1 881,8 | 281 802 | 358 801 | 214 921 799 | 24,4745 | 8,4296 | Primzahl | 599 |
| **600** | 1 885,0 | 282 743 | 360 000 | 216 000 000 | 24,4949 | 8,4343 | $2^3 \cdot 3 \cdot 5^2$ | **600** |

## 601 . . . 650

| $d$ oder $n$ | $d \cdot \pi$ | $\frac{d^2 \cdot \pi}{4}$ | $n^2$ | $n^3$ | $\sqrt{n}$ | $\sqrt[3]{n}$ | Faktoren von $n$ | $d$ oder $n$ |
|---|---|---|---|---|---|---|---|---|
| 601 | 1 888,1 | 283 687 | 361 201 | 217 081 801 | 24,5153 | 8,4390 | Primzahl | 601 |
| 602 | 1 891,2 | 284 631 | 362 404 | 218 167 208 | 24,5357 | 8,4437 | $2 \cdot 7 \cdot 43$ | 602 |
| 603 | 1 894,4 | 285 578 | 363 609 | 219 256 227 | 24,5561 | 8,4484 | $3^2 \cdot 67$ | 603 |
| 604 | 1 897,5 | 286 526 | 364 816 | 220 348 864 | 24,5764 | 8,4530 | $2^2 \cdot 151$ | 604 |
| 605 | 1 900,7 | 287 475 | 366 025 | 221 445 125 | 24,5967 | 8,4577 | $5 \cdot 11^2$ | 605 |
| 606 | 1 903,8 | 288 426 | 367 236 | 222 545 016 | 24,6171 | 8,4623 | $2 \cdot 3 \cdot 101$ | 606 |
| 607 | 1 906,9 | 289 379 | 368 449 | 223 648 543 | 24,6374 | 8,4670 | Primzahl | 607 |
| 608 | 1 910,1 | 290 333 | 369 664 | 224 755 712 | 24,6577 | 8,4716 | $2^5 \cdot 19$ | 608 |
| 609 | 1 913,2 | 291 289 | 370 881 | 225 866 529 | 24,6779 | 8,4763 | $3 \cdot 7 \cdot 29$ | 609 |
| 610 | 1 916,4 | 292 247 | 372 100 | 226 981 000 | 24,6982 | 8,4809 | $2 \cdot 5 \cdot 61$ | 610 |
| 611 | 1 919,5 | 293 206 | 373 321 | 228 099 131 | 24,7184 | 8,4856 | $13 \cdot 47$ | 611 |
| 612 | 1 922,7 | 294 166 | 374 544 | 229 220 928 | 24,7386 | 8,4902 | $2^2 \cdot 3^2 \cdot 17$ | 612 |
| 613 | 1 925,8 | 295 128 | 375 769 | 230 346 397 | 24,7588 | 8,4948 | Primzahl | 613 |
| 614 | 1 928,9 | 296 092 | 376 996 | 231 475 544 | 24,7790 | 8,4994 | $2 \cdot 307$ | 614 |
| 615 | 1 932,1 | 297 057 | 378 225 | 232 608 375 | 24,7992 | 8,5040 | $3 \cdot 5 \cdot 41$ | 615 |
| 616 | 1 935,2 | 298 024 | 379 456 | 233 744 896 | 24,8193 | 8,5086 | $2^3 \cdot 7 \cdot 11$ | 616 |
| 617 | 1 938,4 | 298 992 | 380 689 | 234 885 113 | 24,8395 | 8,5132 | Primzahl | 617 |
| 618 | 1 941,5 | 299 962 | 381 924 | 236 029 032 | 24,8596 | 8,5178 | $2 \cdot 3 \cdot 103$ | 618 |
| 619 | 1 944,6 | 300 934 | 383 161 | 237 176 659 | 24,8797 | 8,5224 | Primzahl | 619 |
| 620 | 1 947,8 | 301 907 | 384 400 | 238 328 000 | 24,8998 | 8,5270 | $2^2 \cdot 5 \cdot 31$ | 620 |
| 621 | 1 950,9 | 302 882 | 385 641 | 239 483 061 | 24,9199 | 8,5316 | $3^3 \cdot 23$ | 621 |
| 622 | 1 954,1 | 303 858 | 386 884 | 240 641 848 | 24,9399 | 8,5362 | $2 \cdot 311$ | 622 |
| 623 | 1 957,2 | 304 836 | 388 129 | 241 804 367 | 24,9600 | 8,5408 | $7 \cdot 89$ | 623 |
| 624 | 1 960,4 | 305 815 | 389 376 | 242 970 624 | 24,9800 | 8,5453 | $2^4 \cdot 3 \cdot 13$ | 624 |
| 625 | 1 963,5 | 306 796 | 390 625 | 244 140 625 | 25,0000 | 8,5499 | $5^4$ | 625 |
| 626 | 1 966,6 | 307 779 | 391 876 | 245 314 376 | 25,0200 | 8,5544 | $2 \cdot 313$ | 626 |
| 627 | 1 969,8 | 308 763 | 393 129 | 246 491 883 | 25,0400 | 8,5590 | $3 \cdot 11 \cdot 19$ | 627 |
| 628 | 1 972,9 | 309 748 | 394 384 | 247 673 152 | 25,0599 | 8,5635 | $2^2 \cdot 157$ | 628 |
| 629 | 1 976,1 | 310 736 | 395 641 | 248 858 189 | 25,0799 | 8,5681 | $17 \cdot 37$ | 629 |
| 630 | 1 979,2 | 311 725 | 396 900 | 250 047 000 | 25,0998 | 8,5726 | $2 \cdot 3^2 \cdot 5 \cdot 7$ | 630 |
| 631 | 1 982,3 | 312 715 | 398 161 | 251 239 591 | 25,1197 | 8,5772 | Primzahl | 631 |
| 632 | 1 985,5 | 313 707 | 399 424 | 252 435 968 | 25,1396 | 8,5817 | $2^3 \cdot 79$ | 632 |
| 633 | 1 988,6 | 314 700 | 400 689 | 253 636 137 | 25,1595 | 8,5862 | $3 \cdot 211$ | 633 |
| 634 | 1 991,8 | 315 696 | 401 956 | 254 840 104 | 25,1794 | 8,5907 | $2 \cdot 317$ | 634 |
| 635 | 1 994,9 | 316 692 | 403 225 | 256 047 875 | 25,1992 | 8,5952 | $5 \cdot 127$ | 635 |
| 636 | 1 998,1 | 317 690 | 404 496 | 257 259 456 | 25,2190 | 8,5997 | $2^2 \cdot 3 \cdot 53$ | 636 |
| 637 | 2 001,2 | 318 690 | 405 769 | 258 474 853 | 25,2389 | 8,6043 | $7^2 \cdot 13$ | 637 |
| 638 | 2 004,3 | 319 692 | 407 044 | 259 694 072 | 25,2587 | 8,6088 | $2 \cdot 11 \cdot 29$ | 638 |
| 639 | 2 007,5 | 320 695 | 408 321 | 260 917 119 | 25,2784 | 8,6132 | $3^2 \cdot 71$ | 639 |
| 640 | 2 010,6 | 321 699 | 409 600 | 262 144 000 | 25,2982 | 8,6177 | $2^7 \cdot 5$ | 640 |
| 641 | 2 013,8 | 322 705 | 410 881 | 263 374 721 | 25,3180 | 8,6222 | Primzahl | 641 |
| 642 | 2 016,9 | 323 713 | 412 164 | 264 609 288 | 25,3377 | 8,6267 | $2 \cdot 3 \cdot 107$ | 642 |
| 643 | 2 020,0 | 324 722 | 413 449 | 265 847 707 | 25,3574 | 8,6312 | Primzahl | 643 |
| 644 | 2 023,2 | 325 733 | 414 736 | 267 089 984 | 25,3772 | 8,6357 | $2^2 \cdot 7 \cdot 23$ | 644 |
| 645 | 2 026,3 | 326 745 | 416 025 | 268 336 125 | 25,3969 | 8,6401 | $3 \cdot 5 \cdot 43$ | 645 |
| 646 | 2 029,5 | 327 759 | 417 316 | 269 586 136 | 25,4165 | 8,6446 | $2 \cdot 17 \cdot 19$ | 646 |
| 647 | 2 032,6 | 328 775 | 418 609 | 270 840 023 | 25,4362 | 8,6490 | Primzahl | 647 |
| 648 | 2 035,8 | 329 792 | 419 904 | 272 097 792 | 25,4558 | 8,6535 | $2^3 \cdot 3^4$ | 648 |
| 649 | 2 038,9 | 330 810 | 421 201 | 273 359 449 | 25,4755 | 8,6579 | $11 \cdot 59$ | 649 |
| 650 | 2 042,0 | 331 831 | 422 500 | 274 625 000 | 25,4951 | 8,6624 | $2 \cdot 5^2 \cdot 13$ | 650 |

| *d* oder *n* | $d \cdot \pi$ | $\frac{d^2 \cdot \pi}{4}$ | $n^2$ | $n^3$ | $\sqrt{n}$ | $\sqrt[3]{n}$ | Faktoren von *n* | *d* oder *n* |
|---|---|---|---|---|---|---|---|---|
| 651 | 2 045,2 | 332 853 | 423 801 | 275 894 451 | 25,5147 | 8,6668 | $3 \cdot 7 \cdot 31$ | 651 |
| 652 | 2 048,3 | 333 876 | 425 104 | 277 167 808 | 25,5343 | 8,6713 | $2^2 \cdot 163$ | 652 |
| 653 | 2 051,5 | 334 901 | 426 409 | 278 445 077 | 25,5539 | 8,6757 | Primzahl | 653 |
| 654 | 2 054,6 | 335 927 | 427 716 | 279 726 264 | 25,5734 | 8,6801 | $2 \cdot 3 \cdot 109$ | 654 |
| 655 | 2 057,7 | 336 955 | 429 025 | 281 011 375 | 25,5930 | 8,6845 | $5 \cdot 131$ | 655 |
| 656 | 2 060,9 | 337 985 | 430 336 | 282 300 416 | 25,6125 | 8,6890 | $2^4 \cdot 41$ | 656 |
| 657 | 2 064,0 | 339 016 | 431 649 | 283 593 393 | 25,6320 | 8,6934 | $3^2 \cdot 73$ | 657 |
| 658 | 2 067,2 | 340 049 | 432 964 | 284 890 312 | 25,6515 | 8,6978 | $2 \cdot 7 \cdot 47$ | 658 |
| 659 | 2 070,3 | 341 084 | 434 281 | 286 191 179 | 25,6710 | 8,7022 | Primzahl | 659 |
| **660** | 2 073,5 | 342 119 | 435 600 | 287 496 000 | 25,6905 | 8,7066 | $2^2 \cdot 3 \cdot 5 \cdot 11$ | **660** |
| 661 | 2 076,6 | 343 157 | 436 921 | 288 804 781 | 25,7099 | 8,7110 | Primzahl | 661 |
| 662 | 2 079,7 | 344 196 | 438 244 | 290 117 528 | 25,7294 | 8,7154 | $2 \cdot 331$ | 662 |
| 663 | 2 082,9 | 345 237 | 439 569 | 291 434 247 | 25,7488 | 8,7198 | $3 \cdot 13 \cdot 17$ | 663 |
| 664 | 2 086,0 | 346 279 | 440 896 | 292 754 944 | 25,7682 | 8,7241 | $2^3 \cdot 83$ | 664 |
| 665 | 2 089,2 | 347 323 | 442 225 | 294 079 625 | 25,7876 | 8,7285 | $5 \cdot 7 \cdot 19$ | 665 |
| 666 | 2 092,3 | 348 368 | 443 556 | 295 408 296 | 25,8070 | 8,7329 | $2 \cdot 3^2 \cdot 37$ | 666 |
| 667 | 2 095,4 | 349 415 | 444 889 | 296 740 963 | 25,8263 | 8,7373 | $23 \cdot 29$ | 667 |
| 668 | 2 098,6 | 350 464 | 446 224 | 298 077 632 | 25,8457 | 8,7416 | $2^2 \cdot 167$ | 668 |
| 669 | 2 101,7 | 351 514 | 447 561 | 299 418 309 | 25,8650 | 8,7460 | $3 \cdot 223$ | 669 |
| **670** | 2 104,9 | 352 565 | 448 900 | 300 763 000 | 25,8844 | 8,7503 | $2 \cdot 5 \cdot 67$ | **670** |
| 671 | 2 108,0 | 353 618 | 450 241 | 302 111 711 | 25,9037 | 8,7547 | $11 \cdot 61$ | 671 |
| 672 | 2 111,2 | 354 673 | 451 584 | 303 464 448 | 25,9230 | 8,7590 | $2^5 \cdot 3 \cdot 7$ | 672 |
| 673 | 2 114,3 | 355 730 | 452 929 | 304 821 217 | 25,9422 | 8,7634 | Primzahl | 673 |
| 674 | 2 117,4 | 356 788 | 454 276 | 306 182 024 | 25,9615 | 8,7677 | $2 \cdot 337$ | 674 |
| 675 | 2 120,6 | 357 847 | 455 625 | 307 546 875 | 25,9808 | 8,7721 | $3^3 \cdot 5^2$ | 675 |
| 676 | 2 123,7 | 358 908 | 456 976 | 308 915 776 | 26,0000 | 8,7764 | $2^2 \cdot 13^2$ | 676 |
| 677 | 2 126,9 | 359 971 | 458 329 | 310 288 733 | 26,0192 | 8,7807 | Primzahl | 677 |
| 678 | 2 130,0 | 361 035 | 459 684 | 311 665 752 | 26,0384 | 8,7850 | $2 \cdot 3 \cdot 113$ | 678 |
| 679 | 2 133,1 | 362 101 | 461 041 | 313 046 839 | 26,0576 | 8,7893 | $7 \cdot 97$ | 679 |
| **680** | 2 136,3 | 363 168 | 462 400 | 314 432 000 | 26,0768 | 8,7937 | $2^3 \cdot 5 \cdot 17$ | **680** |
| 681 | 2 139,4 | 364 237 | 463 761 | 315 821 241 | 26,0960 | 8,7980 | $3 \cdot 227$ | 681 |
| 682 | 2 142,6 | 365 308 | 465 124 | 317 214 568 | 26,1151 | 8,8023 | $2 \cdot 11 \cdot 31$ | 682 |
| 683 | 2 145,7 | 366 380 | 466 489 | 318 611 987 | 26,1343 | 8,8066 | Primzahl | 683 |
| 684 | 2 148,8 | 367 453 | 467 856 | 320 013 504 | 26,1534 | 8,8109 | $2^2 \cdot 3^2 \cdot 19$ | 684 |
| 685 | 2 152,0 | 368 528 | 469 225 | 321 419 125 | 26,1725 | 8,8152 | $5 \cdot 137$ | 685 |
| 686 | 2 155,1 | 369 605 | 470 596 | 322 828 856 | 26,1916 | 8,8194 | $2 \cdot 7^3$ | 686 |
| 687 | 2 158,3 | 370 684 | 471 969 | 324 242 703 | 26,2107 | 8,8237 | $3 \cdot 229$ | 687 |
| 688 | 2 161,4 | 371 764 | 473 344 | 325 660 672 | 26,2298 | 8,8280 | $2^4 \cdot 43$ | 688 |
| 689 | 2 164,6 | 372 845 | 474 721 | 327 082 769 | 26,2488 | 8,8323 | $13 \cdot 53$ | 689 |
| **690** | 2 167,7 | 373 928 | 476 100 | 328 509 000 | 26,2679 | 8,8366 | $2 \cdot 3 \cdot 5 \cdot 23$ | **690** |
| 691 | 2 170,8 | 375 013 | 477 481 | 329 939 371 | 26,2869 | 8,8408 | Primzahl | 691 |
| 692 | 2 174,0 | 376 099 | 478 864 | 331 373 888 | 26,3059 | 8,8451 | $2^2 \cdot 173$ | 692 |
| 693 | 2 177,1 | 377 187 | 480 249 | 332 812 557 | 26,3249 | 8,8493 | $3^2 \cdot 7 \cdot 11$ | 693 |
| 694 | 2 180,3 | 378 276 | 481 636 | 334 255 384 | 26,3439 | 8,8536 | $2 \cdot 347$ | 694 |
| 695 | 2 183,4 | 379 367 | 483 025 | 335 702 375 | 26,3629 | 8,8578 | $5 \cdot 139$ | 695 |
| 696 | 2 186,5 | 380 459 | 484 416 | 337 153 536 | 26,3818 | 8,8621 | $2^3 \cdot 3 \cdot 29$ | 696 |
| 697 | 2 189,7 | 381 553 | 485 809 | 338 608 873 | 26,4008 | 8,8663 | $17 \cdot 41$ | 697 |
| 698 | 2 192,8 | 382 649 | 487 204 | 340 068 392 | 26,4197 | 8,8706 | $2 \cdot 349$ | 698 |
| 699 | 2 196,0 | 383 746 | 488 601 | 341 532 099 | 26,4386 | 8,8748 | $3 \cdot 233$ | 699 |
| **700** | 2 199,1 | 384 845 | 490 000 | 343 000 000 | 26,4575 | 8,8790 | $2^2 \cdot 5^2 \cdot 7$ | **700** |

| d oder n | $d \cdot \pi$ | $\frac{d^2 \cdot \pi}{4}$ | $n^2$ | $n^3$ | $\sqrt{n}$ | $\sqrt[3]{n}$ | Faktoren von n | d oder n |
|---|---|---|---|---|---|---|---|---|
| 701 | 2 202,3 | 385 945 | 491 401 | 344 472 101 | 26,4764 | 8,8833 | Primzahl | 701 |
| 702 | 2 205,4 | 387 047 | 492 804 | 345 948 408 | 26,4953 | 8,8875 | $2 \cdot 3^3 \cdot 13$ | 702 |
| 703 | 2 208,5 | 388 151 | 494 209 | 347 428 927 | 26,5141 | 8,8917 | $19 \cdot 37$ | 703 |
| 704 | 2 211,7 | 389 256 | 495 616 | 348 913 664 | 26,5330 | 8,8959 | $2^6 \cdot 11$ | 704 |
| 705 | 2 214,8 | 390 363 | 497 025 | 350 402 625 | 26,5518 | 8,9001 | $3 \cdot 5 \cdot 47$ | 705 |
| 706 | 2 218,0 | 391 471 | 498 436 | 351 895 816 | 26,5707 | 8,9043 | $2 \cdot 353$ | 706 |
| 707 | 2 221,1 | 392 580 | 499 849 | 353 393 243 | 26,5895 | 8,9085 | $7 \cdot 101$ | 707 |
| 708 | 2 224,2 | 393 692 | 501 264 | 354 894 912 | 26,6083 | 8,9127 | $2^2 \cdot 3 \cdot 59$ | 708 |
| 709 | 2 227,4 | 394 805 | 502 681 | 356 400 829 | 26,6271 | 8,9169 | Primzahl | 709 |
| 710 | 2 230,5 | 395 919 | 504 100 | 357 911 000 | 26,6458 | 8,9211 | $2 \cdot 5 \cdot 71$ | 710 |
| 711 | 2 233,7 | 397 035 | 505 521 | 359 425 431 | 26,6646 | 8,9253 | $3^2 \cdot 79$ | 711 |
| 712 | 2 236,8 | 398 153 | 506 944 | 360 944 128 | 26,6833 | 8,9295 | $2^3 \cdot 89$ | 712 |
| 713 | 2 240,0 | 399 272 | 508 369 | 362 467 097 | 26,7021 | 8,9337 | $23 \cdot 31$ | 713 |
| 714 | 2 243,1 | 400 393 | 509 796 | 363 994 344 | 26,7208 | 8,9378 | $2 \cdot 3 \cdot 7 \cdot 17$ | 714 |
| 715 | 2 246,2 | 401 515 | 511 225 | 365 525 875 | 26,7395 | 8,9420 | $5 \cdot 11 \cdot 13$ | 715 |
| 716 | 2 249,4 | 402 639 | 512 656 | 367 061 696 | 26,7582 | 8,9462 | $2^2 \cdot 179$ | 716 |
| 717 | 2 252,5 | 403 765 | 514 089 | 368 601 813 | 26,7769 | 8,9503 | $3 \cdot 239$ | 717 |
| 718 | 2 255,7 | 404 892 | 515 524 | 370 146 232 | 26,7955 | 8,9545 | $2 \cdot 359$ | 718 |
| 719 | 2 258,8 | 406 020 | 516 961 | 371 694 959 | 26,8142 | 8,9587 | Primzahl | 719 |
| 720 | 2 261,9 | 407 150 | 518 400 | 373 248 000 | 26,8328 | 8,9628 | $2^4 \cdot 3^2 \cdot 5$ | 720 |
| 721 | 2 265,1 | 408 282 | 519 841 | 374 805 361 | 26,8514 | 8,9670 | $7 \cdot 103$ | 721 |
| 722 | 2 268,2 | 409 415 | 521 284 | 376 367 048 | 26,8701 | 8,9711 | $2 \cdot 19^2$ | 722 |
| 723 | 2 271,4 | 410 550 | 522 729 | 377 933 067 | 26,8887 | 8,9752 | $3 \cdot 241$ | 723 |
| 724 | 2 274,5 | 411 687 | 524 176 | 379 503 424 | 26,9072 | 8,9794 | $2^2 \cdot 181$ | 724 |
| 725 | 2 277,7 | 412 825 | 525 625 | 381 078 125 | 26,9258 | 8,9835 | $5^2 \cdot 29$ | 725 |
| 726 | 2 280,8 | 413 965 | 527 076 | 382 657 176 | 26,9444 | 8,9876 | $2 \cdot 3 \cdot 11^2$ | 726 |
| 727 | 2 283,9 | 415 106 | 528 529 | 384 240 583 | 26,9629 | 8,9918 | Primzahl | 727 |
| 728 | 2 287,1 | 416 248 | 529 984 | 385 828 352 | 26,9815 | 8,9959 | $2^3 \cdot 7 \cdot 13$ | 728 |
| 729 | 2 290,2 | 417 393 | 531 441 | 387 420 489 | 27,0000 | 9,0000 | $3^6$ | 729 |
| 730 | 2 293,4 | 418 539 | 532 900 | 389 017 000 | 27,0185 | 9,0041 | $2 \cdot 5 \cdot 73$ | 730 |
| 731 | 2 296,5 | 419 686 | 534 361 | 390 617 891 | 27,0370 | 9,0082 | $17 \cdot 43$ | 731 |
| 732 | 2 299,6 | 420 835 | 535 824 | 392 223 168 | 27,0555 | 9,0123 | $2^2 \cdot 3 \cdot 61$ | 732 |
| 733 | 2 302,8 | 421 986 | 537 289 | 393 832 837 | 27,0740 | 9,0164 | Primzahl | 733 |
| 734 | 2 305,9 | 423 138 | 538 756 | 395 446 904 | 27,0924 | 9,0205 | $2 \cdot 367$ | 734 |
| 735 | 2 309,1 | 424 347 | 540 225 | 397 065 375 | 27,1109 | 9,0246 | $3 \cdot 5 \cdot 7^2$ | 735 |
| 736 | 2 312,2 | 425 447 | 541 696 | 398 688 256 | 27,1293 | 9,0287 | $2^5 \cdot 23$ | 736 |
| 737 | 2 315,4 | 426 604 | 543 169 | 400 315 553 | 27,1477 | 9,0328 | $11 \cdot 67$ | 737 |
| 738 | 2 318,5 | 427 762 | 544 644 | 401 947 272 | 27,1662 | 9,0369 | $2 \cdot 3^2 \cdot 41$ | 738 |
| 739 | 2 321,6 | 428 922 | 546 121 | 403 583 419 | 27,1846 | 9,0410 | Primzahl | 739 |
| 740 | 2 324,8 | 430 084 | 547 600 | 405 224 000 | 27,2029 | 9,0450 | $2^2 \cdot 5 \cdot 37$ | 740 |
| 741 | 2 327,9 | 431 247 | 549 081 | 406 869 021 | 27,2213 | 9,0491 | $3 \cdot 13 \cdot 19$ | 741 |
| 742 | 2 331,1 | 432 412 | 550 564 | 408 518 488 | 27,2397 | 9,0532 | $2 \cdot 7 \cdot 53$ | 742 |
| 743 | 2 334,2 | 433 578 | 552 049 | 410 172 407 | 27,2580 | 9,0572 | Primzahl | 743 |
| 744 | 2 337,3 | 434 746 | 553 536 | 411 830 784 | 27,2764 | 9,0613 | $2^3 \cdot 3 \cdot 31$ | 744 |
| 745 | 2 340,5 | 435 916 | 555 025 | 413 493 625 | 27,2947 | 9,0654 | $5 \cdot 149$ | 745 |
| 746 | 2 343,6 | 437 087 | 556 516 | 415 160 936 | 27,3130 | 9,0694 | $2 \cdot 373$ | 746 |
| 747 | 2 346,8 | 438 259 | 558 009 | 416 832 723 | 27,3313 | 9,0735 | $3^2 \cdot 83$ | 747 |
| 748 | 2 349,9 | 439 433 | 559 504 | 418 508 992 | 27,3496 | 9,0775 | $2^2 \cdot 11 \cdot 17$ | 748 |
| 749 | 2 353,1 | 440 609 | 561 001 | 420 189 749 | 27,3679 | 9,0816 | $7 \cdot 107$ | 749 |
| 750 | 2 356,2 | 441 786 | 562 500 | 421 875 000 | 27,3861 | 9,0856 | $2 \cdot 3 \cdot 5^3$ | 750 |

# 751 . . . 800

| *d* oder *n* | $d \cdot \pi$ | $\frac{d^2 \cdot \pi}{4}$ | $n^2$ | $n^3$ | $\sqrt{n}$ | $\sqrt[3]{n}$ | Faktoren von *n* | *d* oder *n* |
|---|---|---|---|---|---|---|---|---|
| 751 | 2359,3 | 442 965 | 564 001 | 423 564 751 | 27,4044 | 9,0896 | Primzahl | 751 |
| 752 | 2362,5 | 444 146 | 565 504 | 425 259 008 | 27,4226 | 9,0937 | $2^4 \cdot 47$ | 752 |
| 753 | 2365,6 | 445 328 | 567 009 | 426 957 777 | 27,4408 | 9,0977 | $3 \cdot 251$ | 753 |
| 754 | 2368,8 | 446 511 | 568 516 | 428 661 064 | 27,4591 | 9,1017 | $2 \cdot 13 \cdot 29$ | 754 |
| 755 | 2371,9 | 447 697 | 570 025 | 430 368 875 | 27,4773 | 9,1057 | $5 \cdot 151$ | 755 |
| 756 | 2375,0 | 448 883 | 571 536 | 432 081 216 | 27,4955 | 9,1098 | $2^2 \cdot 3^3 \cdot 7$ | 756 |
| 757 | 2378,2 | 450 072 | 573 049 | 433 798 093 | 27,5136 | 9,1138 | Primzahl | 757 |
| 758 | 2381,3 | 451 262 | 574 564 | 435 519 512 | 27,5318 | 9,1178 | $2 \cdot 379$ | 758 |
| 759 | 2384,5 | 452 453 | 576 081 | 437 245 479 | 27,5500 | 9,1218 | $3 \cdot 11 \cdot 23$ | 759 |
| **760** | 2387,6 | 453 646 | 577 600 | 438 976 000 | 27,5681 | 9,1258 | $2^3 \cdot 5 \cdot 19$ | **760** |
| 761 | 2390,8 | 454 841 | 579 121 | 440 711 081 | 27,5862 | 9,1298 | Primzahl | 761 |
| 762 | 2393,9 | 456 037 | 580 644 | 442 450 728 | 27,6043 | 9,1338 | $2 \cdot 3 \cdot 127$ | 762 |
| 763 | 2397,0 | 457 234 | 582 169 | 444 194 947 | 27,6225 | 9,1378 | $7 \cdot 109$ | 763 |
| 764 | 2400,2 | 458 434 | 583 696 | 445 943 744 | 27,6405 | 9,1418 | $2^2 \cdot 191$ | 764 |
| 765 | 2403,3 | 459 635 | 585 225 | 447 697 125 | 27,6586 | 9,1458 | $3^2 \cdot 5 \cdot 17$ | 765 |
| 766 | 2406,5 | 460 837 | 586 756 | 449 455 096 | 27,6767 | 9,1498 | $2 \cdot 383$ | 766 |
| 767 | 2409,6 | 462 041 | 588 289 | 451 217 663 | 27,6948 | 9,1537 | $13 \cdot 59$ | 767 |
| 768 | 2412,7 | 463 247 | 589 824 | 452 984 832 | 27,7128 | 9,1577 | $2^8 \cdot 3$ | 768 |
| 769 | 2415,9 | 464 454 | 591 361 | 454 756 609 | 27,7308 | 9,1617 | Primzahl | 769 |
| **770** | 2419,0 | 465 663 | 592 900 | 456 533 000 | 27,7489 | 9,1657 | $2 \cdot 5 \cdot 7 \cdot 11$ | **770** |
| 771 | 2422,2 | 466 873 | 594 441 | 458 314 011 | 27,7669 | 9,1696 | $3 \cdot 257$ | 771 |
| 772 | 2425,3 | 468 085 | 595 984 | 460 099 648 | 27,7849 | 9,1736 | $2^2 \cdot 193$ | 772 |
| 773 | 2428,5 | 469 298 | 597 529 | 461 889 917 | 27,8029 | 9,1775 | Primzahl | 773 |
| 774 | 2431,6 | 470 513 | 599 076 | 463 684 824 | 27,8209 | 9,1815 | $2 \cdot 3^2 \cdot 43$ | 774 |
| 775 | 2434,7 | 471 730 | 600 625 | 465 484 375 | 27,8388 | 9,1855 | $5^2 \cdot 31$ | 775 |
| 776 | 2437,9 | 472 948 | 602 176 | 467 288 576 | 27,8568 | 9,1894 | $2^3 \cdot 97$ | 776 |
| 777 | 2441,0 | 474 168 | 603 729 | 469 097 433 | 27,8747 | 9,1933 | $3 \cdot 7 \cdot 37$ | 777 |
| 778 | 2444,2 | 475 389 | 605 284 | 470 910 952 | 27,8927 | 9,1973 | $2 \cdot 389$ | 778 |
| 779 | 2447,3 | 476 612 | 606 841 | 472 729 139 | 27,9106 | 9,2012 | $19 \cdot 41$ | 779 |
| **780** | 2450,4 | 477 836 | 608 400 | 474 552 000 | 27,9285 | 9,2052 | $2^2 \cdot 3 \cdot 5 \cdot 13$ | **780** |
| 781 | 2453,6 | 479 062 | 609 961 | 476 379 541 | 27,9464 | 9,2091 | $11 \cdot 71$ | 781 |
| 782 | 2456,7 | 480 290 | 611 524 | 478 211 768 | 27,9643 | 9,2130 | $2 \cdot 17 \cdot 23$ | 782 |
| 783 | 2459,9 | 481 519 | 613 089 | 480 048 687 | 27,9821 | 9,2170 | $3^3 \cdot 29$ | 783 |
| 784 | 2463,0 | 482 750 | 614 656 | 481 890 304 | 28,0000 | 9,2209 | $2^4 \cdot 7^2$ | 784 |
| 785 | 2466,2 | 483 982 | 616 225 | 483 736 625 | 28,0179 | 9,2248 | $5 \cdot 157$ | 785 |
| 786 | 2469,3 | 485 216 | 617 796 | 485 587 656 | 28,0357 | 9,2287 | $2 \cdot 3 \cdot 131$ | 786 |
| 787 | 2472,4 | 486 451 | 619 369 | 487 443 403 | 28,0535 | 9,2326 | Primzahl | 787 |
| 788 | 2475,6 | 487 688 | 620 944 | 489 303 872 | 28,0713 | 9,2365 | $2^2 \cdot 197$ | 788 |
| 789 | 2478,7 | 488 927 | 622 521 | 491 169 069 | 28,0891 | 9,2404 | $3 \cdot 263$ | 789 |
| **790** | 2481,9 | 490 167 | 624 100 | 493 039 000 | 28,1069 | 9,2443 | $2 \cdot 5 \cdot 79$ | **790** |
| 791 | 2485,0 | 491 409 | 625 681 | 494 913 671 | 28,1247 | 9,2482 | $7 \cdot 113$ | 791 |
| 792 | 2488,1 | 492 652 | 627 264 | 496 793 088 | 28,1425 | 9,2521 | $2^3 \cdot 3^2 \cdot 11$ | 792 |
| 793 | 2491,3 | 493 897 | 628 849 | 498 677 257 | 28,1603 | 9,2560 | $13 \cdot 61$ | 793 |
| 794 | 2494,4 | 495 143 | 630 436 | 500 566 184 | 28,1780 | 9,2599 | $2 \cdot 397$ | 794 |
| 795 | 2497,6 | 496 391 | 632 025 | 502 459 875 | 28,1957 | 9,2638 | $3 \cdot 5 \cdot 53$ | 795 |
| 796 | 2500,7 | 497 641 | 633 616 | 504 358 336 | 28,2135 | 9,2677 | $2^2 \cdot 199$ | 796 |
| 797 | 2503,8 | 498 892 | 635 209 | 506 261 573 | 28,2312 | 9,2716 | Primzahl | 797 |
| 798 | 2507,0 | 500 145 | 636 804 | 508 169 592 | 28,2489 | 9,2754 | $2 \cdot 3 \cdot 7 \cdot 19$ | 798 |
| 799 | 2510,1 | 501 399 | 638 401 | 510 082 399 | 28,2666 | 9,2793 | $17 \cdot 47$ | 799 |
| **800** | 2513,3 | 502 655 | 640 000 | 512 000 000 | 28,2843 | 9,2832 | $2^5 \cdot 5^2$ | **800** |

| *d* oder *n* | $d \cdot \pi$ | $\frac{d^2 \cdot \pi}{4}$ | $n^2$ | $n^3$ | $\sqrt{n}$ | $\sqrt[3]{n}$ | Faktoren von *n* | *d* oder *n* |
|---|---|---|---|---|---|---|---|---|
| 801 | 2 516,4 | 503 912 | 641 601 | 513 922 401 | 28,3019 | 9,2870 | $3^2 \cdot 89$ | 801 |
| 802 | 2 519,6 | 505 171 | 643 204 | 515 849 608 | 28,3196 | 9,2909 | $2 \cdot 401$ | 802 |
| 803 | 2 522,7 | 506 432 | 644 809 | 517 781 627 | 28,3373 | 9,2948 | $11 \cdot 73$ | 803 |
| 804 | 2 525,8 | 507 694 | 646 416 | 519 718 464 | 28,3549 | 9,2986 | $2^2 \cdot 3 \cdot 67$ | 804 |
| 805 | 2 529,0 | 508 958 | 648 025 | 521 660 125 | 28,3725 | 9,3025 | $5 \cdot 7 \cdot 23$ | 805 |
| 806 | 2 532,1 | 510 223 | 649 636 | 523 606 616 | 28,3901 | 9,3063 | $2 \cdot 13 \cdot 31$ | 806 |
| 807 | 2 535,3 | 511 490 | 651 249 | 525 557 943 | 28,4077 | 9,3102 | $3 \cdot 269$ | 807 |
| 808 | 2 538,4 | 512 758 | 652 864 | 527 514 112 | 28,4253 | 9,3140 | $2^3 \cdot 101$ | 808 |
| 809 | 2 541,5 | 514 028 | 654 481 | 529 475 129 | 28,4429 | 9,3179 | Primzahl | 809 |
| **810** | 2 544,7 | 515 300 | 656 100 | 531 441 000 | 28,4605 | 9,3217 | $2 \cdot 3^4 \cdot 5$ | **810** |
| 811 | 2 547,8 | 516 573 | 657 721 | 533 411 731 | 28,4781 | 9,3255 | Primzahl | 811 |
| 812 | 2 551,0 | 517 848 | 659 344 | 535 387 328 | 28,4956 | 9,3294 | $2^2 \cdot 7 \cdot 29$ | 812 |
| 813 | 2 554,1 | 519 124 | 660 969 | 537 367 797 | 28,5132 | 9,3332 | $3 \cdot 271$ | 813 |
| 814 | 2 557,3 | 520 402 | 662 596 | 539 353 144 | 28,5307 | 9,3370 | $2 \cdot 11 \cdot 37$ | 814 |
| 815 | 2 560,4 | 521 681 | 664 225 | 541 343 375 | 28,5482 | 9,3408 | $5 \cdot 163$ | 815 |
| 816 | 2 563,5 | 522 962 | 665 856 | 543 338 496 | 28,5657 | 9,3447 | $2^4 \cdot 3 \cdot 17$ | 816 |
| 817 | 2 566,7 | 524 245 | 667 489 | 545 338 513 | 28,5832 | 9,3485 | $19 \cdot 43$ | 817 |
| 818 | 2 569,8 | 525 529 | 669 124 | 547 343 432 | 28,6007 | 9,3523 | $2 \cdot 409$ | 818 |
| 819 | 2 573,0 | 526 814 | 670 761 | 549 353 259 | 28,6182 | 9,3561 | $3^2 \cdot 7 \cdot 13$ | 819 |
| **820** | 2 576,1 | 528 102 | 672 400 | 551 368 000 | 28,6356 | 9,3599 | $2^2 \cdot 5 \cdot 41$ | **820** |
| 821 | 2 579,2 | 529 391 | 674 041 | 553 387 661 | 28,6531 | 9,3637 | Primzahl | 821 |
| 822 | 2 582,4 | 530 681 | 675 684 | 555 412 248 | 28,6705 | 9,3675 | $2 \cdot 3 \cdot 137$ | 822 |
| 823 | 2 585,5 | 531 973 | 677 329 | 557 441 767 | 28,6880 | 9,3713 | Primzahl | 823 |
| 824 | 2 588,7 | 533 267 | 678 976 | 559 476 224 | 28,7054 | 9,3751 | $2^3 \cdot 103$ | 824 |
| 825 | 2 591,8 | 534 562 | 680 625 | 561 515 625 | 28,7228 | 9,3789 | $3 \cdot 5^2 \cdot 11$ | 825 |
| 826 | 2 595,0 | 535 858 | 682 276 | 563 559 976 | 28,7402 | 9,3827 | $2 \cdot 7 \cdot 59$ | 826 |
| 827 | 2 598,1 | 537 157 | 683 929 | 565 609 283 | 28,7576 | 9,3865 | Primzahl | 827 |
| 828 | 2 601,2 | 538 456 | 685 584 | 567 663 552 | 28,7750 | 9,3902 | $2^2 \cdot 3^2 \cdot 23$ | 828 |
| 829 | 2 604,4 | 539 758 | 687 241 | 569 722 789 | 28,7924 | 9,3940 | Primzahl | 829 |
| **830** | 2 607,5 | 541 061 | 688 900 | 571 787 000 | 28,8097 | 9,3978 | $2 \cdot 5 \cdot 83$ | **830** |
| 831 | 2 610,7 | 542 365 | 690 561 | 573 856 191 | 28,8271 | 9,4016 | $3 \cdot 277$ | 831 |
| 832 | 2 613,8 | 543 671 | 692 224 | 575 930 368 | 28,8444 | 9,4053 | $2^6 \cdot 13$ | 832 |
| 833 | 2 616,9 | 544 979 | 693 889 | 578 009 537 | 28,8617 | 9,4091 | $7^2 \cdot 17$ | 833 |
| 834 | 2 620,1 | 546 288 | 695 556 | 580 093 704 | 28,8791 | 9,4129 | $2 \cdot 3 \cdot 139$ | 834 |
| 835 | 2 623,2 | 547 599 | 697 225 | 582 182 875 | 28,8964 | 9,4166 | $5 \cdot 167$ | 835 |
| 836 | 2 626,4 | 548 912 | 698 896 | 584 277 056 | 28,9137 | 9,4204 | $2^2 \cdot 11 \cdot 19$ | 836 |
| 837 | 2 629,5 | 550 226 | 700 569 | 586 376 253 | 28,9310 | 9,4241 | $3^3 \cdot 31$ | 837 |
| 838 | 2 632,7 | 551 541 | 702 244 | 588 480 472 | 28,9482 | 9,4279 | $2 \cdot 419$ | 838 |
| 839 | 2 635,8 | 552 858 | 703 921 | 590 589 719 | 28,9655 | 9,4316 | Primzahl | 839 |
| **840** | 2 638,9 | 554 177 | 705 600 | 592 704 000 | 28,9828 | 9,4354 | $2^3 \cdot 3 \cdot 5 \cdot 7$ | **840** |
| 841 | 2 642,1 | 555 497 | 707 281 | 594 823 321 | 29,0000 | 9,4391 | $29^2$ | 841 |
| 842 | 2 645,2 | 556 819 | 708 964 | 596 947 688 | 29,0172 | 9,4429 | $2 \cdot 421$ | 842 |
| 843 | 2 648,4 | 558 142 | 710 649 | 599 077 107 | 29,0345 | 9,4466 | $3 \cdot 281$ | 843 |
| 844 | 2 651,5 | 559 467 | 712 336 | 601 211 584 | 29,0517 | 9,4503 | $2^2 \cdot 211$ | 844 |
| 845 | 2 654,6 | 560 794 | 714 025 | 603 351 125 | 29,0689 | 9,4541 | $5 \cdot 13^2$ | 845 |
| 846 | 2 657,8 | 562 122 | 715 716 | 605 495 736 | 29,0861 | 9,4578 | $2 \cdot 3^2 \cdot 47$ | 846 |
| 847 | 2 660,9 | 563 452 | 717 409 | 607 645 423 | 29,1033 | 9,4615 | $7 \cdot 11^2$ | 847 |
| 848 | 2 664,1 | 564 783 | 719 104 | 609 800 192 | 29,1204 | 9,4652 | $2^4 \cdot 53$ | 848 |
| 849 | 2 667,2 | 566 116 | 720 801 | 611 960 049 | 29,1376 | 9,4690 | $3 \cdot 283$ | 849 |
| **850** | 2 670,4 | 567 450 | 722 500 | 614 125 000 | 29,1548 | 9,4727 | $2 \cdot 5^2 \cdot 17$ | **850** |

| *d* oder *n* | *d* · π | $\frac{d^2 \cdot \pi}{4}$ | $n^2$ | $n^3$ | $\sqrt{n}$ | $\sqrt[3]{n}$ | Faktoren von *n* | *d* oder *n* |
|---|---|---|---|---|---|---|---|---|
| 851 | 2 673,5 | 568 786 | 724 201 | 616 295 051 | 29,1719 | 9,4764 | 23 · 37 | 851 |
| 852 | 2 676,6 | 570 124 | 725 904 | 618 470 208 | 29,1890 | 9,4801 | $2^2 \cdot 3 \cdot 71$ | 852 |
| 853 | 2 679,8 | 571 463 | 727 609 | 620 650 477 | 29,2062 | 9,4838 | Primzahl | 853 |
| 854 | 2 682,9 | 572 803 | 729 316 | 622 835 864 | 29,2233 | 9,4875 | 2 · 7 · 61 | 854 |
| 855 | 2 686,1 | 574 146 | 731 025 | 625 026 375 | 29,2404 | 9,4912 | $3^2 \cdot 5 \cdot 19$ | 855 |
| 856 | 2 689,2 | 575 490 | 732 736 | 627 222 016 | 29,2575 | 9,4949 | $2^3 \cdot 107$ | 856 |
| 857 | 2 692,3 | 576 835 | 734 449 | 629 422 793 | 29,2746 | 9,4986 | Primzahl | 857 |
| 858 | 2 695,5 | 578 182 | 736 164 | 631 628 712 | 29,2916 | 9,5023 | 2 · 3 · 11 · 13 | 858 |
| 859 | 2 698,6 | 579 530 | 737 881 | 633 839 779 | 29,3087 | 9,5060 | Primzahl | 859 |
| **860** | 2 701,8 | 580 880 | 739 600 | 636 056 000 | 29,3258 | 9,5097 | $2^2 \cdot 5 \cdot 43$ | **860** |
| 861 | 2 704,9 | 582 232 | 741 321 | 638 277 381 | 29,3428 | 9,5134 | 3 · 7 · 41 | 861 |
| 862 | 2 708,1 | 583 585 | 743 044 | 640 503 928 | 29,3598 | 9,5171 | 2 · 431 | 862 |
| 863 | 2 711,2 | 584 940 | 744 769 | 642 735 647 | 29,3769 | 9,5207 | Primzahl | 863 |
| 864 | 2 714,3 | 586 297 | 746 496 | 644 972 544 | 29,3939 | 9,5244 | $2^5 \cdot 3^3$ | 864 |
| 865 | 2 717,5 | 587 655 | 748 225 | 647 214 625 | 29,4109 | 9,5281 | 5 · 173 | 865 |
| 866 | 2 720,6 | 589 014 | 749 956 | 649 461 896 | 29,4279 | 9,5317 | 2 · 433 | 866 |
| 867 | 2 723,8 | 590 375 | 751 689 | 651 714 363 | 29,4449 | 9,5354 | $3 \cdot 17^2$ | 867 |
| 868 | 2 726,9 | 591 738 | 753 424 | 653 972 032 | 29,4618 | 9,5391 | $2^2 \cdot 7 \cdot 31$ | 868 |
| 869 | 2 730,0 | 593 102 | 755 161 | 656 234 909 | 29,4788 | 9,5427 | 11 · 79 | 869 |
| **870** | 2 733,2 | 594 468 | 756 900 | 658 503 000 | 29,4958 | 9,5464 | 2 · 3 · 5 · 29 | **870** |
| 871 | 2 736,3 | 595 835 | 758 641 | 660 776 311 | 29,5127 | 9,5501 | 13 · 67 | 871 |
| 872 | 2 739,5 | 597 204 | 760 384 | 663 054 848 | 29,5296 | 9,5537 | $2^3 \cdot 109$ | 872 |
| 873 | 2 742,6 | 598 575 | 762 129 | 665 338 617 | 29,5466 | 9,5574 | $3^2 \cdot 97$ | 873 |
| 874 | 2 745,8 | 599 947 | 763 876 | 667 627 624 | 29,5635 | 9,5610 | 2 · 19 · 23 | 874 |
| 875 | 2 748,9 | 601 320 | 765 625 | 669 921 875 | 29,5804 | 9,5647 | $5^3 \cdot 7$ | 875 |
| 876 | 2 752,0 | 602 696 | 767 376 | 672 221 376 | 29,5973 | 9,5683 | $2^2 \cdot 3 \cdot 73$ | 876 |
| 877 | 2 755,2 | 604 073 | 769 129 | 674 526 133 | 29,6142 | 9,5719 | Primzahl | 877 |
| 878 | 2 758,3 | 605 451 | 770 884 | 676 836 152 | 29,6311 | 9,5756 | 2 · 439 | 878 |
| 879 | 2 761,5 | 606 831 | 772 641 | 679 151 439 | 29,6479 | 9,5792 | 3 · 293 | 879 |
| **880** | 2 764,6 | 608 212 | 774 400 | 681 472 000 | 29,6648 | 9,5828 | $2^4 \cdot 5 \cdot 11$ | **880** |
| 881 | 2 767,7 | 609 595 | 776 161 | 683 797 841 | 29,6816 | 9,5865 | Primzahl | 881 |
| 882 | 2 770,9 | 610 980 | 777 924 | 686 128 968 | 29,6985 | 9,5901 | $2 \cdot 3^2 \cdot 7^2$ | 882 |
| 883 | 2 774,0 | 612 366 | 779 689 | 688 465 387 | 29,7153 | 9,5937 | Primzahl | 883 |
| 884 | 2 777,2 | 613 754 | 781 456 | 690 807 104 | 29,7321 | 9,5973 | $2^2 \cdot 13 \cdot 17$ | 884 |
| 885 | 2 780,3 | 615 143 | 783 225 | 693 154 125 | 29,7489 | 9,6010 | 3 · 5 · 59 | 885 |
| 886 | 2 783,5 | 616 534 | 784 996 | 695 506 456 | 29,7658 | 9,6046 | 2 · 443 | 886 |
| 887 | 2 786,6 | 617 927 | 786 769 | 697 864 103 | 29,7825 | 9,6082 | Primzahl | 887 |
| 888 | 2 789,7 | 619 321 | 788 544 | 700 227 072 | 29,7993 | 9,6118 | $2^3 \cdot 3 \cdot 37$ | 888 |
| 889 | 2 792,9 | 620 717 | 790 321 | 702 595 369 | 29,8161 | 9,6154 | 7 · 127 | 889 |
| **890** | 2 796,0 | 622 114 | 792 100 | 704 969 000 | 29,8329 | 9,6190 | 2 · 5 · 89 | **890** |
| 891 | 2 799,2 | 623 513 | 793 881 | 707 347 971 | 29,8496 | 9,6226 | $3^4 \cdot 11$ | 891 |
| 892 | 2 802,3 | 624 913 | 795 664 | 709 732 288 | 29,8664 | 9,6262 | $2^2 \cdot 223$ | 892 |
| 893 | 2 805,4 | 626 315 | 797 449 | 712 121 957 | 29,8831 | 9,6298 | 19 · 47 | 893 |
| 894 | 2 808,6 | 627 718 | 799 236 | 714 516 984 | 29,8998 | 9,6334 | 2 · 3 · 149 | 894 |
| 895 | 2 811,7 | 629 124 | 801 025 | 716 917 375 | 29,9166 | 9,6370 | 5 · 179 | 895 |
| 896 | 2 814,9 | 630 530 | 802 816 | 719 323 136 | 29,9333 | 9,6406 | $2^7 \cdot 7$ | 896 |
| 897 | 2 818,0 | 631 938 | 804 609 | 721 734 273 | 29,9500 | 9,6442 | 3 · 13 · 23 | 897 |
| 898 | 2 821,2 | 633 348 | 806 404 | 724 150 792 | 29,9666 | 9,6477 | 2 · 449 | 898 |
| 899 | 2 824,3 | 634 760 | 808 201 | 726 572 699 | 29,9833 | 9,6513 | 29 · 31 | 899 |
| **900** | 2 827,4 | 636 173 | 810 000 | 729 000 000 | 30,0000 | 9,6549 | $2^2 \cdot 3^2 \cdot 5^2$ | **900** |

2

# 901 ... 950

| *d* oder *n* | $d \cdot \pi$ | $\frac{d^2 \cdot \pi}{4}$ | $n^2$ | $n^3$ | $\sqrt{n}$ | $\sqrt[3]{n}$ | Faktoren von *n* | *d* oder *n* |
|---|---|---|---|---|---|---|---|---|
| 901 | 2 830,6 | 637 587 | 811 801 | 731 432 701 | 30,0167 | 9,6585 | $17 \cdot 53$ | 901 |
| 902 | 2 833,7 | 639 003 | 813 604 | 733 870 808 | 30,0333 | 9,6620 | $2 \cdot 11 \cdot 41$ | 902 |
| 903 | 2 836,9 | 640 421 | 815 409 | 736 314 327 | 30,0500 | 9,6656 | $3 \cdot 7 \cdot 43$ | 903 |
| 904 | 2 840,0 | 641 840 | 817 216 | 738 763 264 | 30,0666 | 9,6692 | $2^3 \cdot 113$ | 904 |
| 905 | 2 843,1 | 643 261 | 819 025 | 741 217 625 | 30,0832 | 9,6727 | $5 \cdot 181$ | 905 |
| 906 | 2 846,3 | 644 683 | 820 836 | 743 677 416 | 30,0998 | 9,6763 | $2 \cdot 3 \cdot 151$ | 906 |
| 907 | 2 849,4 | 646 107 | 822 649 | 746 142 643 | 30,1164 | 9,6799 | Primzahl | 907 |
| 908 | 2 852,6 | 647 533 | 824 464 | 748 613 312 | 30,1330 | 9,6834 | $2^2 \cdot 227$ | 908 |
| 909 | 2 855,7 | 648 960 | 826 281 | 751 089 429 | 30,1496 | 9,6870 | $3^2 \cdot 101$ | 909 |
| **910** | 2 858,8 | 650 388 | 828 100 | 753 571 000 | 30,1662 | 9,6905 | $2 \cdot 5 \cdot 7 \cdot 13$ | **910** |
| 911 | 2 862,0 | 651 818 | 829 921 | 756 058 031 | 30,1828 | 9,6941 | Primzahl | 911 |
| 912 | 2 865,1 | 653 250 | 831 744 | 758 550 528 | 30,1993 | 9,6976 | $2^4 \cdot 3 \cdot 19$ | 912 |
| 913 | 2 868,3 | 654 684 | 833 569 | 761 048 497 | 30,2159 | 9,7012 | $11 \cdot 83$ | 913 |
| 914 | 2 871,4 | 656 118 | 835 396 | 763 551 944 | 30,2324 | 9,7047 | $2 \cdot 457$ | 914 |
| 915 | 2 874,6 | 657 555 | 837 225 | 766 060 875 | 30,2490 | 9,7082 | $3 \cdot 5 \cdot 61$ | 915 |
| 916 | 2 877,7 | 658 993 | 839 056 | 768 575 296 | 30,2655 | 9,7118 | $2^2 \cdot 229$ | 916 |
| 917 | 2 880,8 | 660 433 | 840 889 | 771 095 213 | 30,2820 | 9,7153 | $7 \cdot 131$ | 917 |
| 918 | 2 884,0 | 661 874 | 842 724 | 773 620 632 | 30,2985 | 9,7188 | $2 \cdot 3^3 \cdot 17$ | 918 |
| 919 | 2 887,1 | 663 317 | 844 561 | 776 151 559 | 30,3150 | 9,7224 | Primzahl | 919 |
| **920** | 2 890,3 | 664 761 | 846 400 | 778 688 000 | 30,3315 | 9,7259 | $2^3 \cdot 5 \cdot 23$ | **920** |
| 921 | 2 893,4 | 666 207 | 848 241 | 781 229 961 | 30,3480 | 9,7294 | $3 \cdot 307$ | 921 |
| 922 | 2 896,5 | 667 654 | 850 084 | 783 777 448 | 30,3645 | 9,7329 | $2 \cdot 461$ | 922 |
| 923 | 2 899,7 | 669 103 | 851 929 | 786 330 467 | 30,3809 | 9,7364 | $13 \cdot 71$ | 923 |
| 924 | 2 902,8 | 670 554 | 853 776 | 788 889 024 | 30,3974 | 9,7400 | $2^2 \cdot 3 \cdot 7 \cdot 11$ | 924 |
| 925 | 2 906,0 | 672 006 | 855 625 | 791 453 125 | 30,4138 | 9,7435 | $5^2 \cdot 37$ | 925 |
| 926 | 2 909,1 | 673 460 | 857 476 | 794 022 776 | 30,4302 | 9,7470 | $2 \cdot 463$ | 926 |
| 927 | 2 912,3 | 674 915 | 859 329 | 796 597 983 | 30,4467 | 9,7505 | $3^2 \cdot 103$ | 927 |
| 928 | 2 915,4 | 676 372 | 861 184 | 799 178 752 | 30,4631 | 9,7540 | $2^5 \cdot 29$ | 928 |
| 929 | 2 918,5 | 677 831 | 863 041 | 801 765 089 | 30,4795 | 9,7575 | Primzahl | 929 |
| **930** | 2 921,7 | 679 291 | 864 900 | 804 357 000 | 30,4959 | 9,7610 | $2 \cdot 3 \cdot 5 \cdot 31$ | **930** |
| 931 | 2 924,8 | 680 752 | 866 761 | 806 954 491 | 30,5123 | 9,7645 | $7^2 \cdot 19$ | 931 |
| 932 | 2 928,0 | 682 216 | 868 624 | 809 557 568 | 30,5287 | 9,7680 | $2^2 \cdot 233$ | 932 |
| 933 | 2 931,1 | 683 680 | 870 489 | 812 166 237 | 30,5450 | 9,7715 | $3 \cdot 311$ | 933 |
| 934 | 2 934,2 | 685 147 | 872 365 | 814 780 504 | 30,5614 | 9,7750 | $2 \cdot 467$ | 934 |
| 935 | 2 937,4 | 686 615 | 874 225 | 817 400 375 | 30,5778 | 9,7785 | $5 \cdot 11 \cdot 17$ | 935 |
| 936 | 2 940,5 | 688 084 | 876 096 | 820 025 856 | 30,5941 | 9,7819 | $2^3 \cdot 3^2 \cdot 13$ | 936 |
| 937 | 2 943,7 | 689 555 | 877 969 | 822 656 953 | 30,6105 | 9,7854 | Primzahl | 937 |
| 938 | 2 946,8 | 691 028 | 879 844 | 825 293 672 | 30,6268 | 9,7889 | $2 \cdot 7 \cdot 67$ | 938 |
| 939 | 2 950,0 | 692 502 | 881 721 | 827 936 019 | 30,6431 | 9,7924 | $3 \cdot 313$ | 939 |
| **940** | 2 953,1 | 693 978 | 883 600 | 830 584 000 | 30,6594 | 9,7959 | $2^2 \cdot 5 \cdot 47$ | **940** |
| 941 | 2 956,2 | 695 455 | 885 481 | 833 237 621 | 30,6757 | 9,7993 | Primzahl | 941 |
| 942 | 2 959,4 | 696 934 | 887 364 | 835 896 888 | 30,6920 | 9,8028 | $2 \cdot 3 \cdot 157$ | 942 |
| 943 | 2 962,5 | 698 415 | 889 249 | 838 561 807 | 30,7083 | 9,8063 | $23 \cdot 41$ | 943 |
| 944 | 2 965,7 | 699 897 | 891 136 | 841 232 384 | 30,7246 | 9,8097 | $2^4 \cdot 59$ | 944 |
| 945 | 2 968,8 | 701 380 | 893 025 | 843 908 625 | 30,7409 | 9,8132 | $3^3 \cdot 5 \cdot 7$ | 945 |
| 946 | 2 971,9 | 702 865 | 894 916 | 846 590 536 | 30,7571 | 9,8167 | $2 \cdot 11 \cdot 43$ | 946 |
| 947 | 2 975,1 | 704 352 | 896 809 | 849 278 123 | 30,7734 | 9,8201 | Primzahl | 947 |
| 948 | 2 978,2 | 705 840 | 898 704 | 851 971 392 | 30,7896 | 9,8236 | $2^2 \cdot 3 \cdot 79$ | 948 |
| 949 | 2 981,4 | 707 330 | 900 601 | 854 670 349 | 30,8058 | 9,8270 | $13 \cdot 73$ | 949 |
| **950** | 2 984,5 | 708 822 | 902 500 | 857 375 000 | 30,8221 | 9,8305 | $2 \cdot 5^2 \cdot 19$ | **950** |

| $d$ oder $n$ | $d \cdot \pi$ | $\frac{d^2 \cdot \pi}{4}$ | $n^2$ | $n^3$ | $\sqrt{n}$ | $\sqrt[3]{n}$ | Faktoren von $n$ | $d$ oder $n$ |
|---|---|---|---|---|---|---|---|---|
| 951 | 2 987,7 | 710 315 | 904 401 | 860 085 351 | 30,8383 | 9,8339 | $3 \cdot 317$ | 951 |
| 952 | 2 990,8 | 711 809 | 906 304 | 862 801 408 | 30,8545 | 9,8374 | $2^3 \cdot 7 \cdot 17$ | 952 |
| 953 | 2 993,9 | 713 306 | 908 209 | 865 523 177 | 30,8707 | 9,8408 | Primzahl | 953 |
| 954 | 2 997,1 | 714 803 | 910 116 | 868 250 664 | 30,8869 | 9,8443 | $2 \cdot 3^2 \cdot 53$ | 954 |
| 955 | 3 000,2 | 716 303 | 912 025 | 870 983 875 | 30,9031 | 9,8477 | $5 \cdot 191$ | 955 |
| 956 | 3 003,4 | 717 804 | 913 936 | 873 722 816 | 30,9192 | 9,8511 | $2^2 \cdot 239$ | 956 |
| 957 | 3 006,5 | 719 306 | 915 849 | 876 467 493 | 30,9354 | 9,8546 | $3 \cdot 11 \cdot 29$ | 957 |
| 958 | 3 009,6 | 720 810 | 917 764 | 879 217 912 | 30,9516 | 9,8580 | $2 \cdot 479$ | 958 |
| 959 | 3 012,8 | 722 316 | 919 681 | 881 974 079 | 30,9677 | 9,8614 | $7 \cdot 137$ | 959 |
| **960** | 3 015,9 | 723 823 | 921 600 | 884 736 000 | 30,9839 | 9,8648 | $2^6 \cdot 3 \cdot 5$ | **960** |
| 961 | 3 019,1 | 725 332 | 923 521 | 887 503 681 | 31,0000 | 9,8683 | $31^2$ | 961 |
| 962 | 3 022,2 | 726 842 | 925 444 | 890 277 128 | 31,0161 | 9,8717 | $2 \cdot 13 \cdot 37$ | 962 |
| 963 | 3 025,4 | 728 354 | 927 369 | 893 056 347 | 31,0322 | 9,8751 | $3^2 \cdot 107$ | 963 |
| 964 | 3 028,5 | 729 867 | 929 296 | 895 841 344 | 31,0483 | 9,8785 | $2^2 \cdot 241$ | 964 |
| 965 | 3 031,6 | 731 382 | 931 225 | 898 632 125 | 31,0644 | 9,8819 | $5 \cdot 193$ | 965 |
| 966 | 3 034,8 | 732 899 | 933 156 | 901 428 696 | 31,0805 | 9,8854 | $2 \cdot 3 \cdot 7 \cdot 23$ | 966 |
| 967 | 3 037,9 | 734 417 | 935 089 | 904 231 063 | 31,0966 | 9,8888 | Primzahl | 967 |
| 968 | 3 041,1 | 735 937 | 937 024 | 907 039 232 | 31,1127 | 9,8922 | $2^3 \cdot 11^2$ | 968 |
| 969 | 3 044,2 | 737 458 | 938 961 | 909 853 209 | 31,1288 | 9,8956 | $3 \cdot 17 \cdot 19$ | 969 |
| **970** | 3 047,3 | 738 981 | 940 900 | 912 673 000 | 31,1448 | 9,8990 | $2 \cdot 5 \cdot 97$ | **970** |
| 971 | 3 050,5 | 740 506 | 942 841 | 915 498 611 | 31,1609 | 9,9024 | Primzahl | 971 |
| 972 | 3 053,6 | 742 032 | 944 784 | 918 330 048 | 31,1769 | 9,9058 | $2^2 \cdot 3^5$ | 972 |
| 973 | 3 056,8 | 743 559 | 946 729 | 921 167 317 | 31,1929 | 9,9092 | $7 \cdot 139$ | 973 |
| 974 | 3 059,9 | 745 088 | 948 676 | 924 010 424 | 31,2090 | 9,9126 | $2 \cdot 487$ | 974 |
| 975 | 3 063,1 | 746 619 | 950 625 | 926 859 375 | 31,2250 | 9,9160 | $3 \cdot 5^2 \cdot 13$ | 975 |
| 976 | 3 066,2 | 748 151 | 952 576 | 929 714 176 | 31,2410 | 9,9194 | $2^4 \cdot 61$ | 976 |
| 977 | 3 069,3 | 749 685 | 954 529 | 932 574 833 | 31,2570 | 9,9227 | Primzahl | 977 |
| 978 | 3 072,5 | 751 221 | 956 484 | 935 441 352 | 31,2730 | 9,9261 | $2 \cdot 3 \cdot 163$ | 978 |
| 979 | 3 075,6 | 752 758 | 958 441 | 938 313 739 | 31,2890 | 9,9295 | $11 \cdot 89$ | 979 |
| **980** | 3 078,8 | 754 296 | 960 400 | 941 192 000 | 31,3050 | 9,9329 | $2^2 \cdot 5 \cdot 7^2$ | **980** |
| 981 | 3 081,9 | 755 837 | 962 361 | 944 076 141 | 31,3209 | 9,9363 | $3^2 \cdot 109$ | 981 |
| 982 | 3 085,0 | 757 378 | 964 324 | 946 966 168 | 31,3369 | 9,9396 | $2 \cdot 491$ | 982 |
| 983 | 3 088,2 | 758 922 | 966 289 | 949 862 087 | 31,3528 | 9,9430 | Primzahl | 983 |
| 984 | 3 091,3 | 760 466 | 968 256 | 952 763 904 | 31,3688 | 9,9464 | $2^3 \cdot 3 \cdot 41$ | 984 |
| 985 | 3 094,5 | 762 013 | 970 225 | 955 671 625 | 31,3847 | 9,9497 | $5 \cdot 197$ | 985 |
| 986 | 3 097,6 | 763 561 | 972 196 | 958 585 256 | 31,4006 | 9,9531 | $2 \cdot 17 \cdot 29$ | 986 |
| 987 | 3 100,8 | 765 111 | 974 169 | 961 504 803 | 31,4166 | 9,9565 | $3 \cdot 7 \cdot 47$ | 987 |
| 988 | 3 103,9 | 766 662 | 976 144 | 964 430 272 | 31,4325 | 9,9598 | $2^2 \cdot 13 \cdot 19$ | 988 |
| 989 | 3 107,0 | 768 214 | 978 121 | 967 361 669 | 31,4484 | 9,9632 | $23 \cdot 43$ | 989 |
| **990** | 3 110,2 | 769 769 | 980 100 | 970 299 000 | 31,4643 | 9,9666 | $2 \cdot 3^2 \cdot 5 \cdot 11$ | **990** |
| 991 | 3 113,3 | 771 325 | 982 081 | 973 242 271 | 31,4802 | 9,9699 | Primzahl | 991 |
| 992 | 3 116,5 | 772 882 | 984 064 | 976 191 488 | 31,4960 | 9,9733 | $2^5 \cdot 31$ | 992 |
| 993 | 3 119,6 | 774 441 | 986 049 | 979 146 657 | 31,5119 | 9,9766 | $3 \cdot 331$ | 993 |
| 994 | 3 122,7 | 776 002 | 988 036 | 982 107 784 | 31,5278 | 9,9800 | $2 \cdot 7 \cdot 71$ | 994 |
| 995 | 3 125,9 | 777 564 | 990 025 | 985 074 875 | 31,5436 | 9,9833 | $5 \cdot 199$ | 995 |
| 996 | 3 129,0 | 779 128 | 992 016 | 988 047 936 | 31,5595 | 9,9866 | $2^2 \cdot 3 \cdot 83$ | 996 |
| 997 | 3 132,2 | 780 693 | 994 009 | 991 026 973 | 31,5753 | 9,9900 | Primzahl | 997 |
| 998 | 3 135,3 | 782 260 | 996 004 | 994 011 992 | 31,5911 | 9,9933 | $2 \cdot 499$ | 998 |
| 999 | 3 138,5 | 783 828 | 998 001 | 997 002 999 | 31,6070 | 9,9967 | $3^3 \cdot 37$ | 999 |
| **1000** | 3 141,6 | 785 398 | 1 000 000 | 1 000 000 000 | 31,6228 | 10,0000 | $2^3 \cdot 5^3$ | **1000** |

22

## 22. Logarithmen (lg) wichtiger Zahlenwerte

| | N | lg N |
|---|---|---|
| $e$ | 2,718 2818 | 0,4343 |
| $\frac{1}{e}$ | 0,367 88 | 0,5657 − 1 |
| $\sqrt{e}$ | 1,648 72 | 0,2171 |
| $\sqrt[3]{e}$ | 1,395 62 | 0,1448 |
| $\pi$ | 3,141 5926 | 0,4971 |
| $2\pi$ | 6,283 19 | 0,7982 |
| $3\pi$ | 9,424 78 | 0,9743 |
| $4\pi$ | 12,566 37 | 1,0992 |
| $\pi^2$ | 9,869 60 | 0,9943 |
| $\frac{\pi}{2}$ | 1,570 80 | 0,1961 |
| $\frac{\pi}{3}$ | 1,047 20 | 0,0200 |
| $\frac{\pi}{4}$ | 0,785 40 | 0,8951 − 1 |
| $\frac{\pi}{6}$ | 0,523 60 | 0,7190 − 1 |
| $\frac{4\pi}{3}$ | 4,188 79 | 0,6221 |
| $\frac{1}{\pi}$ | 0,318 31 | 0,5029 − 1 |
| $\frac{1}{2\pi}$ | 0,159 16 | 0,2018 − 1 |
| $\frac{2}{\pi}$ | 0,636 62 | 0,8039 − 1 |
| $\frac{3}{\pi}$ | 0,954 93 | 0,9800 − 1 |
| $\frac{1}{\pi^2}$ | 0,101 32 | 0,0057 − 1 |
| $\sqrt{\pi}$ | 1,772 45 | 0,2486 |
| $\sqrt[3]{\pi}$ | 1,464 59 | 0,1657 |

| | N | lg N |
|---|---|---|
| $\sqrt{\frac{3}{\pi}}$ | 0,977 21 | 0,9900 − 1 |
| $\sqrt{\frac{4}{\pi}}$ | 1,128 38 | 0,0525 |
| $\frac{1}{\sqrt{\pi}}$ | 0,564 19 | 0,7514 − 1 |
| $\frac{1}{\sqrt[3]{\pi}}$ | 0,682 78 | 0,8343 − 1 |
| $\sqrt[3]{\pi^2}$ | 2,145 03 | 0,3314 |
| $\sqrt[3]{\frac{3}{4\pi}}$ | 0,620 35 | 0,7926 − 1 |
| $\sqrt[3]{\frac{\pi}{6}}$ | 0,806 00 | 0,9063 − 1 |
| $\sqrt[3]{\frac{4\pi}{3}}$ | 1,611 99 | 0,2074 |
| $\sqrt{2}$ | 1,414 21 | 0,1505 |
| $\sqrt{3}$ | 1,732 05 | 0,2386 |
| $\sqrt{5}$ | 2,236 07 | 0,3495 |
| $\sqrt{6}$ | 2,449 49 | 0,3891 |
| $\sqrt{7}$ | 2,645 75 | 0,4225 |
| $\sqrt{10}$ | 3,162 28 | 0,5000 |
| $\sqrt[3]{2}$ | 1,259 92 | 0,1003 |
| $g$ | 9,806 65 | 0,9915 |
| $\sqrt{g}$ | 3,131 56 | 0,4958 |
| $\frac{1}{2g}$ | 0,050 99 | 0,7074 − 2 |
| $\sqrt{2g}$ | 4,428 7 | 0,6463 |
| $g^2$ | 96,17 | 1,9830 |

## Gebrauch der Logarithmentafeln — 23.1.

Jede Zahl kann in eine Potenz umgewandelt werden, z.B. $1000 = 10^3$ oder $35 = 10^{1,5441}$. Die Hochzahlen (Exponenten) dieser Zehnerpotenzen sind die Logarithmen der betreffenden Zahlen. Aus Zweckmäßigkeitsgründen wählt man als Basis (Grundzahl) die Zahl 10. Diese Logarithmen heißen dann dekadische, Briggssche oder gewöhnliche Logarithmen (lg). Diese Logarithmen mit der Basis 10 wurden von dem englischen Mathematiker Henry Briggs (1561...1630) zuerst berechnet. Logarithmieren heißt also, den Potenzexponenten suchen.

Beispiele: $\lg 100 = 2{,}0000$, denn $10^{2,0000} = 100$. $\lg 45 = 1{,}6532$, denn $10^{1,6532} = 45$.

Kennziffer Mantisse

lg 350 = 2,5441
lg 35 = 1,5441
lg 3,5 = 0,5441

Bei gleichen Ziffern (z.B. 350; 35; 3,5) ist auch die Mantisse (Ziffernfolge hinter dem Komma: 5441) gleich. Die Ergebnisse unterscheiden sich nur durch die Kennziffer (Zahl vor dem Komma). In unserer Logarithmentafel stehen nur die Mantissen, die Kennziffern müssen gesondert bestimmt werden.

### Bestimmen der Kennziffer

Die Kennziffer des Logarithmus für die Zahlen, die größer sind als 1, ist immer um 1 kleiner als die Anzahl der Stellen der ganzen Zahl vor dem Komma, das heißt einstellige Zahlen haben die Kennziffer 0, zweistellige Zahlen haben die Kennziffer 1, dreistellige Zahlen haben die Kennziffer 2 usw.
Beispiele: lg 1830 = 3,2625   lg 89 = 1,9494   lg 4,62 = 0,6646
*Umkehrung:* Hat ein Logarithmus die Kennziffer 3, so hat die Zahl vier Stellen vor dem Komma.

Für Zahlen, die kleiner sind als 1, ist die Kennziffer negativ (−1, −2, −3, ...) und gleich der Anzahl der Nullen vor der ersten Ziffer. Man schreibt sie in der Regel hinter die Mantisse.
Beispiele: lg 0,35 = 0,5441 − 1 oder 1,5441 − 2   lg 0,035 = 0,5441 − 2 oder 4,5441 − 6   lg 0,0035 = 0,5441 − 3 oder 7,5441 − 10
*Umkehrung:* Hat ein Logarithmus die Kennziffer −3, so stehen bei der Zahl drei Nullen vor der ersten Ziffer.

### Rechnen mit Logarithmen

1. **Beispiel:** lg 176 000 = 5,2455
   a) Bestimmen der Kennziffer: Sie ist bei einer sechsstelligen Zahl 5,----.
   b) Aufsuchen der Mantisse: Die Mantisse wird immer von den Ziffern der Zahl (176) gebildet und in der Tabelle aufgesucht, sie ist 2455.
   Kennziffer (5) + Mantisse (2455) = Logarithmus (5,2455).
2. **Beispiel:** Berechne die Zahl zu dem Logarithmus 0,6998 − 2.
   a) Aufsuchen der Ziffern: In der Tafel steht bei der Mantisse 6998 die Zahl 501.
   b) Bestimmen des Kommas: Die Kennziffer −2 bedeutet, daß bei der Zahl zwei Nullen vor der ersten Ziffer stehen. Dem Logarithmus 0,6998 − 2 entspricht die Zahl 0,0501.

*: Bei einem Tafelwert mit Stern gelten die in der nächstfolgenden Zeile stehenden beiden Ziffern als erste Mantissenziffern.
˙: Tritt der gleiche Tafelwert wiederholt hintereinander auf, so zeigt ein hochgestellter Punkt hinter der letzten Ziffer der Mantisse denjenigen Logarithmus an, der der gesuchten Zahl am nächsten kommt.
Bei Tafelwerten mit der Endziffer 5 ist kenntlich gemacht, ob sie durch Auf- oder Abrunden entstanden sind:
$\overline{5}$ bedeutet *aufgerundete* Endziffer 5
5 bedeutet *genaue* Endziffer 5
$\underline{5}$ bedeutet *abgerundete* Endziffer 5

| Multiplizieren | Dividieren | Potenzieren | Wurzelziehen |
|---|---|---|---|
| Die Logarithmen der Faktoren werden addiert. | Die Logarithmen der Zahlen werden subtrahiert. | Der Logarithmus der Basis wird mit dem Exponenten multipliziert. | Der Logarithmus des Radikanden wird durch den Wurzelexponenten dividiert. |
| $184 \cdot 1{,}5 = 276$ | $0{,}356 : 38{,}2 \approx 0{,}00932$ | $1{,}4^6 \approx 7{,}53$ | $\sqrt[3]{0{,}0126} \approx 0{,}233$ |

| N | lg N |
|---|---|
| 184 | 2,2648 (+) |
| 1,5 | 0,1761 |
| 276 | 2,4409 |

| N | lg N |
|---|---|
| 0,356 | 2,5514 − 3 (−) |
| 38,2 | 1,5821 |
| 0,00932 | 0,9693 − 3 |

| N | lg N |
|---|---|
| $1{,}4^6$ | 0,1461 · 6 |
| 7,53 | 0,8766 |

| N | lg N |
|---|---|
| 0,0126 | 0,1004 − 2 |
| $\sqrt[3]{0{,}0126}$ | (1,1004 − 3):3 |
| 0,233 | 0,3674 − 1 |

## Berechnung der Zwischenwerte (Interpolieren) — 23.2.

lg = Logarithmus   N = Numerus
D = Differenz zweier nebeneinanderliegender Logarithmen der Tafel
d(N) = Differenz zwischen gegebenem Numerus und nächstliegendem Tafelnumerus
d(lg) = Differenz zwischen gegebenem Logarithmus und nächstliegendem Tafellogarithmus
P = Proportionalanteil

1. **Beispiel:** Wie groß ist der lg des N 35,468?

| lg N | N | D | d(N) | $P = \frac{D \cdot d(N)}{10}$ |
|---|---|---|---|---|
| 1,5497 | 35,460 | | (68 − 60) | |
| ? | 35,468 | 2 | 8 | 1,6 ≈ 2 |
| 1,5499 | 35,470 | | | |
| 1,5497 | | | | |
| 2 | ← | | | |
| 1,5499 | 35,468 | | | |

2. **Beispiel:** Wie groß ist der N für den lg N = 2,367 82?

| lg N | N | D | d(lg) | $P = \frac{d(lg) \cdot 10}{D}$ |
|---|---|---|---|---|
| 2,3677 | 233,2 | | | |
| 2,367 82 | ? | 2 | 1 | 5 |
| 2,3679 | 233,3 | | | |
| | 5 ← | | | |
| 2,367 82 | 233,25 | | | |

24

## 24. Vierstellige Briggssche Logarithmen

| N | | 0 | 1 | 2 | 3 | 4 | 5 | 6 | 7 | 8 | 9 | D |
|---|---|---|---|---|---|---|---|---|---|---|---|---|
| **100** | 00 | 00 | 04 | 09 | 13 | 17 | 22 | 26 | 30 | 35̄ | 39 | 5\|4 |
| 101 | | 43 | 48 | 52 | 56 | 60 | 65̄ | 69 | 73 | 77 | 82 | |
| 102 | | 86 | 90 | 95̄ | 99 | *03 | *07 | *11 | *16 | *20 | *24 | |
| 103 | 01 | 28 | 33 | 37 | 41 | 45̇ | 49 | 54 | 58 | 62 | 66 | |
| 104 | | 70 | 75̄ | 79 | 83 | 87 | 91 | 95̇ | 99 | *04 | *08 | |
| 105 | 02 | 12 | 16 | 20 | 24 | 28 | 33 | 37 | 41 | 45̄ | 49 | |
| 106 | | 53 | 57 | 61 | 65̇ | 69 | 73 | 78 | 82 | 86 | 90 | 4 |
| 107 | | 94 | 98 | *02 | *06 | *10 | *14 | *18 | *22 | *26 | *30 | |
| 108 | 03 | 34 | 38 | 42 | 46 | 5̇0 | 54 | 58 | 62 | 66 | 70 | |
| 109 | | 74 | 78 | 82 | 86 | 90 | 94 | 98 | *02 | *06 | *10 | |
| **110** | 04 | 14 | 18 | 22 | 26 | 30 | 34 | 38 | 41 | 45̇ | 49 | |
| 111 | | 53 | 57 | 61 | 65̄ | 69 | 73 | 77 | 81 | 84 | 88 | |
| 112 | | 92 | 96 | *00 | *04 | *08 | *12 | *15̇ | *19 | *23 | *27 | |
| 113 | 05 | 31 | 35̄ | 38 | 42 | 46 | 5̄0 | 54 | 58 | 61 | 65̇ | |
| 114 | | 69 | 73 | 77 | 80 | 84 | 88 | 92 | 96 | 99 | *03 | |
| 115 | 06 | 07 | 11 | 15̄ | 18 | 22 | 26 | 30 | 33 | 37 | 41 | |
| 116 | | 45̄ | 48 | 52 | 56 | 60 | 63 | 67 | 71 | 74 | 78 | |
| 117 | | 82 | 86 | 89 | 93 | 97 | *00 | *04 | *08 | *11 | *15̇ | |
| 118 | 07 | 19 | 22 | 26 | 30 | 34 | 37 | 41 | 45̄ | 48 | 52 | |
| 119 | | 55̇ | 59 | 63 | 66 | 70 | 74 | 77 | 81 | 85̄ | 88 | |
| **120** | | 92 | 95̇ | 99 | *03 | *06 | *10 | *13 | *17 | *21 | *24 | |
| 121 | 08 | 28 | 31 | 35̇ | 39 | 42 | 46 | 49 | 53 | 56 | 60 | |
| 122 | | 64 | 67 | 71 | 74 | 78 | 81 | 85̄ | 88 | 92 | 96 | |
| 123 | | 99 | *03 | *06 | *10 | *13 | *17 | *20 | *24 | *27 | *31 | |
| 124 | 09 | 34 | 38 | 41 | 45̄ | 48 | 52 | 55̇ | 59 | 62 | 66 | |
| 125 | | 69 | 73 | 76 | 80 | 83 | 86 | 90 | 93 | 97 | *00 | |
| 126 | 10 | 04 | 07 | 11 | 14 | 17 | 21 | 24 | 28 | 31 | 35̄ | |
| 127 | | 38 | 41 | 45̄ | 48 | 52 | 55̇ | 59 | 62 | 65̇ | 69 | |
| 128 | | 72 | 75̇ | 79 | 82 | 86 | 89 | 92 | 96 | 99 | *03 | |
| 129 | 11 | 06 | 09 | 13 | 16 | 19 | 23 | 26 | 29 | 33 | 36 | 4\|3 |
| **130** | | 39 | 43 | 46 | 49 | 53 | 56 | 59 | 63 | 66 | 69 | |
| 131 | | 73 | 76 | 79 | 83 | 86 | 89 | 93 | 96 | 99 | *02 | |
| 132 | 12 | 06 | 09 | 12 | 16 | 19 | 22 | 25̇ | 29 | 32 | 35̇ | |
| 133 | | 39 | 42 | 45̇ | 48 | 52 | 55̄ | 58 | 61 | 65̄ | 68 | |
| 134 | | 71 | 74 | 78 | 81 | 84 | 87 | 90 | 94 | 97 | *00 | |
| 135 | 13 | 03 | 07 | 10 | 13 | 16 | 19 | 23 | 26 | 29 | 32 | |
| 136 | | 35̇ | 39 | 42 | 45̄ | 48 | 51 | 55̇ | 58 | 61 | 64 | |
| 137 | | 67 | 70 | 74 | 77 | 80 | 83 | 86 | 89 | 92 | 96 | |
| 138 | | 99 | *02 | *05̇ | *08 | *11 | *14 | *18 | *21 | *24 | *27 | |
| 139 | 14 | 30 | 33 | 36 | 40 | 43 | 46 | 49 | 52 | 55̇ | 58 | |
| **140** | | 61 | 64 | 67 | 71 | 74 | 77 | 80 | 83 | 86 | 89 | |
| 141 | | 92 | 95̇ | 98 | *01 | *04 | *08 | *11 | *14 | *17 | *20 | |
| 142 | 15 | 23 | 26 | 29 | 32 | 35̇ | 38 | 41 | 44 | 47 | 5̇0 | |
| 143 | | 53 | 56 | 59 | 62 | 65̇ | 69 | 72 | 75̄ | 78 | 81 | |
| 144 | | 84 | 87 | 90 | 93 | 96 | 99 | *02 | *05̄ | *08 | *11 | |
| 145 | 16 | 14 | 17 | 20 | 23 | 26 | 29 | 32 | 35̄ | 38 | 41 | |
| 146 | | 44 | 47 | 49 | 52 | 55̇ | 58 | 61 | 64 | 67 | 70 | |
| 147 | | 73 | 76 | 79 | 82 | 85̄ | 88 | 91 | 94 | 97 | *00 | |
| 148 | 17 | 03 | 06 | 08 | 11 | 14 | 17 | 20 | 23 | 26 | 29 | |
| 149 | | 32 | 35̄ | 38 | 41 | 44 | 46 | 49 | 52 | 55̇ | 58 | |
| **150** | | 61 | 64 | 67 | 70 | 72 | 75̇ | 78 | 81 | 84 | 87 | |
| N | | 0 | 1 | 2 | 3 | 4 | 5 | 6 | 7 | 8 | 9 | D |

P

| 5 | |
|---|---|
| 1 | 0,5 |
| 2 | 1,0 |
| 3 | 1,5 |
| 4 | 2,0 |
| 5 | 2,5 |
| 6 | 3,0 |
| 7 | 3,5 |
| 8 | 4,0 |
| 9 | 4,5 |

| 4 | |
|---|---|
| 1 | 0,4 |
| 2 | 0,8 |
| 3 | 1,2 |
| 4 | 1,6 |
| 5 | 2,0 |
| 6 | 2,4 |
| 7 | 2,8 |
| 8 | 3,2 |
| 9 | 3,6 |

| 3 | |
|---|---|
| 1 | 0,3 |
| 2 | 0,6 |
| 3 | 0,9 |
| 4 | 1,2 |
| 5 | 1,5 |
| 6 | 1,8 |
| 7 | 2,1 |
| 8 | 2,4 |
| 9 | 2,7 |

P

| N | | 0 | 1 | 2 | 3 | 4 | 5 | 6 | 7 | 8 | 9 | D | P |
|---|---|---|---|---|---|---|---|---|---|---|---|---|---|
| **150** | 17 | 61 | 64 | 67 | 70 | 72 | 75̇ | 78 | 81 | 84 | 87 | | |
| 151 | | 90 | 93 | 96 | 98 | *01 | *04 | *07 | *10 | *13 | *16 | | |
| 152 | 18 | 18 | 21 | 24 | 27 | 30 | 33 | 36 | 38 | 41 | 44 | | |
| 153 | | 47 | 5̄0 | 53 | 55̇ | 58 | 61 | 64 | 67 | 70 | 72 | | |
| 154 | | 75̇ | 78 | 81 | 84 | 86 | 89 | 92 | 95̄ | 98 | *01 | | |
| 155 | 19 | 03 | 06 | 09 | 12 | 15̄ | 17 | 20 | 23 | 26 | 28 | | |
| 156 | | 31 | 34 | 37 | 40 | 42 | 45̇ | 48 | 51 | 53 | 56 | | |
| 157 | | 59 | 62 | 65̄ | 67 | 70 | 73 | 76 | 78 | 81 | 84 | | |
| 158 | | 87 | 89 | 92 | 95̄ | 98 | *00 | *03 | *06 | *09 | *11 | | 3 |
| 159 | 20 | 14 | 17 | 19 | 22 | 25̄ | 28 | 30 | 33 | 36 | 38 | | 1 \| 0,3 |
| **160** | | 41 | 44 | 47 | 49 | 52 | 55̄ | 57 | 60 | 63 | 66 | | 2 \| 0,6 |
| 161 | | 68 | 71 | 74 | 76 | 79 | 82 | 84 | 87 | 90 | 92 | | 3 \| 0,9 |
| 162 | | 95̇ | 98 | *01 | *03 | *06 | *09 | *11 | *14 | *17 | *19 | | 4 \| 1,2 |
| 163 | 21 | 22 | 25̄ | 27 | 30 | 33 | 35̇ | 38 | 40 | 43 | 46 | | 5 \| 1,5 |
| 164 | | 48 | 51 | 54 | 56 | 59 | 62 | 64 | 67 | 70 | 72 | | 6 \| 1,8 |
| 165 | | 75̄ | 77 | 80 | 83 | 85̇ | 88 | 91 | 93 | 96 | 98 | | 7 \| 2,1 |
| 166 | 22 | 01 | 04 | 06 | 09 | 12 | 14 | 17 | 19 | 22 | 25̄ | | 8 \| 2,4 |
| 167 | | 27 | 30 | 32 | 35̄ | 38 | 40 | 43 | 45̇ | 48 | 51 | | 9 \| 2,7 |
| 168 | | 53 | 56 | 58 | 61 | 63 | 66 | 69 | 71 | 74 | 76 | | |
| 169 | | 79 | 81 | 84 | 87 | 89 | 92 | 94 | 97 | 99 | *02 | | |
| **170** | 23 | 04 | 07 | 10 | 12 | 15̄ | 17 | 20 | 22 | 25̄ | 27 | | |
| 171 | | 30 | 33 | 35̇ | 38 | 40 | 43 | 45̇ | 48 | 5̇0 | 53 | | |
| 172 | | 55̇ | 58 | 60 | 63 | 65̇ | 68 | 70 | 73 | 75̇ | 78 | | |
| 173 | | 80 | 83 | 85̇ | 88 | 90 | 93 | 95̇ | 98 | *00 | *03 | | |
| 174 | 24 | 05̇ | 08 | 10 | 13 | 15̇ | 18 | 20 | 23 | 25̇ | 28 | | |
| 175 | | 30 | 33 | 35̇ | 38 | 40 | 43 | 45̇ | 48 | 5̇0 | 53 | | |
| 176 | | 55̇ | 58 | 60 | 63 | 65̄ | 67 | 70 | 72 | 75̄ | 77 | | |
| 177 | | 80 | 82 | 85̄ | 87 | 90 | 92 | 94 | 97 | 99 | *02 | 3 \| 2 | |
| 178 | 25 | 04 | 07 | 09 | 12 | 14 | 16 | 19 | 21 | 24 | 26 | | |
| 179 | | 29 | 31 | 33 | 36 | 38 | 41 | 43 | 45̇ | 48 | 5̇0 | | |
| **180** | | 53 | 55̇ | 58 | 60 | 62 | 65̄ | 67 | 70 | 72 | 74 | | |
| 181 | | 77 | 79 | 82 | 84 | 86 | 89 | 91 | 94 | 96 | 98 | | |
| 182 | 26 | 01 | 03 | 05̇ | 08 | 10 | 13 | 15̇ | 17 | 20 | 22 | | |
| 183 | | 25̄ | 27 | 29 | 32 | 34 | 36 | 39 | 41 | 43 | 46 | | |
| 184 | | 48 | 51 | 53 | 55̇ | 58 | 60 | 62 | 65̄ | 67 | 69 | | |
| 185 | | 72 | 74 | 76 | 79 | 81 | 83 | 86 | 88 | 90 | 93 | | |
| 186 | | 95̇ | 97 | *00 | *02 | *04 | *07 | *09 | *11 | *14 | *16 | | |
| 187 | 27 | 18 | 21 | 23 | 25̇ | 28 | 30 | 32 | 35̄ | 37 | 39 | | 2 |
| 188 | | 42 | 44 | 46 | 49 | 51 | 53 | 55̇ | 58 | 60 | 62 | | 1 \| 0,2 |
| 189 | | 65̄ | 67 | 69 | 72 | 74 | 76 | 78 | 81 | 83 | 85̇ | | 2 \| 0,4 |
| **190** | | 88 | 90 | 92 | 94 | 97 | 99 | *01 | *04 | *06 | *08 | | 3 \| 0,6 |
| 191 | 28 | 10 | 13 | 15̄ | 17 | 19 | 22 | 24 | 26 | 28 | 31 | | 4 \| 0,8 |
| 192 | | 33 | 35̇ | 38 | 40 | 42 | 44 | 47 | 49 | 51 | 53 | | 5 \| 1,0 |
| 193 | | 56 | 58 | 60 | 62 | 65̄ | 67 | 69 | 71 | 74 | 76 | | 6 \| 1,2 |
| 194 | | 78 | 80 | 82 | 85̄ | 87 | 89 | 91 | 94 | 96 | 98 | | 7 \| 1,4 |
| 195 | 29 | 00 | 03 | 05̄ | 07 | 09 | 11 | 14 | 16 | 18 | 20 | | 8 \| 1,6 |
| 196 | | 23 | 25̄ | 27 | 29 | 31 | 34 | 36 | 38 | 40 | 42 | | 9 \| 1,8 |
| 197 | | 45̄ | 47 | 49 | 51 | 53 | 56 | 58 | 60 | 62 | 64 | | |
| 198 | | 67 | 69 | 71 | 73 | 75̇ | 78 | 80 | 82 | 84 | 86 | | |
| 199 | | 89 | 91 | 93 | 95̇ | 97 | 99 | *02 | *04 | *06 | *08 | | |
| **200** | 30 | 10 | 12 | 15̄ | 17 | 19 | 21 | 23 | 25̇ | 28 | 30 | | |
| N | | 0 | 1 | 2 | 3 | 4 | 5 | 6 | 7 | 8 | 9 | D | P |

**17 . . bis 30 . .**

| N | | 0 | 1 | 2 | 3 | 4 | 5 | 6 | 7 | 8 | 9 | D | P |
|---|---|---|---|---|---|---|---|---|---|---|---|---|---|
| **200** | 30 | 10 | 12 | 15̄ | 17 | 19 | 21 | 23 | 25̇ | 28 | 30 | | |
| 201 | | 32 | 34 | 36 | 38 | 41 | 43 | 45̄ | 47 | 49 | 51 | | |
| 202 | | 54 | 56 | 58 | 60 | 62 | 64 | 66 | 69 | 71 | 73 | | 3 |
| 203 | | 75̄ | 77 | 79 | 81 | 84 | 86 | 88 | 90 | 92 | 94 | | |
| 204 | | 96 | 98 | *01 | *03 | *05̄ | *07 | *09 | *11 | *13 | *15̇ | | 1 \| 0,3 |
| 205 | 31 | 18 | 20 | 22 | 24 | 26 | 28 | 30 | 32 | 34 | 37 | | 2 \| 0,6 |
| 206 | | 39 | 41 | 43 | 45̄ | 47 | 49 | 51 | 53 | 56 | 58 | | 3 \| 0,9 |
| 207 | | 60 | 62 | 64 | 66 | 68 | 70 | 72 | 74 | 76 | 79 | | 4 \| 1,2 |
| 208 | | 81 | 83 | 85̄ | 87 | 89 | 91 | 93 | 95̇ | 97 | 99 | | 5 \| 1,5 |
| 209 | 32 | 01 | 04 | 06 | 08 | 10 | 12 | 14 | 16 | 18 | 20 | | 6 \| 1,8 |
| **210** | | 22 | 24 | 26 | 28 | 30 | 33 | 35̄ | 37 | 39 | 41 | | 7 \| 2,1 |
| 211 | | 43 | 45̄ | 47 | 49 | 51 | 53 | 55̇ | 57 | 59 | 61 | | 8 \| 2,4 |
| 212 | | 63 | 65̇ | 67 | 69 | 72 | 74 | 76 | 78 | 80 | 82 | | 9 \| 2,7 |
| 213 | | 84 | 86 | 88 | 90 | 92 | 94 | 96 | 98 | *00 | *02 | | |
| 214 | 33 | 04 | 06 | 08 | 10 | 12 | 14 | 16 | 18 | 20 | 22 | | |
| 215 | | 24 | 26 | 28 | 30 | 32 | 34 | 36 | 39 | 41 | 43 | | |
| 216 | | 45̄ | 47 | 49 | 51 | 53 | 55̄ | 57 | 59 | 61 | 63 | | |
| 217 | | 65̄ | 67 | 69 | 71 | 73 | 75̄ | 77 | 79 | 81 | 83 | | |
| 218 | | 85̄ | 87 | 89 | 91 | 93 | 95̄ | 97 | 98 | *00 | *02 | | |
| 219 | 34 | 04 | 06 | 08 | 10 | 12 | 14 | 16 | 18 | 20 | 22 | | |
| **220** | | 24 | 26 | 28 | 30 | 32 | 34 | 36 | 38 | 40 | 42 | | |
| 221 | | 44 | 46 | 48 | 5̄0 | 52 | 54 | 56 | 58 | 60 | 62 | | |
| 222 | | 64 | 65̇ | 67 | 69 | 71 | 73 | 75̇ | 77 | 79 | 81 | | |
| 223 | | 83 | 85̄ | 87 | 89 | 91 | 93 | 95̄ | 97 | 99 | *01 | | |
| 224 | 35 | 02 | 04 | 06 | 08 | 10 | 12 | 14 | 16 | 18 | 20 | | |
| 225 | | 22 | 24 | 26 | 28 | 30 | 31 | 33 | 35̇ | 37 | 39 | 3\|2 | |
| 226 | | 41 | 43 | 45̄ | 47 | 49 | 51 | 53 | 55̄ | 56 | 58 | | |
| 227 | | 60 | 62 | 64 | 66 | 68 | 70 | 72 | 74 | 76 | 77 | | |
| 228 | | 79 | 81 | 83 | 85̇ | 87 | 89 | 91 | 93 | 95̄ | 96 | | |
| 229 | | 98 | *00 | *02 | *04 | *06 | *08 | *10 | *12 | *14 | *15̇ | | 2 |
| **230** | 36 | 17 | 19 | 21 | 23 | 25̄ | 27 | 29 | 30 | 32 | 34 | | 1 \| 0,2 |
| 231 | | 36 | 38 | 40 | 42 | 44 | 46 | 47 | 49 | 51 | 53 | | 2 \| 0,4 |
| 232 | | 55̄ | 57 | 59 | 60 | 62 | 64 | 66 | 68 | 70 | 72 | | 3 \| 0,6 |
| 233 | | 74 | 75̇ | 77 | 79 | 81 | 83 | 85̄ | 87 | 88 | 90 | | 4 \| 0,8 |
| 234 | | 92 | 94 | 96 | 98 | *00 | *01 | *03 | *05̇ | *07 | *09 | | 5 \| 1,0 |
| 235 | 37 | 11 | 13 | 14 | 16 | 18 | 20 | 22 | 24 | 25̇ | 27 | | 6 \| 1,2 |
| 236 | | 29 | 31 | 33 | 35̄ | 36 | 38 | 40 | 42 | 44 | 46 | | 7 \| 1,4 |
| 237 | | 47 | 49 | 51 | 53 | 55̄ | 57 | 58 | 60 | 62 | 64 | | 8 \| 1,6 |
| 238 | | 66 | 68 | 69 | 71 | 73 | 75̄ | 77 | 79 | 80 | 82 | | 9 \| 1,8 |
| 239 | | 84 | 86 | 88 | 89 | 91 | 93 | 95̄ | 97 | 98 | *00 | | |
| **240** | 38 | 02 | 04 | 06 | 08 | 09 | 11 | 13 | 15̄ | 17 | 18 | | |
| 241 | | 20 | 22 | 24 | 26 | 27 | 29 | 31 | 33 | 35̄ | 36 | | |
| 242 | | 38 | 40 | 42 | 44 | 45̇ | 47 | 49 | 51 | 52 | 54 | | |
| 243 | | 56 | 58 | 60 | 61 | 63 | 65̄ | 67 | 69 | 70 | 72 | | |
| 244 | | 74 | 76 | 77 | 79 | 81 | 83 | 85̄ | 86 | 88 | 90 | | |
| 245 | | 92 | 93 | 95̇ | 97 | 99 | *01 | *02 | *04 | *06 | *08 | | |
| 246 | 39 | 09 | 11 | 13 | 15̄ | 16 | 18 | 20 | 22 | 23 | 25̇ | | |
| 247 | | 27 | 29 | 30 | 32 | 34 | 36 | 38 | 39 | 41 | 43 | | |
| 248 | | 45̄ | 46 | 48 | 5̄0 | 52 | 53 | 55̇ | 57 | 59 | 60 | | |
| 249 | | 62 | 64 | 65̇ | 67 | 69 | 71 | 72 | 74 | 76 | 78 | | |
| **250** | | 79 | 81 | 83 | 85̄ | 86 | 88 | 90 | 92 | 93 | 95̇ | | |
| N | | 0 | 1 | 2 | 3 | 4 | 5 | 6 | 7 | 8 | 9 | D | P |

| N | | 0 | 1 | 2 | 3 | 4 | 5 | 6 | 7 | 8 | 9 | D | P |
|---|---|---|---|---|---|---|---|---|---|---|---|---|---|
| **250** | 39 | 79 | 81 | 83 | 85 | 86 | 88 | 90 | 92 | 93 | 95 | | |
| 251 | | 97 | 98 | *00 | *02 | *04 | *05 | *07 | *09 | *11 | *12 | | |
| 252 | 40 | 14 | 16 | 17 | 19 | 21 | 23 | 24 | 26 | 28 | 29 | | |
| 253 | | 31 | 33 | 35 | 36 | 38 | 40 | 41 | 43 | 45 | 47 | | |
| 254 | | 48 | 50 | 52 | 53 | 55 | 57 | 59 | 60 | 62 | 64 | | |
| 255 | | 65 | 67 | 69 | 71 | 72 | 74 | 76 | 77 | 79 | 81 | | |
| 256 | | 82 | 84 | 86 | 87 | 89 | 91 | 93 | 94 | 96 | 98 | | |
| 257 | | 99 | *01 | *03 | *04 | *06 | *08 | *09 | *11 | *13 | *15 | | |
| 258 | 41 | 16 | 18 | 20 | 21 | 23 | 25 | 26 | 28 | 30 | 31 | | |
| 259 | | 33 | 35 | 36 | 38 | 40 | 41 | 43 | 45 | 46 | 48 | | |
| **260** | | 50 | 51 | 53 | 55 | 56 | 58 | 60 | 61 | 63 | 65 | | |
| 261 | | 66 | 68 | 70 | 71 | 73 | 75 | 76 | 78 | 80 | 81 | | |
| 262 | | 83 | 85 | 86 | 88 | 90 | 91 | 93 | 95 | 96 | 98 | | |
| 263 | 42 | 00 | 01 | 03 | 05 | 06 | 08 | 09 | 11 | 13 | 14 | | |
| 264 | | 16 | 18 | 19 | 21 | 23 | 24 | 26 | 28 | 29 | 31 | | |
| 265 | | 32 | 34 | 36 | 37 | 39 | 41 | 42 | 44 | 46 | 47 | | |
| 266 | | 49 | 50 | 52 | 54 | 55 | 57 | 59 | 60 | 62 | 63 | | |
| 267 | | 65 | 67 | 68 | 70 | 72 | 73 | 75 | 76 | 78 | 80 | | |
| 268 | | 81 | 83 | 85 | 86 | 88 | 89 | 91 | 93 | 94 | 96 | | |
| 269 | | 98 | 99 | *01 | *02 | *04 | *06 | *07 | *09 | *10 | *12 | | |
| **270** | 43 | 14 | 15 | 17 | 18 | 20 | 22 | 23 | 25 | 26 | 28 | | |
| 271 | | 30 | 31 | 33 | 34 | 36 | 38 | 39 | 41 | 42 | 44 | | |
| 272 | | 46 | 47 | 49 | 50 | 52 | 54 | 55 | 57 | 58 | 60 | | |
| 273 | | 62 | 63 | 65 | 66 | 68 | 70 | 71 | 73 | 74 | 76 | | |
| 274 | | 78 | 79 | 81 | 82 | 84 | 85 | 87 | 89 | 90 | 92 | | |
| 275 | | 93 | 95 | 96 | 98 | *00 | *01 | *03 | *04 | *06 | *08 | 2 | |
| 276 | 44 | 09 | 11 | 12 | 14 | 15 | 17 | 19 | 20 | 22 | 23 | | |
| 277 | | 25 | 26 | 28 | 29 | 31 | 33 | 34 | 36 | 37 | 39 | | |
| 278 | | 40 | 42 | 44 | 45 | 47 | 48 | 50 | 51 | 53 | 54 | | |
| 279 | | 56 | 58 | 59 | 61 | 62 | 64 | 65 | 67 | 68 | 70 | | |
| **280** | | 72 | 73 | 75 | 76 | 78 | 79 | 81 | 82 | 84 | 86 | | |
| 281 | | 87 | 89 | 90 | 92 | 93 | 95 | 96 | 98 | 99 | *01 | | |
| 282 | 45 | 02 | 04 | 06 | 07 | 09 | 10 | 12 | 13 | 15 | 16 | | |
| 283 | | 18 | 19 | 21 | 22 | 24 | 26 | 27 | 29 | 30 | 32 | | |
| 284 | | 33 | 35 | 36 | 38 | 39 | 41 | 42 | 44 | 45 | 47 | | |
| 285 | | 48 | 50 | 51 | 53 | 55 | 56 | 58 | 59 | 61 | 62 | | |
| 286 | | 64 | 65 | 67 | 68 | 70 | 71 | 73 | 74 | 76 | 77 | | |
| 287 | | 79 | 80 | 82 | 83 | 85 | 86 | 88 | 89 | 91 | 92 | | |
| 288 | | 94 | 95 | 97 | 98 | *00 | *01 | *03 | *04 | *06 | *07 | | |
| 289 | 46 | 09 | 10 | 12 | 13 | 15 | 16 | 18 | 19 | 21 | 22 | | |
| **290** | | 24 | 25 | 27 | 28 | 30 | 31 | 33 | 34 | 36 | 37 | | |
| 291 | | 39 | 40 | 42 | 43 | 45 | 46 | 48 | 49 | 51 | 52 | | |
| 292 | | 54 | 55 | 57 | 58 | 60 | 61 | 63 | 64 | 66 | 67 | | |
| 293 | | 69 | 70 | 72 | 73 | 75 | 76 | 78 | 79 | 81 | 82 | | |
| 294 | | 83 | 85 | 86 | 88 | 89 | 91 | 92 | 94 | 95 | 97 | | |
| 295 | | 98 | *00 | *01 | *03 | *04 | *06 | *07 | *09 | *10 | *11 | | |
| 296 | 47 | 13 | 14 | 16 | 17 | 19 | 20 | 22 | 23 | 25 | 26 | | |
| 297 | | 28 | 29 | 30 | 32 | 33 | 35 | 36 | 38 | 39 | 41 | | |
| 298 | | 42 | 44 | 45 | 47 | 48 | 49 | 51 | 52 | 54 | 55 | | |
| 299 | | 57 | 58 | 60 | 61 | 63 | 64 | 65 | 67 | 68 | 70 | | |
| **300** | | 71 | 73 | 74 | 76 | 77 | 78 | 80 | 81 | 83 | 84 | | |
| N | | 0 | 1 | 2 | 3 | 4 | 5 | 6 | 7 | 8 | 9 | D | P |

P (column 2):

| | 2 |
|---|---|
| 1 | 0,2 |
| 2 | 0,4 |
| 3 | 0,6 |
| 4 | 0,8 |
| 5 | 1,0 |
| 6 | 1,2 |
| 7 | 1,4 |
| 8 | 1,6 |
| 9 | 1,8 |

**39 . . bis 47 . .**

| N | | 0 | 1 | 2 | 3 | 4 | 5 | 6 | 7 | 8 | 9 | D | P |
|---|---|---|---|---|---|---|---|---|---|---|---|---|---|
| **300** | 47 | 71 | 73 | 74 | 76 | 77 | 78 | 80 | 81 | 83 | 84 | | |
| 301 | | 86 | 87 | 89 | 90 | 91 | 93 | 94 | 96 | 97 | 99 | | |
| 302 | 48 | 00 | 02 | 03 | 04 | 06 | 07 | 09 | 10 | 12 | 13 | | |
| 303 | | 14 | 16 | 17 | 19 | 20 | 22 | 23 | 24 | 26 | 27 | | |
| 304 | | 29 | 30 | 32 | 33 | 34 | 36 | 37 | 39 | 40 | 42 | | |
| 305 | | 43 | 44 | 46 | 47 | 49 | 5̇0 | 52 | 53 | 54 | 56 | | |
| 306 | | 57 | 59 | 60 | 61 | 63 | 64 | 66 | 67 | 69 | 70 | | |
| 307 | | 71 | 73 | 74 | 76 | 77 | 78 | 80 | 81 | 83 | 84 | | |
| 308 | | 86 | 87 | 88 | 90 | 91 | 93 | 94 | 95̇ | 97 | 98 | | |
| 309 | 49 | 00 | 01 | 02 | 04 | 05̇ | 07 | 08 | 09 | 11 | 12 | | |
| **310** | | 14 | 15̇ | 16 | 18 | 19 | 21 | 22 | 23 | 25̄ | 26 | | |
| 311 | | 28 | 29 | 30 | 32 | 33 | 35̄ | 36 | 37 | 39 | 40 | | |
| 312 | | 42 | 43 | 44 | 46 | 47 | 49 | 5̄0 | 51 | 53 | 54 | | |
| 313 | | 55̇ | 57 | 58 | 60 | 61 | 62 | 64 | 65̇ | 67 | 68 | | |
| 314 | | 69 | 71 | 72 | 73 | 75̄ | 76 | 78 | 79 | 80 | 82 | | |
| 315 | | 83 | 84 | 86 | 87 | 89 | 90 | 91 | 93 | 94 | 95̇ | | |
| 316 | | 97 | 98 | *00 | *01 | *02 | *04 | *05̇ | *06 | *08 | *09 | | 2 |
| 317 | 50 | 11 | 12 | 13 | 15̄ | 16 | 17 | 19 | 20 | 22 | 23 | | 1 \| 0,2 |
| 318 | | 24 | 26 | 27 | 28 | 30 | 31 | 32 | 34 | 35̇ | 37 | | 2 \| 0,4 |
| 319 | | 38 | 39 | 41 | 42 | 43 | 45̄ | 46 | 47 | 49 | 5̇0 | | 3 \| 0,6 |
| **320** | | 51 | 53 | 54 | 56 | 57 | 58 | 60 | 61 | 62 | 64 | | 4 \| 0,8 |
| 321 | | 65̇ | 66 | 68 | 69 | 70 | 72 | 73 | 75̄ | 76 | 77 | | 5 \| 1,0 |
| 322 | | 79 | 80 | 81 | 83 | 84 | 85̇ | 87 | 88 | 89 | 91 | | 6 \| 1,2 |
| 323 | | 92 | 93 | 95̄ | 96 | 97 | 99 | *00 | *01 | *03 | *04 | | 7 \| 1,4 |
| 324 | 51 | 05̇ | 07 | 08 | 09 | 11 | 12 | 13 | 15̄ | 16 | 17 | | 8 \| 1,6 |
| 325 | | 19 | 20 | 22 | 23 | 24 | 26 | 27 | 28 | 30 | 31 | 2 \| 1 | 9 \| 1,8 |
| 326 | | 32 | 34 | 35̄ | 36 | 38 | 39 | 40 | 41 | 43 | 44 | | |
| 327 | | 45̇ | 47 | 48 | 49 | 51 | 52 | 53 | 55̄ | 56 | 57 | | |
| 328 | | 59 | 60 | 61 | 63 | 64 | 65̇ | 67 | 68 | 69 | 71 | | |
| 329 | | 72 | 73 | 75̄ | 76 | 77 | 79 | 80 | 81 | 83 | 84 | | |
| **330** | | 85̇ | 86 | 88 | 89 | 90 | 92 | 93 | 94 | 96 | 97 | | |
| 331 | | 98 | *00 | *01 | *02 | *04 | *05̄ | *06 | *07 | *09 | *10 | | |
| 332 | 52 | 11 | 13 | 14 | 15̇ | 17 | 18 | 19 | 21 | 22 | 23 | | |
| 333 | | 24 | 26 | 27 | 28 | 30 | 31 | 32 | 34 | 35̄ | 36 | | |
| 334 | | 37 | 39 | 40 | 41 | 43 | 44 | 45̇ | 47 | 48 | 49 | | |
| 335 | | 5̇0 | 52 | 53 | 54 | 56 | 57 | 58 | 60 | 61 | 62 | | |
| 336 | | 63 | 65̄ | 66 | 67 | 69 | 70 | 71 | 72 | 74 | 75̇ | | |
| 337 | | 76 | 78 | 79 | 80 | 81 | 83 | 84 | 85̇ | 87 | 88 | | |
| 338 | | 89 | 90 | 92 | 93 | 94 | 96 | 97 | 98 | 99 | *01 | | |
| 339 | 53 | 02 | 03 | 05̄ | 06 | 07 | 08 | 10 | 11 | 12 | 14 | | |
| **340** | | 15̄ | 16 | 17 | 19 | 20 | 21 | 22 | 24 | 25̄ | 26 | | |
| 341 | | 28 | 29 | 30 | 31 | 33 | 34 | 35̇ | 36 | 38 | 39 | | |
| 342 | | 40 | 42 | 43 | 44 | 45̇ | 47 | 48 | 49 | 5̇0 | 52 | | |
| 343 | | 53 | 54 | 55̇ | 57 | 58 | 59 | 61 | 62 | 63 | 64 | | |
| 344 | | 66 | 67 | 68 | 69 | 71 | 72 | 73 | 74 | 76 | 77 | | |
| 345 | | 78 | 79 | 81 | 82 | 83 | 84 | 86 | 87 | 88 | 90 | | |
| 346 | | 91 | 92 | 93 | 95̄ | 96 | 97 | 98 | *00 | *01 | *02 | | |
| 347 | 54 | 03 | 05̄ | 06 | 07 | 08 | 10 | 11 | 12 | 13 | 15̄ | | |
| 348 | | 16 | 17 | 18 | 20 | 21 | 22 | 23 | 25̄ | 26 | 27 | | |
| 349 | | 28 | 29 | 31 | 32 | 33 | 34 | 36 | 37 | 38 | 39 | | |
| **350** | | 41 | 42 | 43 | 44 | 46 | 47 | 48 | 49 | 51 | 52 | | |
| N | | 0 | 1 | 2 | 3 | 4 | 5 | 6 | 7 | 8 | 9 | D | P |

| N | | 0 | 1 | 2 | 3 | 4 | 5 | 6 | 7 | 8 | 9 | D | P |
|---|---|---|---|---|---|---|---|---|---|---|---|---|---|
| 350 | 54 | 41 | 42 | 43 | 44 | 46 | 47 | 48 | 49 | 51 | 52 | | |
| 351 | | 53 | 54 | 56 | 57 | 58 | 59 | 60 | 62 | 63 | 64 | | |
| 352 | | 65̇ | 67 | 68 | 69 | 70 | 72 | 73 | 74 | 75̇ | 77 | | |
| 353 | | 78 | 79 | 80 | 81 | 83 | 84 | 85̇ | 86 | 88 | 89 | | |
| 354 | | 90 | 91 | 92 | 94 | 95̄ | 96 | 97 | 99 | *00 | *01 | | |
| 355 | 55 | 02 | 04 | 05̄ | 06 | 07 | 08 | 10 | 11 | 12 | 13 | | |
| 356 | | 14 | 16 | 17 | 18 | 19 | 21 | 22 | 23 | 24 | 25̇ | | |
| 357 | | 27 | 28 | 29 | 30 | 32 | 33 | 34 | 35̇ | 36 | 38 | | |
| 358 | | 39 | 40 | 41 | 42 | 44 | 45̄ | 46 | 47 | 49 | 50 | | |
| 359 | | 51 | 52 | 53 | 55̄ | 56 | 57 | 58 | 59 | 61 | 62 | | |
| 360 | | 63 | 64 | 65̇ | 67 | 68 | 69 | 70 | 71 | 73 | 74 | | |
| 361 | | 75̇ | 76 | 77 | 79 | 80 | 81 | 82 | 83 | 85̄ | 86 | | |
| 362 | | 87 | 88 | 89 | 91 | 92 | 93 | 94 | 95̇ | 97 | 98 | | |
| 363 | | 99 | *00 | *01 | *03 | *04 | *05̄ | *06 | *07 | *09 | *10 | | |
| 364 | 56 | 11 | 12 | 13 | 15̄ | 16 | 17 | 18 | 19 | 21 | 22 | | |
| 365 | | 23 | 24 | 25̇ | 26 | 28 | 29 | 30 | 31 | 32 | 34 | | |
| 366 | | 35̄ | 36 | 37 | 38 | 40 | 41 | 42 | 43 | 44 | 45̇ | | |
| 367 | | 47 | 48 | 49 | 50 | 51 | 53 | 54 | 55̄ | 56 | 57 | | |
| 368 | | 58 | 60 | 61 | 62 | 63 | 64 | 66 | 67 | 68 | 69 | | |
| 369 | | 70 | 71 | 73 | 74 | 75̄ | 76 | 77 | 78 | 80 | 81 | | |
| 370 | | 82 | 83 | 84 | 86 | 87 | 88 | 89 | 90 | 91 | 93 | | |
| 371 | | 94 | 95̄ | 96 | 97 | 98 | *00 | *01 | *02 | *03 | *04 | | |
| 372 | 57 | 05̇ | 07 | 08 | 09 | 10 | 11 | 12 | 14 | 15̄ | 16 | | |
| 373 | | 17 | 18 | 19 | 21 | 22 | 23 | 24 | 25̇ | 26 | 28 | | |
| 374 | | 29 | 30 | 31 | 32 | 33 | 35̄ | 36 | 37 | 38 | 39 | | |
| 375 | | 40 | 41 | 43 | 44 | 45̄ | 46 | 47 | 48 | 50 | 51 | 2 \| 1 | |
| 376 | | 52 | 53 | 54 | 55̇ | 56 | 58 | 59 | 60 | 61 | 62 | | |
| 377 | | 63 | 65̄ | 66 | 67 | 68 | 69 | 70 | 71 | 73 | 74 | | |
| 378 | | 75̄ | 76 | 77 | 78 | 80 | 81 | 82 | 83 | 84 | 85̇ | | |
| 379 | | 86 | 88 | 89 | 90 | 91 | 92 | 93 | 94 | 96 | 97 | | |
| 380 | | 98 | 99 | *00 | *01 | *02 | *04 | *05̄ | *06 | *07 | *08 | | |
| 381 | 58 | 09 | 10 | 12 | 13 | 14 | 15̄ | 16 | 17 | 18 | 19 | | |
| 382 | | 21 | 22 | 23 | 24 | 25̇ | 26 | 27 | 29 | 30 | 31 | | |
| 383 | | 32 | 33 | 34 | 35̇ | 37 | 38 | 39 | 40 | 41 | 42 | | |
| 384 | | 43 | 44 | 46 | 47 | 48 | 49 | 50 | 51 | 52 | 53 | | |
| 385 | | 55̄ | 56 | 57 | 58 | 59 | 60 | 61 | 62 | 64 | 65̄ | | |
| 386 | | 66 | 67 | 68 | 69 | 70 | 71 | 73 | 74 | 75̄ | 76 | | |
| 387 | | 77 | 78 | 79 | 80 | 82 | 83 | 84 | 85̄ | 86 | 87 | | |
| 388 | | 88 | 89 | 91 | 92 | 93 | 94 | 95̇ | 96 | 97 | 98 | | |
| 389 | | 99 | *01 | *02 | *03 | *04 | *05̇ | *06 | *07 | *08 | *10 | | |
| 390 | 59 | 11 | 12 | 13 | 14 | 15̇ | 16 | 17 | 18 | 20 | 21 | | |
| 391 | | 22 | 23 | 24 | 25̇ | 26 | 27 | 28 | 30 | 31 | 32 | | |
| 392 | | 33 | 34 | 35̇ | 36 | 37 | 38 | 40 | 41 | 42 | 43 | | |
| 393 | | 44 | 45̇ | 46 | 47 | 48 | 49 | 51 | 52 | 53 | 54 | | |
| 394 | | 55̄ | 56 | 57 | 58 | 59 | 60 | 62 | 63 | 64 | 65̄ | | |
| 395 | | 66 | 67 | 68 | 69 | 70 | 71 | 73 | 74 | 75̄ | 76 | | |
| 396 | | 77 | 78 | 79 | 80 | 81 | 82 | 84 | 85̄ | 86 | 87 | | |
| 397 | | 88 | 89 | 90 | 91 | 92 | 93 | 94 | 96 | 97 | 98 | | |
| 398 | | 99 | *00 | *01 | *02 | *03 | *04 | *05̇ | *06 | *08 | *09 | | |
| 399 | 60 | 10 | 11 | 12 | 13 | 14 | 15̇ | 16 | 17 | 18 | 20 | | |
| 400 | | 21 | 22 | 23 | 24 | 25̄ | 26 | 27 | 28 | 29 | 30 | | |
| N | | 0 | 1 | 2 | 3 | 4 | 5 | 6 | 7 | 8 | 9 | D | P |

P:

| | 2 |
|---|---|
| 1 | 0,2 |
| 2 | 0,4 |
| 3 | 0,6 |
| 4 | 0,8 |
| 5 | 1,0 |
| 6 | 1,2 |
| 7 | 1,4 |
| 8 | 1,6 |
| 9 | 1,8 |

## 4000 . . . 4509

| N | | 0 | 1 | 2 | 3 | 4 | 5 | 6 | 7 | 8 | 9 | D | P |
|---|---|---|---|---|---|---|---|---|---|---|---|---|---|
| **400** | 60 | 21 | 22 | 23 | 24 | 25̄ | 26 | 27 | 28 | 29 | 30 | | |
| 401 | | 31 | 33 | 34 | 35̄ | 36 | 37 | 38 | 39 | 40 | 41 | | |
| 402 | | 42 | 43 | 44 | 46 | 47 | 48 | 49 | 5̄0 | 51 | 52 | | |
| 403 | | 53 | 54 | 55̇ | 56 | 57 | 58 | 60 | 61 | 62 | 63 | | |
| 404 | | 64 | 65̄ | 66 | 67 | 68 | 69 | 70 | 71 | 72 | 73 | | |
| 405 | | 75̄ | 76 | 77 | 78 | 79 | 80 | 81 | 82 | 83 | 84 | | |
| 406 | | 85̇ | 86 | 87 | 88 | 90 | 91 | 92 | 93 | 94 | 95̄ | | |
| 407 | | 96 | 97 | 98 | 99 | *00 | *01 | *02 | *03 | *04 | *06 | | |
| 408 | 61 | 07 | 08 | 09 | 10 | 11 | 12 | 13 | 14 | 15̇ | 16 | | |
| 409 | | 17 | 18 | 19 | 20 | 21 | 23 | 24 | 25̄ | 26 | 27 | | |
| **410** | | 28 | 29 | 30 | 31 | 32 | 33 | 34 | 35̇ | 36 | 37 | | |
| 411 | | 38 | 39 | 41 | 42 | 43 | 44 | 45̄ | 46 | 47 | 48 | | |
| 412 | | 49 | 5̇0 | 51 | 52 | 53 | 54 | 55̇ | 56 | 57 | 58 | | |
| 413 | | 60 | 61 | 62 | 63 | 64 | 65̄ | 66 | 67 | 68 | 69 | | |
| 414 | | 70 | 71 | 72 | 73 | 74 | 75̇ | 76 | 77 | 78 | 79 | | |
| 415 | | 80 | 82 | 83 | 84 | 85̄ | 86 | 87 | 88 | 89 | 90 | | |
| 416 | | 91 | 92 | 93 | 94 | 95̇ | 96 | 97 | 98 | 99 | *00 | | |
| 417 | 62 | 01 | 02 | 03 | 04 | 06 | 07 | 08 | 09 | 10 | 11 | | |
| 418 | | 12 | 13 | 14 | 15̄ | 16 | 17 | 18 | 19 | 20 | 21 | | |
| 419 | | 22 | 23 | 24 | 25̇ | 26 | 27 | 28 | 29 | 30 | 31 | | |
| **420** | | 32 | 34 | 35̄ | 36 | 37 | 38 | 39 | 40 | 41 | 42 | | |
| 421 | | 43 | 44 | 45̄ | 46 | 47 | 48 | 49 | 5̇0 | 51 | 52 | | |
| 422 | | 53 | 54 | 55̇ | 56 | 57 | 58 | 59 | 60 | 61 | 62 | | |
| 423 | | 63 | 64 | 65̇ | 66 | 68 | 69 | 70 | 71 | 72 | 73 | | |
| 424 | | 74 | 75̄ | 76 | 77 | 78 | 79 | 80 | 81 | 82 | 83 | | |
| 425 | | 84 | 85̄ | 86 | 87 | 88 | 89 | 90 | 91 | 92 | 93 | I | |
| 426 | | 94 | 95̇ | 96 | 97 | 98 | 99 | *00 | *01 | *02 | *03 | | |
| 427 | 63 | 04 | 05̇ | 06 | 07 | 08 | 09 | 10 | 11 | 12 | 13 | | |
| 428 | | 14 | 15̇ | 16 | 17 | 18 | 20 | 21 | 22 | 23 | 24 | | |
| 429 | | 25̄ | 26 | 27 | 28 | 29 | 30 | 31 | 32 | 33 | 34 | | |
| **430** | | 35̄ | 36 | 37 | 38 | 39 | 40 | 41 | 42 | 43 | 44 | | |
| 431 | | 45̄ | 46 | 47 | 48 | 49 | 5̄0 | 51 | 52 | 53 | 54 | | |
| 432 | | 55̄ | 56 | 57 | 58 | 59 | 60 | 61 | 62 | 63 | 64 | | |
| 433 | | 65̄ | 66 | 67 | 68 | 69 | 70 | 71 | 72 | 73 | 74 | | |
| 434 | | 75̄ | 76 | 77 | 78 | 79 | 80 | 81 | 82 | 83 | 84 | | |
| 435 | | 85̄ | 86 | 87 | 88 | 89 | 90 | 91 | 92 | 93 | 94 | | |
| 436 | | 95̄ | 96 | 97 | 98 | 99 | *00 | *01 | *02 | *03 | *04 | | |
| 437 | 64 | 05̄ | 06 | 07 | 08 | 09 | 10 | 11 | 12 | 13 | 14 | | |
| 438 | | 15̄ | 16 | 17 | 18 | 19 | 20 | 21 | 22 | 23 | 24 | | |
| 439 | | 25̄ | 26 | 27 | 28 | 29 | 30 | 31 | 32 | 33 | 34 | | |
| **440** | | 35̄ | 36 | 37 | 37˙ | 38 | 39 | 40 | 41 | 42 | 43 | | |
| 441 | | 44 | 45̇ | 46 | 47 | 48 | 49 | 5̇0 | 51 | 52 | 53 | | |
| 442 | | 54 | 55̇ | 56 | 57 | 58 | 59 | 60 | 61 | 62 | 63 | | |
| 443 | | 64 | 65̇ | 66 | 67 | 68 | 69 | 70 | 71 | 72 | 73 | | |
| 444 | | 74 | 75̄ | 76 | 77 | 78 | 79 | 80 | 81 | 82 | 83 | | |
| 445 | | 84 | 85̄ | 86 | 87 | 88 | 88˙ | 89 | 90 | 91 | 92 | | |
| 446 | | 93 | 94 | 95̇ | 96 | 97 | 98 | 99 | *00 | *01 | *02 | | |
| 447 | 65 | 03 | 04 | 05̇ | 06 | 07 | 08 | 09 | 10 | 11 | 12 | | |
| 448 | | 13 | 14 | 15̄ | 16 | 17 | 18 | 19 | 20 | 21˙ | 21 | | |
| 449 | | 22 | 23 | 24 | 25̇ | 26 | 27 | 28 | 29 | 30 | 31 | | |
| **450** | | 32 | 33 | 34 | 35̇ | 36 | 37 | 38 | 39 | 40 | 41 | | |
| N | | 0 | 1 | 2 | 3 | 4 | 5 | 6 | 7 | 8 | 9 | D | P |

**60 . . bis 65 . .**

| N | | 0 | 1 | 2 | 3 | 4 | 5 | 6 | 7 | 8 | 9 | D | P |
|---|---|---|---|---|---|---|---|---|---|---|---|---|---|
| **450** | 65 | 32 | 33 | 34 | 35̇ | 36 | 37 | 38 | 39 | 40 | 41 | | |
| **451** | | 42 | 43 | 44 | 45̄ | 46 | 47 | 48 | 49 | 49· | 5̇0 | | |
| **452** | | 51 | 52 | 53 | 54 | 55̇ | 56 | 57 | 58 | 59 | 60 | | |
| **453** | | 61 | 62 | 63 | 64 | 65̄ | 66 | 67 | 68 | 69 | 70 | | |
| **454** | | 71 | 72 | 72· | 73 | 74 | 75̇ | 76 | 77 | 78 | 79 | | |
| **455** | | 80 | 81 | 82 | 83 | 84 | 85̄ | 86 | 87 | 88 | 89 | | |
| **456** | | 90 | 91 | 92 | 93 | 93· | 94 | 95̇ | 96 | 97 | 98 | | |
| **457** | | 99 | *00 | *01 | *02 | *03 | *04 | *05̄ | *06 | *07 | *08 | | |
| **458** | 66 | 09 | 10 | 11· | 11 | 12 | 13 | 14 | 15̇ | 16 | 17 | | |
| **459** | | 18 | 19 | 20 | 21 | 22 | 23 | 24 | 25̄ | 26 | 27 | | |
| **460** | | 28 | 29 | 29· | 30 | 31 | 32 | 33 | 34 | 35̇ | 36 | | |
| **461** | | 37 | 38 | 39 | 40 | 41 | 42 | 43 | 44 | 45̄· | 45̇ | | |
| **462** | | 46 | 47 | 48 | 49 | 5̇0 | 51 | 52 | 53 | 54 | 55̄ | | |
| **463** | | 56 | 57 | 58 | 59 | 60· | 60 | 61 | 62 | 63 | 64 | | |
| **464** | | 65̇ | 66 | 67 | 68 | 69 | 70 | 71 | 72 | 73 | 74 | | |
| **465** | | 75̄ | 75̇· | 76 | 77 | 78 | 79 | 80 | 81 | 82 | 83 | | |
| **466** | | 84 | 85̄ | 86 | 87 | 88 | 89 | 89· | 90 | 91 | 92 | | |
| **467** | | 93 | 94 | 95̇ | 96 | 97 | 98 | 99 | *00 | *01 | *02 | | |
| **468** | 67 | 02· | 03 | 04 | 05̇ | 06 | 07 | 08 | 09 | 10 | 11 | | |
| **469** | | 12 | 13 | 14 | 15̄ | 15̇· | 16 | 17 | 18 | 19 | 20 | | |
| **470** | | 21 | 22 | 23 | 24 | 25̄ | 26 | 27 | 27· | 28 | 29 | | |
| **471** | | 30 | 31 | 32 | 33 | 34 | 35̄ | 36 | 37 | 38· | 38 | | |
| **472** | | 39 | 40 | 41 | 42 | 43 | 44 | 45̄ | 46 | 47 | 48 | | |
| **473** | | 49 | 5̄0 | 5̇0· | 51 | 52 | 53 | 54 | 55̇ | 56 | 57 | | |
| **474** | | 58 | 59 | 60 | 61 | 61· | 62 | 63 | 64 | 65̇ | 66 | | |
| **475** | | 67 | 68 | 69 | 70 | 71 | 72 | 72· | 73 | 74 | 75̇ | | |
| **476** | | 76 | 77 | 78 | 79 | 80 | 81 | 82 | 82· | 83 | 84 | | |
| **477** | | 85̇ | 86 | 87 | 88 | 89 | 90 | 91 | 92· | 92 | 93 | | |
| **478** | | 94 | 95̇ | 96 | 97 | 98 | 99 | *00 | *01 | *02 | *02· | | |
| **479** | 68 | 03 | 04 | 05̇ | 06 | 07 | 08 | 09 | 10 | 11 | 12 | | |
| **480** | | 12· | 13 | 14 | 15̇ | 16 | 17 | 18 | 19 | 20 | 21 | | |
| **481** | | 21· | 22 | 23 | 24 | 25̇ | 26 | 27 | 28 | 29 | 30· | | |
| **482** | | 30 | 31 | 32 | 33 | 34 | 35̄ | 36 | 37 | 38 | 39· | | |
| **483** | | 39 | 40 | 41 | 42 | 43 | 44 | 45̄ | 46 | 47 | 48· | | |
| **484** | | 48 | 49 | 5̇0 | 51 | 52 | 53 | 54 | 55̄ | 56 | 57 | | |
| **485** | | 57· | 58 | 59 | 60 | 61 | 62 | 63 | 64 | 65̄· | 65̇ | | |
| **486** | | 66 | 67 | 68 | 69 | 70 | 71 | 72 | 73 | 74 | 74· | | |
| **487** | | 75̇ | 76 | 77 | 78 | 79 | 80 | 81 | 82 | 82· | 83 | | |
| **488** | | 84 | 85̇ | 86 | 87 | 88 | 89 | 90 | 90· | 91 | 92 | | |
| **489** | | 93 | 94 | 95̄ | 96 | 97 | 98 | 98· | 99 | *00 | *01 | | |
| **490** | 69 | 02 | 03 | 04 | 05̄ | 06 | 06· | 07 | 08 | 09 | 10 | | |
| **491** | | 11 | 12 | 13· | 13 | 14 | 15̇ | 16 | 17 | 18 | 19 | | |
| **492** | | 20 | 21 | 21· | 22 | 23 | 24 | 25̄ | 26 | 27 | 28· | | |
| **493** | | 28 | 29 | 30 | 31 | 32 | 33 | 34 | 35̄ | 36 | 36· | | |
| **494** | | 37 | 38 | 39 | 40 | 41 | 42 | 43 | 43· | 44 | 45̇ | | |
| **495** | | 46 | 47 | 48 | 49 | 5̄0 | 5̇0· | 51 | 52 | 53 | 54 | | |
| **496** | | 55̄ | 56 | 57· | 57 | 58 | 59 | 60 | 61 | 62 | 63 | | |
| **497** | | 64· | 64 | 65̇ | 66 | 67 | 68 | 69 | 70 | 71 | 71· | | |
| **498** | | 72 | 73 | 74 | 75̄ | 76 | 77 | 78 | 78· | 79 | 80 | | |
| **499** | | 81 | 82 | 83 | 84· | 84 | 85̇ | 86 | 87 | 88 | 89 | | |
| **500** | | 90 | 91· | 91 | 92 | 93 | 94 | 95̄ | 96 | 97 | 98 | | |
| N | | 0 | 1 | 2 | 3 | 4 | 5 | 6 | 7 | 8 | 9 | D | P |

**65 . . bis 69 . .**

| N | | 0 | 1 | 2 | 3 | 4 | 5 | 6 | 7 | 8 | 9 | D | P |
|---|---|---|---|---|---|---|---|---|---|---|---|---|---|
| **500** | 69 | 90 | 91· | 91 | 92 | 93 | 94 | 95̄ | 96 | 97 | 98 | | |
| 501 | | 98· | 99 | *00 | *01 | *02 | *03 | *04· | *04 | *05̇ | *06 | | |
| 502 | 70 | 07 | 08 | 09 | 10· | 10 | 11 | 12 | 13 | 14 | 15̄ | | |
| 503 | | 16 | 17 | 17· | 18 | 19 | 20 | 21 | 22 | 23· | 23 | | |
| 504 | | 24 | 25̇ | 26 | 27 | 28 | 29· | 29 | 30 | 31 | 32 | | |
| 505 | | 33 | 34 | 35̄· | 35̇ | 36 | 37 | 38 | 39 | 40 | 41 | | |
| 506 | | 42 | 42· | 43 | 44 | 45̄ | 46 | 47 | 48 | 48· | 49 | | |
| 507 | | 5̇0 | 51 | 52 | 53 | 54 | 54· | 55̇ | 56 | 57 | 58 | | |
| 508 | | 59· | 59 | 60 | 61 | 62 | 63 | 64 | 65̄· | 65̇ | 66 | | |
| 509 | | 67 | 68 | 69 | 70 | 71· | 71 | 72 | 73 | 74 | 75̄ | | |
| **510** | | 76 | 77 | 77· | 78 | 79 | 80 | 81 | 82 | 83 | 83· | | |
| 511 | | 84 | 85̇ | 86 | 87 | 88· | 88 | 89 | 90 | 91 | 92 | | |
| 512 | | 93 | 94 | 94· | 95̇ | 96 | 97 | 98 | 99· | 99 | *00 | | |
| 513 | 71 | 01 | 02 | 03 | 04 | 05̄ | 05̇· | 06 | 07 | 08 | 09 | | |
| 514 | | 10· | 10 | 11 | 12 | 13 | 14 | 15̄ | 16 | 16· | 17 | | |
| 515 | | 18 | 19 | 20 | 21· | 21 | 22 | 23 | 24 | 25̄ | 26· | | |
| 516 | | 26 | 27 | 28 | 29 | 30 | 31 | 32 | 32· | 33 | 34 | | |
| 517 | | 35̄ | 36 | 37· | 37 | 38 | 39 | 40 | 41 | 42· | 42 | | |
| 518 | | 43 | 44 | 45̄ | 46 | 47· | 47 | 48 | 49 | 5̄0 | 51 | 1 | |
| 519 | | 52 | 53 | 53· | 54 | 55̇ | 56 | 57 | 58 | 58· | 59 | | |
| **520** | | 60 | 61 | 62 | 63 | 63· | 64 | 65̇ | 66 | 67 | 68 | | |
| 521 | | 68· | 69 | 70 | 71 | 72 | 73 | 73· | 74 | 75̇ | 76 | | |
| 522 | | 77 | 78 | 78· | 79 | 80 | 81 | 82 | 83 | 83· | 84 | | |
| 523 | | 85̇ | 86 | 87 | 88 | 88· | 89 | 90 | 91 | 92· | 92 | | |
| 524 | | 93 | 94 | 95̄ | 96 | 97· | 97 | 98 | 99 | *00 | *01 | | |
| 525 | 72 | 02· | 02 | 03 | 04 | 05̄ | 06 | 07 | 07· | 08 | 09 | | |
| 526 | | 10 | 11 | 12 | 12· | 13 | 14 | 15̄ | 16· | 16 | 17 | | |
| 527 | | 18 | 19 | 20 | 21 | 21· | 22 | 23 | 24 | 25̄ | 26 | | |
| 528 | | 26· | 27 | 28 | 29 | 30· | 30 | 31 | 32 | 33 | 34 | | |
| 529 | | 35̄ | 35̇· | 36 | 37 | 38 | 39· | 39 | 40 | 41 | 42 | | |
| **530** | | 43 | 44 | 44· | 45̇ | 46 | 47 | 48· | 48 | 49 | 5̇0 | | |
| 531 | | 51 | 52 | 53 | 53· | 54 | 55̇ | 56 | 57· | 57 | 58 | | |
| 532 | | 59 | 60 | 61 | 62 | 62· | 63 | 64 | 65̄ | 66· | 66 | | |
| 533 | | 67 | 68 | 69 | 70 | 71 | 71· | 72 | 73 | 74 | 75̄· | | |
| 534 | | 75̇ | 76 | 77 | 78 | 79· | 79 | 80 | 81 | 82 | 83 | | |
| 535 | | 84 | 84· | 85̇ | 86 | 87 | 88· | 88 | 89 | 90 | 91 | | |
| 536 | | 92· | 92 | 93 | 94 | 95̄ | 96 | 97 | 97· | 98 | 99 | | |
| 537 | 73 | 00 | 01 | 01· | 02 | 03 | 04 | 05̄ | 05̇· | 06 | 07 | | |
| 538 | | 08 | 09· | 09 | 10 | 11 | 12 | 13· | 13 | 14 | 15̇ | | |
| 539 | | 16 | 17· | 17 | 18 | 19 | 20 | 21 | 22 | 22· | 23 | | |
| **540** | | 24 | 25̄ | 26 | 26· | 27 | 28 | 29 | 30 | 30· | 31 | | |
| 541 | | 32 | 33 | 34 | 34· | 35̇ | 36 | 37 | 38 | 38· | 39 | | |
| 542 | | 40 | 41 | 42 | 42· | 43 | 44 | 45̄ | 46 | 46· | 47 | | |
| 543 | | 48 | 49 | 5̄0 | 5̇0· | 51 | 52 | 53 | 54 | 54· | 55̇ | 1\|0 | |
| 544 | | 56 | 57 | 58 | 58· | 59 | 60 | 61 | 62 | 62· | 63 | | |
| 545 | | 64 | 65̄ | 66 | 66· | 67 | 68 | 69 | 70 | 70· | 71 | | |
| 546 | | 72 | 73 | 74 | 74· | 75̇ | 76 | 77· | 77 | 78 | 79 | | |
| 547 | | 80 | 81· | 81 | 82 | 83 | 84 | 85̄· | 85̇ | 86 | 87 | | |
| 548 | | 88 | 89 | 89· | 90 | 91 | 92 | 93 | 93· | 94 | 95̄ | | |
| 549 | | 96 | 97 | 97· | 98 | 99 | *00· | *00 | *01 | *02 | *03 | | |
| **550** | 74 | 04· | 04 | 05̇ | 06 | 07 | 08 | 08· | 09 | 10 | 11 | | |
| N | | 0 | 1 | 2 | 3 | 4 | 5 | 6 | 7 | 8 | 9 | D | P |

| N | | 0 | 1 | 2 | 3 | 4 | 5 | 6 | 7 | 8 | 9 | D | P |
|---|---|---|---|---|---|---|---|---|---|---|---|---|---|
| **550** | 74 | 04· | 04 | 05̇ | 06 | 07 | 08 | 08· | 09 | 10 | 11 | | |
| 551 | | 12 | 12· | 13 | 14 | 15̄· | 15̇ | 16 | 17 | 18 | 19 | | |
| 552 | | 19· | 20 | 21 | 22 | 23 | 23· | 24 | 25̄ | 26· | 26 | | |
| 553 | | 27 | 28 | 29 | 30 | 30· | 31 | 32 | 33 | 34 | 34· | | |
| 554 | | 35̇ | 36 | 37· | 37 | 38 | 39 | 40 | 41 | 41· | 42 | | |
| 555 | | 43 | 44· | 44 | 45̇ | 46 | 47 | 48· | 48 | 49 | 5̄0 | | |
| 556 | | 51 | 52 | 52· | 53 | 54 | 55̄· | 55̇ | 56 | 57 | 58 | | |
| 557 | | 59 | 59· | 60 | 61 | 62· | 62 | 63 | 64 | 65̄ | 66 | | |
| 558 | | 66· | 67 | 68 | 69· | 69 | 70 | 71 | 72 | 73 | 73· | | |
| 559 | | 74 | 75̄ | 76· | 76 | 77 | 78 | 79 | 80 | 80· | 81 | | |
| **560** | | 82 | 83· | 83 | 84 | 85̄ | 86 | 87 | 87· | 88 | 89 | | |
| 561 | | 90· | 90 | 91 | 92 | 93· | 93 | 94 | 95̇ | 96 | 97 | | |
| 562 | | 97· | 98 | 99 | *00· | *00 | *01 | *02 | *03 | *04 | *04· | | |
| 563 | 75 | 05̇ | 06 | 07· | 07 | 08 | 09 | 10· | 10 | 11 | 12 | | |
| 564 | | 13 | 14 | 14· | 15̇ | 16 | 17· | 17 | 18 | 19 | 20· | | |
| 565 | | 20 | 21 | 22 | 23 | 24 | 24· | 25̇ | 26 | 27· | 27 | | |
| 566 | | 28 | 29 | 30· | 30 | 31 | 32 | 33 | 34 | 34· | 35 | | |
| 567 | | 36 | 37 | 37· | 38 | 39 | 40· | 40 | 41 | 42 | 43· | | |
| 568 | | 43 | 44 | 45̇ | 46 | 47 | 47· | 48 | 49 | 5̄0 | 5̇0· | | |
| 569 | | 51 | 52 | 53· | 53 | 54 | 55̄ | 56· | 56 | 57 | 58 | | |
| **570** | | 59 | 60 | 60· | 61 | 62 | 63 | 63· | 64 | 65̄ | 66 | | |
| 571 | | 66· | 67 | 68 | 69· | 69 | 70 | 71 | 72· | 72 | 73 | 1\|0 | |
| 572 | | 74 | 75̄· | 75̇ | 76 | 77 | 78 | 79 | 79· | 80 | 81 | | |
| 573 | | 82 | 82· | 83 | 84 | 85̄ | 85̇· | 86 | 87 | 88 | 88· | | |
| 574 | | 89 | 90 | 91· | 91 | 92 | 93 | 94· | 94 | 95̇ | 96 | | |
| 575 | | 97· | 97 | 98 | 99 | *00· | *00 | *01 | *02 | *03· | *03 | | |
| 576 | 76 | 04 | 05̄ | 06· | 06 | 07 | 08 | 09· | 09 | 10 | 11´ | | |
| 577 | | 12 | 13 | 13· | 14 | 15̄ | 16 | 16· | 17 | 18 | 19 | | |
| 578 | | 19· | 20 | 21 | 22 | 22· | 23 | 24 | 25̄ | 25̇· | 26 | | |
| 579 | | 27 | 28 | 28· | 29 | 30 | 31 | 31· | 32 | 33 | 34 | | |
| **580** | | 34· | 35̇ | 36 | 37 | 37· | 38 | 39 | 40 | 40· | 41 | | |
| 581 | | 42 | 43 | 43· | 44 | 45̄· | 45̇ | 46 | 47 | 48· | 48 | | |
| 582 | | 49 | 5̄0 | 51· | 51 | 52 | 53 | 54· | 54 | 55̇ | 56 | | |
| 583 | | 57· | 57 | 58 | 59 | 60· | 60 | 61 | 62 | 63· | 63 | | |
| 584 | | 64 | 65̄ | 66 | 66· | 67 | 68 | 69 | 69· | 70 | 71 | | |
| 585 | | 72 | 72· | 73 | 74 | 75̄ | 75̇· | 76 | 77· | 77 | 78 | | |
| 586 | | 79 | 80· | 80 | 81 | 82 | 83· | 83 | 84 | 85̄ | 86· | | |
| 587 | | 86 | 87 | 88 | 89 | 89· | 90 | 91 | 92 | 92· | 93 | | |
| 588 | | 94 | 95̄ | 95̇· | 96 | 97· | 97 | 98 | 99 | *00· | *00 | | |
| 589 | 77 | 01 | 02 | 03 | 03· | 04 | 05̄ | 06 | 06· | 07 | 08 | | |
| **590** | | 09 | 09· | 10 | 11· | 11 | 12 | 13 | 14· | 14 | 15̇ | | |
| 591 | | 16 | 17 | 17· | 18 | 19 | 20 | 20· | 21 | 22· | 22 | | |
| 592 | | 23 | 24 | 25̄· | 25̇ | 26 | 27 | 28 | 28· | 29 | 30 | | |
| 593 | | 31 | 31· | 32 | 33· | 33 | 34 | 35̄ | 36· | 36 | 37 | | |
| 594 | | 38 | 39 | 39· | 40 | 41 | 42 | 42· | 43 | 44· | 44 | | |
| 595 | | 45̇ | 46 | 47 | 47· | 48 | 49 | 5̄0 | 5̇0· | 51 | 52· | | |
| 596 | | 52 | 53 | 54 | 55̄· | 55̇ | 56 | 57 | 58 | 58· | 59 | | |
| 597 | | 60· | 60 | 61 | 62 | 63· | 63 | 64 | 65̄ | 66 | 66· | | |
| 598 | | 67 | 68· | 68 | 69 | 70 | 71· | 71 | 72 | 73 | 74 | | |
| 599 | | 74· | 75̄ | 76· | 76 | 77 | 78 | 79 | 79· | 80 | 81 | | |
| **600** | | 82 | 82· | 83 | 84· | 84 | 85̇ | 86 | 87 | 87· | 88 | | |
| N | | 0 | 1 | 2 | 3 | 4 | 5 | 6 | 7 | 8 | 9 | D | P |

24



| N | | 0 | 1 | 2 | 3 | 4 | 5 | 6 | 7 | 8 | 9 | D | P |
|---|---|---|---|---|---|---|---|---|---|---|---|---|---|
| **600** | 77 | 82 | 82· | 83 | 84· | 84 | 85̇ | 86 | 87 | 87· | 88 | | |
| 601 | | 89· | 89 | 90 | 91 | 92 | 92· | 93 | 94 | 95̄ | 95̇· | | |
| 602 | | 96 | 97· | 97 | 98 | 99 | *00 | *00· | *01 | *02· | *02 | | |
| 603 | 78 | 03 | 04 | 05̄ | 05̇· | 06 | 07· | 07 | 08 | 09 | 10· | | |
| 604 | | 10 | 11 | 12 | 13 | 13· | 14 | 15̄· | 15̇ | 16 | 17 | | |
| 605 | | 18 | 18· | 19 | 20· | 20 | 21 | 22 | 23 | 23· | 24 | | |
| 606 | | 25̄· | 25̇ | 26 | 27 | 28 | 28· | 29 | 30· | 30 | 31 | | |
| 607 | | 32 | 33 | 33· | 34 | 35̄· | 35̇ | 36 | 37 | 38 | 38· | | |
| 608 | | 39 | 40· | 40 | 41 | 42 | 43 | 43· | 44 | 45̄· | 45̇ | | |
| 609 | | 46 | 47 | 48 | 48· | 49 | 5̄0· | 5̇0 | 51 | 52 | 53 | | |
| **610** | | 53· | 54 | 55̄· | 55̇ | 56 | 57 | 58 | 58· | 59 | 60· | | |
| 611 | | 60 | 61 | 62 | 63 | 63· | 64 | 65̄· | 65̇ | 66 | 67 | | |
| 612 | | 68 | 68· | 69 | 70 | 70· | 71 | 72· | 72 | 73 | 74 | | |
| 613 | | 75̄ | 75̇· | 76 | 77· | 77 | 78 | 79 | 80 | 80· | 81 | | |
| 614 | | 82· | 82 | 83 | 84 | 85̄ | 85̇· | 86 | 87 | 87· | 88 | | |
| 615 | | 89· | 89 | 90 | 91 | 92 | 92· | 93 | 94· | 94 | 95̇ | | |
| 616 | | 96 | 97 | 97· | 98 | 99 | 99· | *00 | *01· | *01 | *02 | | |
| 617 | 79 | 03 | 04 | 04· | 05̄ | 06· | 06 | 07 | 08· | 08 | 09 | | |
| 618 | | 10 | 11 | 11· | 12 | 13· | 13 | 14 | 15̄ | 16 | 16· | | |
| 619 | | 17 | 18 | 18· | 19 | 20· | 20 | 21 | 22 | 23 | 23· | | |
| **620** | | 24 | 25̄ | 25̇· | 26 | 27· | 27 | 28 | 29 | 30 | 30· | | |
| 621 | | 31 | 32 | 32· | 33 | 34· | 34 | 35̇ | 36 | 37 | 37· | | |
| 622 | | 38 | 39 | 39· | 40 | 41· | 41 | 42 | 43· | 43 | 44 | | |
| 623 | | 45̄ | 46 | 46· | 47 | 48· | 48 | 49 | 5̄0· | 5̇0 | 51 | | |
| 624 | | 52 | 53 | 53· | 54 | 55̄ | 55̇· | 56 | 57· | 57 | 58 | | |
| 625 | | 59· | 59 | 60 | 61 | 62 | 62· | 63 | 64· | 64 | 65̇ | 1\|0 | |
| 626 | | 66· | 66 | 67 | 68 | 69 | 69· | 70 | 71 | 71· | 72 | | |
| 627 | | 73· | 73 | 74 | 75̄· | 75̇ | 76 | 77 | 78 | 78· | 79 | | |
| 628 | | 80 | 80· | 81 | 82· | 82 | 83 | 84· | 84 | 85̇ | 86 | | |
| 629 | | 87 | 87· | 88 | 89 | 89· | 90 | 91 | 91· | 92 | 93· | | |
| **630** | | 93 | 94 | 95̄· | 95̇ | 96 | 97 | 98 | 98· | 99 | *00 | | |
| 631 | 80 | 00· | 01 | 02· | 02 | 03 | 04· | 04 | 05̇ | 06· | 06 | | |
| 632 | | 07 | 08 | 09 | 09· | 10 | 11 | 11· | 12 | 13· | 13 | | |
| 633 | | 14 | 15̄· | 15̇ | 16 | 17· | 17 | 18 | 19 | 20 | 20· | | |
| 634 | | 21 | 22 | 22· | 23 | 24 | 24· | 25̇ | 26· | 26 | 27 | | |
| 635 | | 28· | 28 | 29 | 30· | 30 | 31 | 32 | 33 | 33· | 34 | | |
| 636 | | 35̄ | 35̇· | 36 | 37 | 37· | 38 | 39· | 39 | 40 | 41· | | |
| 637 | | 41 | 42 | 43· | 43 | 44 | 45̄· | 45̇ | 46 | 47 | 48 | | |
| 638 | | 48· | 49 | 5̄0 | 5̇0· | 51 | 52 | 52· | 53 | 54 | 54· | | |
| 639 | | 55̇ | 56· | 56 | 57 | 58· | 58 | 59 | 60· | 60 | 61 | | |
| **640** | | 62· | 62 | 63 | 64 | 65̄ | 65̇· | 66 | 67 | 67· | 68 | | |
| 641 | | 69 | 69· | 70 | 71 | 71· | 72 | 73 | 73· | 74 | 75̄· | | |
| 642 | | 75̇ | 76 | 77· | 77 | 78 | 79· | 79 | 80 | 81· | 81 | | |
| 643 | | 82 | 83· | 83 | 84 | 85̄· | 85̇ | 86 | 87 | 88 | 88· | | |
| 644 | | 89 | 90 | 90· | 91 | 92 | 92· | 93 | 94 | 94· | 95̄ | | |
| 645 | | 96 | 96· | 97 | 98 | 98· | 99 | *00 | *00· | *01 | *02 | | |
| 646 | 81 | 02· | 03 | 04· | 04 | 05̇ | 06· | 06 | 07 | 08· | 08 | | |
| 647 | | 09 | 10· | 10 | 11 | 12· | 12 | 13 | 14· | 14 | 15̇ | | |
| 648 | | 16· | 16 | 17 | 18· | 18 | 19 | 20· | 20 | 21 | 22· | | |
| 649 | | 22 | 23 | 24· | 24 | 25̇ | 26· | 26 | 27 | 28· | 28 | | |
| **650** | | 29 | 30· | 30 | 31 | 32· | 32 | 33 | 34· | 34 | 35̇ | | |
| N | | 0 | 1 | 2 | 3 | 4 | 5 | 6 | 7 | 8 | 9 | D | P |

| N | | 0 | 1 | 2 | 3 | 4 | 5 | 6 | 7 | 8 | 9 | D | P |
|---|---|---|---|---|---|---|---|---|---|---|---|---|---|
| **650** | 81 | 29 | 30· | 30 | 31 | 32· | 32 | 33 | 34· | 34 | 35̇ | | |
| 651 | | 36· | 36 | 37 | 38· | 38 | 39 | 40· | 40 | 41 | 42· | | |
| 652 | | 42 | 43 | 44· | 44 | 45̇ | 46· | 46 | 47 | 48· | 48 | | |
| 653 | | 49 | 5̄0· | 5̇0 | 51 | 52· | 52 | 53 | 54· | 54 | 55̇ | | |
| 654 | | 56· | 56 | 57 | 58· | 58 | 59 | 60· | 60 | 61 | 62· | | |
| 655 | | 62 | 63 | 64· | 64 | 65̇ | 66· | 66 | 67 | 68· | 68 | | |
| 656 | | 69 | 70· | 70 | 71 | 72· | 72 | 73 | 74· | 74 | 75̄ | | |
| 657 | | 76 | 76· | 77 | 78 | 78· | 79 | 80 | 80· | 81 | 82 | | |
| 658 | | 82· | 83 | 84 | 84· | 85̄ | 86 | 86· | 87 | 88 | 88· | | |
| 659 | | 89 | 90 | 90· | 91· | 91 | 92 | 93· | 93 | 94 | 95̄· | | |
| **660** | | 95̇ | 96 | 97· | 97 | 98 | 99· | 99 | *00 | *01· | *01 | | |
| 661 | 82 | 02 | 03· | 03 | 04 | 05̄ | 05̇· | 06 | 07 | 07· | 08 | | |
| 662 | | 09 | 09· | 10 | 11 | 11· | 12 | 13 | 13· | 14· | 14 | | |
| 663 | | 15̇ | 16· | 16 | 17 | 18· | 18 | 19 | 20· | 20 | 21 | | |
| 664 | | 22· | 22 | 23 | 24 | 24· | 25̄ | 26 | 26· | 27 | 28 | | |
| 665 | | 28· | 29 | 30 | 30· | 31· | 31 | 32 | 33· | 33 | 34 | | |
| 666 | | 35̄· | 35̇ | 36 | 37· | 37 | 38 | 39 | 39· | 40 | 41 | | |
| 667 | | 41· | 42 | 43 | 43· | 44 | 45̄ | 45̇· | 46· | 46 | 47 | | |
| 668 | | 48· | 48 | 49 | 5̄0· | 5̇0 | 51 | 52 | 52· | 53 | 54 | | |
| 669 | | 54· | 55̄ | 56 | 56· | 57 | 58 | 58· | 59· | 59 | 60 | | |
| **670** | | 61· | 61 | 62 | 63· | 63 | 64 | 65̄ | 65̇· | 66 | 67 | | |
| 671 | | 67· | 68 | 69 | 69· | 70· | 70 | 71 | 72· | 72 | 73 | | |
| 672 | | 74· | 74 | 75̄ | 76 | 76· | 77 | 78 | 78· | 79 | 80 | | |
| 673 | | 80· | 81· | 81 | 82 | 83· | 83 | 84 | 85̄ | 85̇· | 86 | | |
| 674 | | 87 | 87· | 88 | 89 | 89· | 90· | 90 | 91 | 92· | 92 | | |
| 675 | | 93 | 94· | 94 | 95̄ | 96 | 96· | 97 | 98 | 98· | 99· | 1\|0 | |
| 676 | | 99 | *00 | *01· | *01 | *02 | *03 | *03· | *04 | *05̄ | *05̇· | | |
| 677 | 83 | 06 | 07 | 07· | 08· | 08 | 09 | 10· | 10 | 11 | 12 | | |
| 678 | | 12· | 13 | 14 | 14· | 15̄· | 15̇ | 16 | 17· | 17 | 18 | | |
| 679 | | 19· | 19 | 20 | 21 | 21· | 22 | 23 | 23· | 24· | 24 | | |
| **680** | | 25̇ | 26· | 26 | 27 | 28 | 28· | 29 | 30 | 30· | 31· | | |
| 681 | | 31 | 32 | 33· | 33 | 34 | 35̄ | 35̇· | 36 | 37 | 37· | | |
| 682 | | 38· | 38 | 39 | 40· | 40 | 41 | 42 | 42· | 43 | 44 | | |
| 683 | | 44· | 45̄· | 45̇ | 46 | 47· | 47 | 48 | 49 | 49· | 5̄0 | | |
| 684 | | 51 | 51· | 52· | 52 | 53 | 54· | 54 | 55̇ | 56 | 56· | | |
| 685 | | 57 | 58 | 58· | 59· | 59 | 60 | 61· | 61 | 62 | 63 | | |
| 686 | | 63· | 64 | 65̄ | 65̇· | 66· | 66 | 67 | 68 | 68· | 69 | | |
| 687 | | 70 | 70· | 71· | 71 | 72 | 73· | 73 | 74 | 75̄ | 75̇· | | |
| 688 | | 76 | 77 | 77· | 78· | 78 | 79 | 80 | 80· | 81 | 82 | | |
| 689 | | 82· | 83· | 83 | 84 | 85̄· | 85̇ | 86 | 87 | 87· | 88· | | |
| **690** | | 88 | 89 | 90· | 90 | 91 | 92 | 92· | 93 | 94 | 94· | | |
| 691 | | 95̄· | 95̇ | 96 | 97 | 97· | 98 | 99 | 99· | *00· | *00 | | |
| 692 | 84 | 01 | 02· | 02 | 03 | 04 | 04· | 05̄· | 05̇ | 06 | 07· | | |
| 693 | | 07 | 08 | 09 | 09· | 10· | 10 | 11 | 12· | 12 | 13 | | |
| 694 | | 14 | 14· | 15̄· | 15̇ | 16 | 17· | 17 | 18 | 19 | 19· | | |
| 695 | | 20· | 20 | 21 | 22· | 22 | 23 | 24 | 24· | 25̄· | 25̇ | | |
| 696 | | 26 | 27· | 27 | 28 | 29 | 29· | 30· | 30 | 31 | 32· | | |
| 697 | | 32 | 33 | 34 | 34· | 35̄· | 35̇ | 36 | 37 | 37· | 38 | | |
| 698 | | 39 | 39· | 40· | 40 | 41 | 42 | 42· | 43 | 44 | 44· | | |
| 699 | | 45̄· | 45̇ | 46 | 47 | 47· | 48· | 48 | 49 | 5̄0· | 5̇0 | | |
| **700** | | 51 | 52 | 52· | 53· | 53 | 54 | 55̄· | 55̇ | 56 | 57 | | |
| N | | 0 | 1 | 2 | 3 | 4 | 5 | 6 | 7 | 8 | 9 | D | P |

**81 . . bis 84 . .**

| N | | 0 | 1 | 2 | 3 | 4 | 5 | 6 | 7 | 8 | 9 | D | P |
|---|---|---|---|---|---|---|---|---|---|---|---|---|---|
| **700** | 84 | 51 | 52 | 52· | 53· | 53 | 54 | 55̄· | 55̇ | 56 | 57 | | |
| 701 | | 57· | 58· | 58 | 59 | 60 | 60· | 61 | 62 | 62· | 63· | | |
| 702 | | 63 | 64 | 65̄ | 65̇· | 66· | 66 | 67 | 68· | 68 | 69 | | |
| 703 | | 70 | 70· | 71· | 71 | 72 | 73 | 73· | 74· | 74 | 75̇ | | |
| 704 | | 76· | 76 | 77 | 78 | 78· | 79· | 79 | 80 | 81 | 81· | | |
| 705 | | 82 | 83 | 83· | 84· | 84 | 85̄ | 86 | 86· | 87· | 87 | | |
| 706 | | 88 | 89 | 89· | 90 | 91 | 91· | 92· | 92 | 93 | 94 | | |
| 707 | | 94· | 95̄· | 95̇ | 96 | 97 | 97· | 98· | 98 | 99 | *00· | | |
| 708 | 85 | 00 | 01 | 02 | 02· | 03· | 03 | 04 | 05̄ | 05̇· | 06· | | |
| 709 | | 06 | 07 | 08 | 08· | 09 | 10 | 10· | 11· | 11 | 12 | | |
| **710** | | 13 | 13· | 14· | 14 | 15̇ | 16 | 16· | 17· | 17 | 18 | | |
| 711 | | 19· | 19 | 20 | 21 | 21· | 22· | 22 | 23 | 24 | 24· | | |
| 712 | | 25̄· | 25̇ | 26 | 27 | 27· | 28· | 28 | 29 | 30 | 30· | | |
| 713 | | 31 | 32 | 32· | 33· | 33 | 34 | 35̄ | 35̇· | 36· | 36 | | |
| 714 | | 37 | 38 | 38· | 39· | 39 | 40 | 41 | 41· | 42· | 42 | | |
| 715 | | 43 | 44 | 44· | 45̄· | 45̇ | 46 | 47· | 47 | 48 | 49 | | |
| 716 | | 49· | 50̄· | 50̇ | 51 | 52 | 52· | 53· | 53 | 54 | 55̄ | | |
| 717 | | 55̇· | 56· | 56 | 57 | 58 | 58· | 59· | 59 | 60 | 61 | | |
| 718 | | 61· | 62· | 62 | 63 | 64 | 64· | 65̄· | 65̇ | 66 | 67 | | |
| 719 | | 67· | 68· | 68 | 69 | 70· | 70 | 71 | 72 | 72· | 73· | | |
| **720** | | 73 | 74 | 75̄ | 75̇· | 76· | 76 | 77 | 78 | 78· | 79· | | |
| 721 | | 79 | 80 | 81 | 81· | 82· | 82 | 83 | 84 | 84· | 85̄· | | |
| 722 | | 85̇ | 86 | 87 | 87· | 88· | 88 | 89 | 90 | 90· | 91· | | |
| 723 | | 91 | 92 | 93 | 93· | 94· | 94 | 95̄ | 96 | 96· | 97· | | |
| 724 | | 97 | 98 | 99 | 99· | *00· | *00 | *01 | *02 | *02· | *03· | | |
| 725 | 86 | 03 | 04 | 05̄ | 05̇· | 06· | 06 | 07 | 08 | 08· | 09· | 1\|0 | |
| 726 | | 09 | 10 | 11 | 11· | 12· | 12 | 13 | 14 | 14· | 15̄· | | |
| 727 | | 15̇ | 16 | 17 | 17· | 18· | 18 | 19 | 20 | 20· | 21· | | |
| 728 | | 21 | 22 | 23 | 23· | 24 | 24· | 25̄· | 25̇ | 26 | 27 | | |
| 729 | | 27· | 28· | 28 | 29 | 30 | 30· | 31· | 31 | 32 | 33 | | |
| **730** | | 33· | 34· | 34 | 35̇ | 36 | 36· | 37· | 37 | 38 | 39 | | |
| 731 | | 39· | 40· | 40 | 41 | 42 | 42· | 43· | 43 | 44 | 45̄ | | |
| 732 | | 45̇· | 46· | 46 | 47· | 47 | 48 | 49 | 49· | 50̄· | 50̇ | | |
| 733 | | 51 | 52 | 52· | 53· | 53 | 54 | 55̄ | 55̇· | 56· | 56 | | |
| 734 | | 57 | 58 | 58· | 59· | 59 | 60 | 61 | 61· | 62 | 62· | | |
| 735 | | 63· | 63 | 64 | 65̄ | 65̇· | 66· | 66 | 67 | 68 | 68· | | |
| 736 | | 69· | 69 | 70 | 71 | 71· | 72· | 72 | 73· | 73 | 74 | | |
| 737 | | 75̄ | 75̇· | 76· | 76 | 77 | 78 | 78· | 79· | 79 | 80 | | |
| 738 | | 81 | 81· | 82· | 82 | 83 | 84 | 84· | 85̄ | 85̇· | 86· | | |
| 739 | | 86 | 87 | 88 | 88· | 89· | 89 | 90 | 91 | 91· | 92· | | |
| **740** | | 92 | 93· | 93 | 94 | 95̄ | 95̇· | 96· | 96 | 97 | 98 | | |
| 741 | | 98· | 99· | 99 | *00 | *01 | *01· | *02 | *02· | *03· | *03 | | |
| 742 | 87 | 04 | 05̄ | 05̇· | 06· | 06 | 07 | 08 | 08· | 09· | 09 | | |
| 743 | | 10· | 10 | 11 | 12 | 12· | 13· | 13 | 14 | 15̄ | 15̇· | | |
| 744 | | 16· | 16 | 17· | 17 | 18 | 19 | 19· | 20· | 20 | 21 | | |
| 745 | | 22 | 22· | 23· | 23 | 24· | 24 | 25̇ | 26 | 26· | 27· | | |
| 746 | | 27 | 28 | 29 | 29· | 30· | 30 | 31· | 31 | 32 | 33 | | |
| 747 | | 33· | 34· | 34 | 35̄ | 36 | 36· | 37 | 37· | 38· | 38 | | |
| 748 | | 39 | 40 | 40· | 41· | 41 | 42· | 42 | 43 | 44 | 44· | | |
| 749 | | 45̄· | 45̇ | 46 | 47 | 47· | 48· | 48 | 49· | 49 | 50̇ | | |
| **750** | | 51 | 51· | 52· | 52 | 53 | 54 | 54· | 55̄ | 55̇· | 56· | | |
| N | | 0 | 1 | 2 | 3 | 4 | 5 | 6 | 7 | 8 | 9 | D | P |

| N | | 0 | 1 | 2 | 3 | 4 | 5 | 6 | 7 | 8 | 9 | D | P |
|---|---|---|---|---|---|---|---|---|---|---|---|---|---|
| **750** | 87 | 51 | 51· | 52· | 52 | 53 | 54 | 54· | 55̄ | 55̇· | 56· | | |
| 751 | | 56 | 57 | 58 | 58· | 59· | 59 | 60· | 60 | 61 | 62 | | |
| 752 | | 62· | 63· | 63 | 64· | 64 | 65̇ | 66 | 66· | 67· | 67 | | |
| 753 | | 68 | 69 | 69· | 70 | 70· | 71· | 71 | 72 | 73 | 73· | | |
| 754 | | 74· | 74 | 75̄· | 75̇ | 76 | 77 | 77· | 78· | 78 | 79· | | |
| 755 | | 79 | 80 | 81 | 81· | 82· | 82 | 83· | 83 | 84 | 85̄ | | |
| 756 | | 85̇· | 86· | 86 | 87 | 88 | 88· | 89 | 89· | 90· | 90 | | |
| 757 | | 91 | 92 | 92· | 93 | 93· | 94· | 94 | 95̄ | 96 | 96· | | |
| 758 | | 97 | 97· | 98· | 98 | 99 | *00 | *00· | *01 | *01· | *02· | | |
| 759 | 88 | 02 | 03 | 04 | 04· | 05̄ | 05̇· | 06· | 06 | 07 | 08 | | |
| **760** | | 08· | 09 | 09· | 10· | 10 | 11 | 12 | 12· | 13 | 13· | | |
| 761 | | 14· | 14 | 15̄ | 16 | 16· | 17 | 17· | 18· | 18 | 19 | | |
| 762 | | 20 | 20· | 21 | 21· | 22· | 22 | 23 | 24 | 24· | 25̄ | | |
| 763 | | 25̇· | 26· | 26 | 27 | 28 | 28· | 29 | 29· | 30· | 30 | | |
| 764 | | 31 | 32 | 32· | 33 | 33· | 34· | 34 | 35̄· | 35̇ | 36 | | |
| 765 | | 37 | 37· | 38· | 38 | 39· | 39 | 40 | 41 | 41· | 42· | | |
| 766 | | 42 | 43· | 43 | 44 | 45̄ | 45̇· | 46 | 46· | 47· | 47 | | |
| 767 | | 48 | 49 | 49· | 5̄0 | 5̇0· | 51· | 51 | 52· | 52 | 53 | | |
| 768 | | 54 | 54· | 55̄· | 55̇ | 56· | 56 | 57 | 58 | 58· | 59 | | |
| 769 | | 59· | 60· | 60 | 61 | 62 | 62· | 63 | 63· | 64· | 64 | | |
| **770** | | 65̄· | 65̇ | 66 | 67 | 67· | 68· | 68 | 69· | 69 | 70 | | |
| 771 | | 71 | 71· | 72 | 72· | 73· | 73 | 74· | 74 | 75̇ | 76 | | |
| 772 | | 76· | 77· | 77 | 78· | 78 | 79 | 80 | 80· | 81 | 81· | | |
| 773 | | 82· | 82 | 83· | 83 | 84 | 85̄ | 85̇· | 86· | 86 | 87· | | |
| 774 | | 87 | 88 | 89 | 89· | 90 | 90· | 91· | 91 | 92· | 92 | | |
| 775 | | 93 | 94 | 94· | 95̄ | 95̇· | 96· | 96 | 97· | 97 | 98 | 1\|0 | |
| 776 | | 99 | 99· | *00· | *00 | *01· | *01· | *02 | *03 | *03· | *04 | | |
| 777 | 89 | 04· | 05̄· | 05̇ | 06· | 06 | 07 | 08 | 08· | 09 | 09· | | |
| 778 | | 10· | 10 | 11· | 11 | 12 | 13 | 13· | 14 | 14· | 15̄· | | |
| 779 | | 15̇ | 16· | 16 | 17 | 18 | 18· | 19 | 19· | 20· | 20 | | |
| **780** | | 21 | 22 | 22· | 23 | 23· | 24· | 24 | 25̄· | 25̇ | 26 | | |
| 781 | | 27 | 27· | 28 | 28· | 29· | 29 | 30· | 30 | 31 | 32 | | |
| 782 | | 32· | 33 | 33· | 34· | 34 | 35̄· | 35̇ | 36 | 37 | 37· | | |
| 783 | | 38 | 38· | 39· | 39 | 40· | 40 | 41· | 41 | 42 | 43 | | |
| 784 | | 43· | 44 | 44· | 45̄· | 45̇ | 46· | 46 | 47 | 48 | 48· | | |
| 785 | | 49 | 49· | 5̄0· | 5̇0 | 51· | 51 | 52 | 53 | 53· | 54 | | |
| 786 | | 54· | 55̄· | 55̇ | 56· | 56 | 57 | 58 | 58· | 59 | 59· | | |
| 787 | | 60· | 60 | 61· | 61 | 62 | 63 | 63· | 64 | 64· | 65̄ | | |
| 788 | | 65̇· | 66· | 66 | 67· | 67 | 68 | 69 | 69· | 70 | 70· | | |
| 789 | | 71· | 71 | 72· | 72 | 73 | 74 | 74· | 75̄ | 75̇· | 76 | | |
| **790** | | 76· | 77· | 77 | 78· | 78 | 79 | 80 | 80· | 81 | 81· | | |
| 791 | | 82· | 82 | 83· | 83 | 84 | 85̄ | 85̇· | 86 | 86· | 87 | | |
| 792 | | 87· | 88· | 88 | 89· | 89 | 90 | 91 | 91· | 92 | 92· | | |
| 793 | | 93· | 93 | 94· | 94 | 95̄· | 95̇ | 96 | 97 | 97· | 98 | | |
| 794 | | 98· | 99· | 99 | *00· | *00 | *01· | *01 | *02 | *03 | *03· | | |
| 795 | 90 | 04 | 04· | 05̄· | 05̇ | 06· | 06 | 07· | 07 | 08 | 09 | | |
| 796 | | 09· | 10 | 10· | 11· | 11 | 12· | 12 | 13· | 13 | 14 | | |
| 797 | | 15̄ | 15̇· | 16 | 16· | 17· | 17 | 18· | 18 | 19· | 19 | | |
| 798 | | 20 | 21 | 21· | 22 | 22· | 23· | 23 | 24· | 24 | 25̄· | | |
| 799 | | 25̇ | 26 | 27 | 27· | 28 | 28· | 29 | 29· | 30· | 30 | | |
| **800** | | 31· | 31 | 32 | 33 | 33· | 34 | 34· | 35̄ | 35̇· | 36· | | |
| N | | 0 | 1 | 2 | 3 | 4 | 5 | 6 | 7 | 8 | 9 | D | P |

87 . . bis 90 . .

## 8000 . . . 8509

| N | | 0 | 1 | 2 | 3 | 4 | 5 | 6 | 7 | 8 | 9 | D | P |
|---|---|---|---|---|---|---|---|---|---|---|---|---|---|
| **800** | 90 | 31· | 31 | 32 | 33 | 33· | 34 | 34· | 35̄ | 35̇· | 36· | | |
| 801 | | 36 | 37· | 37 | 38· | 38 | 39 | 40 | 40· | 41 | 41· | | |
| 802 | | 42· | 42 | 43· | 43 | 44· | 44 | 45̄ | 46 | 46· | 47 | | |
| 803 | | 47· | 48 | 48· | 49· | 49 | 5̄0· | 5̇0 | 51· | 51 | 52 | | |
| 804 | | 53 | 53· | 54 | 54· | 55̄ | 55̇· | 56· | 56 | 57· | 57 | | |
| 805 | | 58· | 58 | 59 | 60 | 60· | 61 | 61· | 62· | 62 | 63· | | |
| 806 | | 63 | 64· | 64 | 65̄ | 66 | 66· | 67 | 67· | 68 | 68· | | |
| 807 | | 69· | 69 | 70· | 70 | 71· | 71 | 72 | 73 | 73· | 74 | | |
| 808 | | 74· | 75̄ | 75̇· | 76 | 76· | 77· | 77 | 78· | 78 | 79· | | |
| 809 | | 79 | 80 | 81 | 81· | 82 | 82· | 83 | 83· | 84· | 84 | | |
| **810** | | 85̄· | 85̇ | 86· | 86 | 87 | 88 | 88· | 89 | 89· | 90 | | |
| 811 | | 90· | 91· | 91 | 92· | 92 | 93· | 93 | 94· | 94 | 95̇ | | |
| 812 | | 96 | 96· | 97 | 97· | 98 | 98· | 99· | 99 | *00· | *00 | | |
| 813 | 91 | 01· | 01 | 02 | 03 | 03· | 04 | 04· | 05̄ | 05̇· | 06 | | |
| 814 | | 06· | 07· | 07 | 08· | 08 | 09· | 09 | 10 | 11 | 11· | | |
| 815 | | 12 | 12· | 13 | 13· | 14 | 14· | 15̄· | 15̇ | 16· | 16 | | |
| 816 | | 17· | 17 | 18· | 18 | 19 | 20 | 20· | 21 | 21· | 22 | | |
| 817 | | 22· | 23· | 23 | 24· | 24 | 25̄· | 25̇ | 26· | 26 | 27 | | |
| 818 | | 28 | 28· | 29 | 29· | 30 | 30· | 31 | 31· | 32· | 32 | | |
| 819 | | 33· | 33 | 34· | 34 | 35̄· | 35̇ | 36 | 37 | 37· | 38 | | |
| **820** | | 38· | 39 | 39· | 40 | 40· | 41· | 41 | 42· | 42 | 43· | | |
| 821 | | 43 | 44· | 44 | 45̇ | 46 | 46· | 47 | 47· | 48 | 48· | | |
| 822 | | 49 | 49· | 5̄0· | 5̇0 | 51· | 51 | 52· | 52 | 53· | 53 | | |
| 823 | | 54 | 55̄ | 55̇· | 56 | 56· | 57 | 57· | 58 | 58· | 59· | | |
| 824 | | 59 | 60· | 60 | 61· | 61 | 62· | 62 | 63· | 63 | 64 | | |
| 825 | | 65̄ | 65̇· | 66 | 66· | 67 | 67· | 68 | 68· | 69· | 69 | 1\|0 | |
| 826 | | 70· | 70 | 71· | 71 | 72· | 72 | 73· | 73 | 74 | 75̄ | | |
| 827 | | 75̇· | 76 | 76· | 77 | 77· | 78 | 78· | 79 | 79· | 80· | | |
| 828 | | 80 | 81· | 81 | 82· | 82 | 83· | 83 | 84· | 84 | 85̇ | | |
| 829 | | 86 | 86· | 87 | 87· | 88 | 88· | 89 | 89· | 90 | 90· | | |
| **830** | | 91· | 91 | 92· | 92 | 93· | 93 | 94· | 94 | 95̄· | 95̇ | | |
| 831 | | 96 | 97 | 97· | 98 | 98· | 99 | 99· | *00 | *00· | *01 | | |
| 832 | 92 | 01· | 02· | 02 | 03· | 03 | 04· | 04 | 05̄· | 05̇ | 06· | | |
| 833 | | 06 | 07· | 07 | 08 | 09 | 09· | 10 | 10· | 11 | 11· | | |
| 834 | | 12 | 12· | 13 | 13· | 14· | 14 | 15̄· | 15̇ | 16· | 16 | | |
| 835 | | 17· | 17 | 18· | 18 | 19· | 19 | 20 | 21 | 21· | 22 | | |
| 836 | | 22· | 23 | 23· | 24 | 24· | 25̄ | 25̇· | 26 | 26· | 27 | | |
| 837 | | 27· | 28· | 28 | 29· | 29 | 30· | 30 | 31· | 31 | 32· | | |
| 838 | | 32 | 33· | 33 | 34 | 35̄ | 35̇· | 36 | 36· | 37 | 37· | | |
| 839 | | 38 | 38· | 39 | 39· | 40 | 40· | 41 | 41· | 42· | 42 | | |
| **840** | | 43· | 43 | 44· | 44 | 45̄· | 45̇ | 46· | 46 | 47· | 47 | | |
| 841 | | 48· | 48 | 49 | 5̄0 | 5̇0· | 51 | 51· | 52 | 52· | 53 | | |
| 842 | | 53· | 54 | 54· | 55̄ | 55̇· | 56 | 56· | 57 | 57· | 58· | | |
| 843 | | 58 | 59· | 59 | 60· | 60 | 61· | 61 | 62· | 62 | 63· | | |
| 844 | | 63 | 64· | 64 | 65̄· | 65̇ | 66 | 67 | 67· | 68 | 68· | | |
| 845 | | 69 | 69· | 70 | 70· | 71 | 71· | 72 | 72· | 73 | 73· | | |
| 846 | | 74 | 74· | 75̄ | 75̇· | 76· | 76 | 77· | 77 | 78· | 78 | | |
| 847 | | 79· | 79 | 80· | 80 | 81· | 81 | 82· | 82 | 83· | 83 | | |
| 848 | | 84· | 84 | 85̄· | 85̇ | 86 | 87 | 87· | 88 | 88· | 89 | | |
| 849 | | 89· | 90 | 90· | 91 | 91· | 92 | 92· | 93 | 93· | 94 | | |
| **850** | | 94· | 95̄ | 95̇· | 96 | 96· | 97 | 97· | 98· | 98 | 99· | | |
| N | | 0 | 1 | 2 | 3 | 4 | 5 | 6 | 7 | 8 | 9 | D | P |

## 90 . . bis 92 . .

| N | | 0 | 1 | 2 | 3 | 4 | 5 | 6 | 7 | 8 | 9 | D | P |
|---|---|---|---|---|---|---|---|---|---|---|---|---|---|
| **850** | 92 | 94· | 95̄ | 95̇· | 96 | 96· | 97 | 97· | 98· | 98 | 99· | | |
| 851 | | 99 | *00· | *00 | *01· | *01 | *02· | *02 | *03· | *03 | *04· | | |
| 852 | 93 | 04 | 05̄· | 05̇ | 06· | 06 | 07· | 07 | 08· | 08 | 09· | | |
| 853 | | 09 | 10 | 11 | 11· | 12 | 12· | 13 | 13· | 14 | 14· | | |
| 854 | | 15̄ | 15̇· | 16 | 16· | 17 | 17· | 18 | 18· | 19 | 19· | | |
| 855 | | 20 | 20· | 21 | 21· | 22 | 22· | 23 | 23· | 24 | 24· | | |
| 856 | | 25̄ | 25̇· | 26· | 26 | 27· | 27 | 28· | 28 | 29· | 29 | | |
| 857 | | 30· | 30 | 31· | 31 | 32· | 32 | 33· | 33 | 34· | 34 | | |
| 858 | | 35̄· | 35̇ | 36· | 36 | 37· | 37 | 38· | 38 | 39· | 39 | | |
| 859 | | 40· | 40 | 41· | 41 | 42· | 42 | 43· | 43 | 44· | 44 | | |
| **860** | | 45̄· | 45̇ | 46· | 46 | 47 | 48 | 48· | 49 | 49· | 5̄0 | | |
| 861 | | 5̇0· | 51 | 51· | 52 | 52· | 53 | 53· | 54 | 54· | 55̄ | | |
| 862 | | 55̇· | 56 | 56· | 57 | 57· | 58 | 58· | 59 | 59· | 60 | | |
| 863 | | 60· | 61 | 61· | 62 | 62· | 63 | 63· | 64 | 64· | 65̄ | | |
| 864 | | 65̇· | 66 | 66· | 67 | 67· | 68 | 68· | 69 | 69· | 70 | | |
| 865 | | 70· | 71 | 71· | 72 | 72· | 73 | 73· | 74 | 74· | 75̄ | | |
| 866 | | 75̇· | 76 | 76· | 77 | 77· | 78 | 78· | 79 | 79· | 80 | | |
| 867 | | 80· | 81 | 81· | 82 | 82· | 83 | 83· | 84 | 84· | 85̄ | | |
| 868 | | 85̇· | 86 | 86· | 87 | 87· | 88 | 88· | 89 | 89· | 90 | | |
| 869 | | 90· | 91 | 91· | 92 | 92· | 93 | 93· | 94 | 94· | 95̄ | | |
| **870** | | 95̇· | 96 | 96· | 97 | 97· | 98 | 98· | 99 | 99· | *00 | | |
| 871 | 94 | 00· | 01 | 01· | 02 | 02· | 03 | 03· | 04 | 04· | 05̄ | 1\|0 | |
| 872 | | 05̇· | 06 | 06· | 07 | 07· | 08 | 08· | 09 | 09· | 10 | | |
| 873 | | 10· | 11 | 11· | 12 | 12· | 13 | 13· | 14 | 14· | 15̄ | | |
| 874 | | 15̇· | 16 | 16· | 17 | 17· | 18 | 18· | 19 | 19· | 20 | | |
| 875 | | 20· | 21 | 21· | 22 | 22· | 23 | 23· | 24 | 24· | 25̄ | | |
| 876 | | 25̇· | 26 | 26· | 27 | 27· | 28 | 28· | 29 | 29· | 30 | | |
| 877 | | 30· | 30 | 31· | 31 | 32· | 32 | 33· | 33 | 34· | 34 | | |
| 878 | | 35̄· | 35̇ | 36· | 36 | 37· | 37 | 38· | 38 | 39· | 39 | | |
| 879 | | 40· | 40 | 41· | 41 | 42· | 42 | 43· | 43 | 44· | 44 | | |
| **880** | | 45̄· | 45̇ | 46· | 46 | 47· | 47 | 48· | 48 | 49· | 49 | | |
| 881 | | 5̄0· | 5̇0 | 51 | 51· | 52 | 52· | 53 | 53· | 54 | 54· | | |
| 882 | | 55̄ | 55̇· | 56 | 56· | 57 | 57· | 58 | 58· | 59 | 59· | | |
| 883 | | 60 | 60· | 61 | 61· | 62 | 62· | 63 | 63· | 64 | 64· | | |
| 884 | | 65̄ | 65̇· | 66 | 66· | 66 | 67· | 67 | 68· | 68 | 69· | | |
| 885 | | 69 | 70· | 70 | 71· | 71 | 72· | 72 | 73· | 73 | 74· | | |
| 886 | | 74 | 75̄· | 75̇ | 76· | 76 | 77· | 77 | 78· | 78 | 79· | | |
| 887 | | 79 | 80 | 80· | 81 | 81· | 82 | 82· | 83 | 83· | 84 | | |
| 888 | | 84· | 85̄ | 85̇· | 86 | 86· | 87 | 87· | 88 | 88· | 89 | | |
| 889 | | 89· | 90 | 90· | 90 | 91· | 91 | 92· | 92 | 93· | 93 | | |
| **890** | | 94· | 94 | 95̄· | 95̇ | 96· | 96 | 97· | 97 | 98· | 98 | | |
| 891 | | 99· | 99 | *00· | *00 | *01 | *01· | *02 | *02· | *03 | *03· | | |
| 892 | 95 | 04 | 04· | 05̄ | 05̇· | 06 | 06· | 07 | 07· | 08 | 08· | | |
| 893 | | 09 | 09· | 09 | 10· | 10 | 11· | 11 | 12· | 12 | 13· | | |
| 894 | | 13 | 14· | 14 | 15̄· | 15̇ | 16· | 16 | 17· | 17 | 18 | | |
| 895 | | 18· | 19 | 19· | 20 | 20· | 21 | 21· | 22 | 22· | 23 | | |
| 896 | | 23· | 24 | 24· | 25̄ | 25̇· | 26 | 26· | 26 | 27· | 27 | | |
| 897 | | 28· | 28 | 29· | 29 | 30· | 30 | 31· | 31 | 32· | 32 | | |
| 898 | | 33· | 33 | 34 | 34· | 35̄ | 35̇· | 36 | 36· | 37 | 37· | | |
| 899 | | 38 | 38· | 39 | 39· | 40 | 40· | 40 | 41· | 41 | 42· | | |
| **900** | | 42 | 43· | 43 | 44· | 44 | 45̄· | 45̇ | 46· | 46 | 47· | | |
| N | | 0 | 1 | 2 | 3 | 4 | 5 | 6 | 7 | 8 | 9 | D | P |

92 . . bis 95 . .

24

# 9000 . . . 9509

| N | | 0 | 1 | 2 | 3 | 4 | 5 | 6 | 7 | 8 | 9 | D | P |
|---|---|---|---|---|---|---|---|---|---|---|---|---|---|
| **900** | 95 | 42 | 43· | 43 | 44· | 44 | 45̄· | 45̇ | 46· | 46 | 47· | | |
| 901 | | 47 | 48 | 48· | 49 | 49· | 5̄0 | 5̇0· | 51 | 51· | 52 | | |
| 902 | | 52· | 53 | 53· | 54 | 54· | 54 | 55̄· | 55̇ | 56· | 56 | | |
| 903 | | 57· | 57 | 58· | 58 | 59· | 59 | 60· | 60 | 61 | 61· | | |
| 904 | | 62 | 62· | 63 | 63· | 64 | 64· | 65̄ | 65̇· | 66 | 66· | | |
| 905 | | 66 | 67· | 67 | 68· | 68 | 69· | 69 | 70· | 70 | 71· | | |
| 906 | | 71 | 72· | 72 | 73 | 73· | 74 | 74· | 75̄ | 75̇· | 76 | | |
| 907 | | 76· | 77 | 77· | 78 | 78· | 78 | 79· | 79 | 80· | 80 | | |
| 908 | | 81· | 81 | 82· | 82 | 83· | 83 | 84 | 84· | 85̄ | 85̇· | | |
| 909 | | 86 | 86· | 87 | 87· | 88 | 88· | 89 | 89· | 89 | 90· | | |
| **910** | | 90 | 91· | 91 | 92· | 92 | 93· | 93 | 94 | 94· | 95̄ | | |
| 911 | | 95̇· | 96 | 96· | 97 | 97· | 98 | 98· | 99 | 99· | 99 | | |
| 912 | 96 | 00· | 00 | 01· | 01 | 02· | 02 | 03· | 03 | 04 | 04· | | |
| 913 | | 05̄ | 05̇· | 06 | 06· | 07 | 07· | 08 | 08· | 09 | 09· | | |
| 914 | | 09 | 10· | 10 | 11· | 11 | 12· | 12 | 13· | 13 | 14 | | |
| 915 | | 14· | 15̄ | 15̇· | 16 | 16· | 17 | 17· | 18 | 18· | 18 | | |
| 916 | | 19· | 19 | 20· | 20 | 21· | 21 | 22· | 22 | 23 | 23· | | |
| 917 | | 24 | 24· | 25̄ | 25̇· | 26 | 26· | 27 | 27· | 27 | 28· | | |
| 918 | | 28 | 29· | 29 | 30· | 30 | 31· | 31 | 32 | 32· | 33 | | |
| 919 | | 33· | 34 | 34· | 35̄ | 35̇· | 36 | 36· | 36 | 37· | 37 | | |
| **920** | | 38· | 38 | 39· | 39 | 40· | 40 | 41 | 41· | 42 | 42· | | |
| 921 | | 43 | 43· | 44 | 44· | 44 | 45̄· | 45̇ | 46· | 46 | 47· | | |
| 922 | | 47 | 48· | 48 | 49 | 49· | 5̄0 | 5̇0· | 51 | 51· | 52 | | |
| 923 | | 52· | 52 | 53· | 53 | 54· | 54 | 55̄· | 55̇ | 56· | 56 | | |
| 924 | | 57 | 57· | 58 | 58· | 59 | 59· | 60 | 60· | 60 | 61· | | |
| 925 | | 61 | 62· | 62 | 63· | 63 | 64 | 64· | 65̄ | 65̇· | 66 | 1\|0 | |
| 926 | | 66· | 67 | 67· | 68 | 68· | 68 | 69· | 69 | 70· | 70 | | |
| 927 | | 71· | 71 | 72 | 72· | 73 | 73· | 74 | 74· | 75̄ | 75̇· | | |
| 928 | | 75̇ | 76· | 76 | 77· | 77 | 78· | 78 | 79 | 79· | 80 | | |
| 929 | | 80· | 81 | 81· | 82 | 82· | 82 | 83· | 83 | 84· | 84 | | |
| **930** | | 85̄· | 85̇ | 86 | 86· | 87 | 87· | 88 | 88· | 89 | 89· | | |
| 931 | | 89 | 90· | 90 | 91· | 91 | 92· | 92 | 93 | 93· | 94 | | |
| 932 | | 94· | 95̄ | 95̇· | 96 | 96· | 96 | 97· | 97 | 98· | 98 | | |
| 933 | | 99· | 99 | *00 | *00· | *01 | *01· | *02 | *02· | *03 | *03· | | |
| 934 | 97 | 03 | 04· | 04 | 05̄· | 05̇ | 06· | 06 | 07 | 07· | 08 | | |
| 935 | | 08· | 09 | 09· | 10 | 10· | 10 | 11· | 11 | 12· | 12 | | |
| 936 | | 13 | 13· | 14 | 14· | 15̄ | 15̇· | 16 | 16· | 16 | 17· | | |
| 937 | | 17 | 18· | 18 | 19· | 19 | 20 | 20· | 21 | 21· | 22 | | |
| 938 | | 22· | 22 | 23· | 23 | 24· | 24 | 25̄· | 25̇ | 26 | 26· | | |
| 939 | | 27 | 27· | 28 | 28· | 29 | 29· | 29 | 30· | 30 | 31· | | |
| **940** | | 31 | 32 | 32· | 33 | 33· | 34 | 34· | 35̄ | 35̇· | 35̇ | | |
| 941 | | 36· | 36 | 37· | 37 | 38 | 38· | 39 | 39· | 40 | 40· | | |
| 942 | | 41 | 41· | 41 | 42· | 42 | 43· | 43 | 44 | 44· | 45̄ | | |
| 943 | | 45̇· | 46 | 46· | 46 | 47· | 47 | 48· | 48 | 49· | 49 | | |
| 944 | | 5̄0 | 5̇0· | 51 | 51· | 52 | 52· | 52 | 53· | 53 | 54· | | |
| 945 | | 54 | 55̄· | 55̇ | 56 | 56· | 57 | 57· | 58 | 58· | 58 | | |
| 946 | | 59· | 59 | 60· | 60 | 61 | 61· | 62 | 62· | 63 | 63· | | |
| 947 | | 63 | 64· | 64 | 65̄· | 65̇ | 66· | 66 | 67 | 67· | 68 | | |
| 948 | | 68· | 69 | 69· | 69 | 70· | 70 | 71· | 71 | 72 | 72· | | |
| 949 | | 73 | 73· | 74 | 74· | 74 | 75̄· | 75̇ | 76 | 76· | 77· | | |
| **950** | | 77 | 78 | 78· | 79 | 79· | 80 | 80· | 80 | 81· | 81 | | |
| N | | 0 | 1 | 2 | 3 | 4 | 5 | 6 | 7 | 8 | 9 | D | P |

| N | | 0 | 1 | 2 | 3 | 4 | 5 | 6 | 7 | 8 | 9 | D | P |
|---|---|---|---|---|---|---|---|---|---|---|---|---|---|
| **950** | 97 | 77 | 78 | 78· | 79 | 79· | 80 | 80· | 80 | 81· | 81 | | |
| 951 | | 82· | 82 | 83 | 83· | 84 | 84· | 85̄ | 85̣· | 85̣ | 86· | | |
| 952 | | 86 | 87· | 87 | 88 | 88· | 89 | 89· | 90 | 90· | 90 | | |
| 953 | | 91· | 91 | 92· | 92 | 93 | 93· | 94 | 94· | 95̄ | 95̣· | | |
| 954 | | 95̣ | 96· | 96 | 97· | 97 | 98 | 98· | 99 | 99· | *00 | | |
| 955 | 98 | 00· | 00 | 01· | 01 | 02· | 02 | 03 | 03· | 04 | 04· | | |
| 956 | | 05̄ | 05̣· | 05̣ | 06· | 06 | 07· | 07 | 08 | 08· | 09 | | |
| 957 | | 09· | 10 | 10· | 10 | 11· | 11 | 12· | 12 | 13 | 13· | | |
| 958 | | 14 | 14· | 15̄ | 15̣· | 15̣ | 16· | 16 | 17· | 17 | 18 | | |
| 959 | | 18· | 19 | 19· | 20 | 20· | 20 | 21· | 21 | 22· | 22 | | |
| **960** | | 23 | 23· | 24 | 24· | 25̄ | 25̄· | 25̣ | 26· | 26 | 27· | | |
| 961 | | 27 | 28 | 28· | 29 | 29· | 29 | 30· | 30 | 31· | 31 | | |
| 962 | | 32 | 32· | 33 | 33· | 34 | 34· | 34 | 35̄· | 35̣ | 36· | | |
| 963 | | 36 | 37 | 37· | 38 | 38· | 39 | 39· | 39 | 40· | 40 | | |
| 964 | | 41 | 41· | 42 | 42· | 43 | 43· | 43 | 44· | 44 | 45̄· | | |
| 965 | | 45̣ | 46 | 46· | 47 | 47· | 48 | 48· | 48 | 49· | 49 | | |
| 966 | | 50 | 50· | 51 | 51· | 52 | 52· | 52 | 53· | 53 | 54· | | |
| 967 | | 54 | 55̄ | 55̣· | 56 | 56· | 57 | 57· | 57 | 58· | 58 | | |
| 968 | | 59 | 59· | 60 | 60· | 61 | 61· | 61 | 62· | 62 | 63· | | |
| 969 | | 63 | 64 | 64· | 65̄ | 65̣· | 65̣ | 66· | 66 | 67· | 67 | | |
| **970** | | 68 | 68· | 69 | 69· | 70 | 70· | 70 | 71· | 71 | 72 | | |
| 971 | | 72· | 73 | 73· | 74 | 74· | 74 | 75̄· | 75̣ | 76 | 76· | | |
| 972 | | 77 | 77· | 78 | 78· | 78 | 79· | 79 | 80· | 80 | 81 | | |
| 973 | | 81· | 82 | 82· | 82 | 83· | 83 | 84· | 84 | 85̄ | 85̣· | | |
| 974 | | 86 | 86· | 86 | 87· | 87 | 88· | 88 | 89 | 89· | 90 | | |
| 975 | | 90· | 90 | 91· | 91 | 92· | 92 | 93 | 93· | 94 | 94· | 1\|0 | |
| 976 | | 94 | 95̄· | 95̣ | 96· | 96 | 97 | 97· | 98 | 98· | 99 | | |
| 977 | | 99· | 99 | *00· | *00 | *01 | *01· | *02 | *02· | *03 | *03· | | |
| 978 | 99 | 03 | 04· | 04 | 05̄ | 05̣· | 06 | 06· | 06 | 07· | 07 | | |
| 979 | | 08· | 08 | 09 | 09· | 10 | 10· | 10 | 11· | 11 | 12· | | |
| **980** | | 12 | 13 | 13· | 14 | 14· | 14 | 15̄· | 15̣ | 16· | 16 | | |
| 981 | | 17 | 17· | 18 | 18· | 18 | 19· | 19 | 20· | 20 | 21 | | |
| 982 | | 21· | 22 | 22· | 22 | 23· | 23 | 24 | 24· | 25̄ | 25̣· | | |
| 983 | | 26 | 26· | 26 | 27· | 27 | 28 | 28· | 29 | 29· | 30 | | |
| 984 | | 30· | 30 | 31· | 31 | 32 | 32· | 33 | 33· | 33 | 34· | | |
| 985 | | 34 | 35̄· | 35̣ | 36 | 36· | 37 | 37· | 37 | 38· | 38 | | |
| 986 | | 39 | 39· | 40 | 40· | 41 | 41· | 41 | 42· | 42 | 43 | | |
| 987 | | 43· | 44 | 44· | 44 | 45̄· | 45̣ | 46· | 46 | 47 | 47· | | |
| 988 | | 48 | 48· | 48 | 49· | 49 | 50 | 50· | 51 | 51· | 52 | | |
| 989 | | 52· | 52 | 53· | 53 | 54 | 54· | 55̄ | 55̣· | 55̣ | 56· | | |
| **990** | | 56 | 57· | 57 | 58 | 58· | 59 | 59· | 59 | 60· | 60 | | |
| 991 | | 61 | 61· | 62 | 62· | 62 | 63· | 63 | 64· | 64 | 65̄ | | |
| 992 | | 65̣· | 66 | 66· | 66 | 67· | 67 | 68 | 68· | 69 | 69· | | |
| 993 | | 69 | 70· | 70 | 71· | 71 | 72 | 72· | 73 | 73· | 73 | | |
| 994 | | 74· | 74 | 75̄ | 75̣· | 76 | 76· | 76 | 77· | 77 | 78· | | |
| 995 | | 78 | 79 | 79· | 80 | 80· | 80 | 81· | 81 | 82 | 82· | | |
| 996 | | 83 | 83· | 83 | 84· | 84 | 85̄ | 85̣· | 86 | 86· | 87 | | |
| 997 | | 87· | 87 | 88· | 88 | 89 | 89· | 90 | 90· | 90 | 91· | | |
| 998 | | 91 | 92 | 92· | 93 | 93· | 93 | 94· | 94 | 95̄· | 95̣ | | |
| 999 | | 96 | 96· | 97 | 97· | 97 | 98· | 98 | 99 | 99· | *00 | | |
| **1000** | 00 | 00· | 00 | 01· | 01 | 02 | 02· | 03 | 03· | 03 | 04· | | |
| N | | 0 | 1 | 2 | 3 | 4 | 5 | 6 | 7 | 8 | 9 | D | P |

## 42. Sechsstellige Logarithmen der Zinsfaktoren

($p = 0{,}1\,\% \ldots 20{,}2\,\%$)

| $q = 1 + \frac{p}{100}$ | 0 | 1 | 2 | 3 | 4 | 5 | 6 | 7 | 8 | 9 |
|---|---|---|---|---|---|---|---|---|---|---|
| **1,00** | 00 0000 | 0434 | 0868 | 1301 | 1734 | 2166 | 2598 | 3030 | 3461 | 3891 |
| **1,01** | 00 4321 | 4751 | 5181 | 5609 | 6038 | 6466 | 6894 | 7321 | 7748 | 8174 |
| **1,02** | 8600 | 9026 | 9451 | 9876 | *0300 | *0724 | *1147 | *1570 | *1993 | *2415 |
| **1,03** | 01 2837 | 3259 | 3680 | 4100 | 4521 | 4941 | 5360 | 5779 | 6197 | 6616 |
| **1,04** | 7033 | 7451 | 7868 | 8284 | 8701 | 9116 | 9532 | 9947 | *0361 | *0776 |
| **1,05** | 02 1189 | 1603 | 2016 | 2428 | 2841 | 3253 | 3664 | 4075 | 4486 | 4896 |
| **1,06** | 5306 | 5715 | 6125 | 6533 | 6942 | 7350 | 7757 | 8164 | 8571 | 8978 |
| **1,07** | 9384 | 9789 | *0195 | *0600 | *1004 | *1409 | *1812 | *2216 | *2619 | *3021 |
| **1,08** | 03 3424 | 3826 | 4227 | 4629 | 5029 | 5430 | 5830 | 6230 | 6629 | 7028 |
| **1,09** | 7427 | 7825 | 8223 | 8620 | 9018 | 9414 | 9811 | *0207 | *0602 | *0998 |
| **1,10** | 04 1393 | 1787 | 2182 | 2576 | 2969 | 3362 | 3755 | 4148 | 4540 | 4932 |
| **1,11** | 04 5323 | 5714 | 6105 | 6495 | 6885 | 7275 | 7664 | 8053 | 8442 | 8830 |
| **1,12** | 9218 | 9606 | 9993 | *0380 | *0766 | *1153 | *1538 | *1924 | *2309 | *2694 |
| **1,13** | 05 3078 | 3463 | 3846 | 4230 | 4613 | 4996 | 5378 | 5760 | 6142 | 6524 |
| **1,14** | 6905 | 7286 | 7666 | 8046 | 8426 | 8805 | 9185 | 9563 | 9942 | *0320 |
| **1,15** | 06 0698 | 1075 | 1452 | 1829 | 2206 | 2582 | 2958 | 3333 | 3709 | 4083 |
| **1,16** | 4458 | 4832 | 5206 | 5580 | 5953 | 6326 | 6699 | 7071 | 7443 | 7815 |
| **1,17** | 8186 | 8557 | 8928 | 9298 | 9668 | *0038 | *0407 | *0776 | *1145 | *1514 |
| **1,18** | 07 1882 | 2250 | 2617 | 2985 | 3352 | 3718 | 4085 | 4451 | 4816 | 5182 |
| **1,19** | 5547 | 5912 | 6276 | 6640 | 7004 | 7368 | 7731 | 8094 | 8457 | 8819 |
| **1,20** | 9181 | 9543 | 9904 | – | – | – | – | – | – | – |
| | 0 | 1 | 2 | 3 | 4 | 5 | 6 | 7 | 8 | 9 |

### Rechnen mit Zinsfaktoren

**Beispiel:** $p = 7{,}9\,\%$

a) Bestimmen des Zinsfaktors:
$q = 1{,}079$

b) Aufsuchen des Logarithmus:
$\lg q = 0{,}033\,021$

## Logarithmen der trigonometrischen Funktionen[1]



| ′ | lg sin | D | lg tan | D | lg cot | lg cos | |
|---|---|---|---|---|---|---|---|
| 0 | −∞ | | −∞ | | ∞ | 10,0000 | 60 |
| 1 | 6,4637 | 3011 | 6,4637 | 3011 | 3,5363 | 10,0000 | 59 |
| 2 | 6,7648 | 1760 | 6,7648 | 1760 | 3,2352 | 10,0000 | 58 |
| 3 | 6,9408 | 1250 | 6,9408 | 1250 | 3,0592 | 10,0000 | 57 |
| 4 | 7,0658 | 969 | 7,0658 | 969 | 2,9342 | 10,0000 | 56 |
| 5 | 7,1627 | 792 | 7,1627 | 792 | 2,8373 | 10,0000 | 55 |
| 6 | 7,2419 | 669 | 7,2419 | 669 | 2,7581 | 10,0000 | 54 |
| 7 | 7,3088 | 580 | 7,3088 | 580 | 2,6912 | 10,0000 | 53 |
| 8 | 7,3668 | 512 | 7,3668 | 512 | 2,6332 | 10,0000 | 52 |
| 9 | 7,4180 | 457 | 7,4180 | 457 | 2,5820 | 10,0000 | 51 |
| 10 | 7,4637 | 414 | 7,4637 | 414 | 2,5363 | 10,0000 | 50 |
| 11 | 7,5051 | 378 | 7,5051 | 378 | 2,4949 | 10,0000 | 49 |
| 12 | 7,5429 | 348 | 7,5429 | 348 | 2,4571 | 10,0000 | 48 |
| 13 | 7,5777 | 322 | 7,5777 | 322 | 2,4223 | 10,0000 | 47 |
| 14 | 7,6099 | 299 | 7,6099 | 299 | 2,3901 | 10,0000 | 46 |
| 15 | 7,6398 | 280 | 7,6398 | 280 | 2,3602 | 10,0000 | 45 |
| 16 | 7,6678 | 264 | 7,6678 | 264 | 2,3322 | 10,0000 | 44 |
| 17 | 7,6942 | 248 | 7,6942 | 248 | 2,3058 | 10,0000 | 43 |
| 18 | 7,7190 | 235 | 7,7190 | 235 | 2,2810 | 10,0000 | 42 |
| 19 | 7,742$\bar{5}$ | 223 | 7,742$\bar{5}$ | 223 | 2,257$\dot{5}$ | 10,0000 | 41 |
| 20 | 7,7648 | 211 | 7,7648 | 212 | 2,2352 | 10,0000 | 40 |
| 21 | 7,7859 | 202 | 7,7860 | 202 | 2,2140 | 10,0000 | 39 |
| 22 | 7,8061 | 194 | 7,8062 | 193 | 2,1938 | 10,0000 | 38 |
| 23 | 7,825$\bar{5}$ | 184 | 7,825$\bar{5}$ | 184 | 2,174$\dot{5}$ | 10,0000 | 37 |
| 24 | 7,8439 | 178 | 7,8439 | 178 | 2,1561 | 10,0000 | 36 |
| 25 | 7,8617 | 170 | 7,8617 | 170 | 2,1383 | 10,0000 | 35 |
| 26 | 7,8787 | 164 | 7,8787 | 164 | 2,1213 | 10,0000 | 34 |
| 27 | 7,8951 | 158 | 7,8951 | 158 | 2,1049 | 10,0000 | 33 |
| 28 | 7,9109 | 152 | 7,9109 | 152 | 2,0891 | 10,0000 | 32 |
| 29 | 7,9261 | 147 | 7,9261 | 148 | 2,0739 | 10,0000 | 31 |
| 30 | 7,9408 | 143 | 7,9409 | 142 | 2,0591 | 10,0000 | 30 |
| 31 | 7,9551 | 138 | 7,9551 | 138 | 2,0449 | 10,0000 | 29 |
| 32 | 7,9689 | 133 | 7,9689 | 134 | 2,0311 | 10,0000 | 28 |
| 33 | 7,9822 | 130 | 7,9823 | 129 | 2,0177 | 10,0000 | 27 |
| 34 | 7,9952 | 126 | 7,9952 | 126 | 2,0048 | 10,0000 | 26 |
| 35 | 8,0078 | 122 | 8,0078 | 122 | 1,9922 | 10,0000 | 25 |
| 36 | 8,0200 | 119 | 8,0200 | 119 | 1,9800 | 10,0000 | 24 |
| 37 | 8,0319 | 116 | 8,0319 | 116 | 1,9681 | 10,0000 | 23 |
| 38 | 8,043$\dot{5}$ | 113 | 8,043$\dot{5}$ | 113 | 1,956$\bar{5}$ | 10,0000 | 22 |
| 39 | 8,0548 | 110 | 8,0548 | 110 | 1,9452 | 10,0000 | 21 |
| 40 | 8,0658 | 107 | 8,0658 | 107 | 1,9342 | 10,0000 | 20 |
| 41 | 8,076$\bar{5}$ | 105 | 8,076$\dot{5}$ | 105 | 1,923$\bar{5}$ | 10,0000 | 19 |
| 42 | 8,0870 | 102 | 8,0870 | 102 | 1,9130 | 10,0000 | 18 |
| 43 | 8,0972 | 100 | 8,0972 | 100 | 1,9028 | 10,0000 | 17 |
| 44 | 8,1072 | 97 | 8,1072 | 98 | 1,8928 | 10,0000 | 16 |
| 45 | 8,1169 | 96 | 8,1170 | 95 | 1,8830 | 10,0000 | 15 |
| 46 | 8,126$\bar{5}$ | 93 | 8,126$\dot{5}$ | 94 | 1,873$\bar{5}$ | 10,0000 | 14 |
| 47 | 8,1358 | 92 | 8,1359 | 91 | 1,8641 | 10,0000 | 13 |
| 48 | 8,14$\bar{5}$0 | 89 | 8,14$\bar{5}$0 | 90 | 1,85$\dot{5}$0 | 10,0000 | 12 |
| 49 | 8,1539 | 88 | 8,1540 | 87 | 1,8460 | 10,0000 | 11 |
| 50 | 8,1627 | 86 | 8,1627 | 86 | 1,8373 | 10,0000 | 10 |
| 51 | 8,1713 | 84 | 8,1713 | 85 | 1,8287 | 10,0000 | 9 |
| 52 | 8,1797 | 83 | 8,1798 | 82 | 1,8202 | 10,0000 | 8 |
| 53 | 8,1880 | 81 | 8,1880 | 82 | 1,8120 | 9,9999 | 7 |
| 54 | 8,1961 | 80 | 8,1962 | 79 | 1,8038 | 9,9999 | 6 |
| 55 | 8,2041 | 78 | 8,2041 | 79 | 1,7959 | 9,9999 | 5 |
| 56 | 8,2119 | 77 | 8,2120 | 76 | 1,7880 | 9,9999 | 4 |
| 57 | 8,2196 | 75 | 8,2196 | 76 | 1,7804 | 9,9999 | 3 |
| 58 | 8,2271 | 75 | 8,2272 | 74 | 1,7728 | 9,9999 | 2 |
| 59 | 8,2346 | 73 | 8,2346 | 73 | 1,7654 | 9,9999 | 1 |
| 60 | 8,2419 | | 8,2419 | | 1,7581 | 9,9999 | 0 |
| | lg cos | D | lg cot | D | lg tan | lg sin | ′ |

**P**

| | | | | | |
|---|---|---|---|---|---|
| | 107 | 105 | 102 | 100 | 98 |
| 1 | 10,7 | 10,5 | 10,2 | 10,0 | 9,8 |
| 2 | 21,4 | 21,0 | 20,4 | 20,0 | 19,6 |
| 3 | 32,1 | 31,5 | 30,6 | 30,0 | 29,4 |
| 4 | 42,8 | 42,0 | 40,8 | 40,0 | 39,2 |
| 5 | 53,5 | 52,5 | 51,0 | 50,0 | 49,0 |
| 6 | 64,2 | 63,0 | 61,2 | 60,0 | 58,8 |
| 7 | 74,9 | 73,5 | 71,4 | 70,0 | 68,6 |
| 8 | 85,6 | 84,0 | 81,6 | 80,0 | 78,4 |
| 9 | 96,3 | 94,5 | 91,8 | 90,0 | 88,2 |
| | 97 | 96 | 95 | 94 | 93 |
| 1 | 9,7 | 9,6 | 9,5 | 9,4 | 9,3 |
| 2 | 19,4 | 19,2 | 19,0 | 18,8 | 18,6 |
| 3 | 29,1 | 28,8 | 28,5 | 28,2 | 27,9 |
| 4 | 38,8 | 38,4 | 38,0 | 37,6 | 37,2 |
| 5 | 48,5 | 48,0 | 47,5 | 47,0 | 46,5 |
| 6 | 58,2 | 57,6 | 57,0 | 56,4 | 55,8 |
| 7 | 67,9 | 67,2 | 66,5 | 65,8 | 65,1 |
| 8 | 77,6 | 76,8 | 76,0 | 75,2 | 74,4 |
| 9 | 87,3 | 86,4 | 85,5 | 84,6 | 83,7 |
| | 92 | 91 | 90 | 89 | 88 |
| 1 | 9,2 | 9,1 | 9,0 | 8,9 | 8,8 |
| 2 | 18,4 | 18,2 | 18,0 | 17,8 | 17,6 |
| 3 | 27,6 | 27,3 | 27,0 | 26,7 | 26,4 |
| 4 | 36,8 | 36,4 | 36,0 | 35,6 | 35,2 |
| 5 | 46,0 | 45,5 | 45,0 | 44,5 | 44,0 |
| 6 | 55,2 | 54,6 | 54,0 | 53,4 | 52,8 |
| 7 | 64,4 | 63,7 | 63,0 | 62,3 | 61,6 |
| 8 | 73,6 | 72,8 | 72,0 | 71,2 | 70,4 |
| 9 | 82,8 | 81,9 | 81,0 | 80,1 | 79,2 |
| | 87 | 86 | 85 | 84 | 83 |
| 1 | 8,7 | 8,6 | 8,5 | 8,4 | 8,3 |
| 2 | 17,4 | 17,2 | 17,0 | 16,8 | 16,6 |
| 3 | 26,1 | 25,8 | 25,5 | 25,2 | 24,9 |
| 4 | 34,8 | 34,4 | 34,0 | 33,6 | 33,2 |
| 5 | 43,5 | 43,0 | 42,5 | 42,0 | 41,5 |
| 6 | 52,2 | 51,6 | 51,0 | 50,4 | 49,8 |
| 7 | 60,9 | 60,2 | 59,5 | 58,8 | 58,1 |
| 8 | 69,6 | 68,8 | 68,0 | 67,2 | 66,4 |
| 9 | 78,3 | 77,4 | 76,5 | 75,6 | 74,7 |
| | 82 | 81 | 80 | 79 | 78 |
| 1 | 8,2 | 8,1 | 8,0 | 7,9 | 7,8 |
| 2 | 16,4 | 16,2 | 16,0 | 15,8 | 15,6 |
| 3 | 24,6 | 24,3 | 24,0 | 23,7 | 23,4 |
| 4 | 32,8 | 32,4 | 32,0 | 31,6 | 31,2 |
| 5 | 41,0 | 40,5 | 40,0 | 39,5 | 39,0 |
| 6 | 49,2 | 48,6 | 48,0 | 47,4 | 46,8 |
| 7 | 57,4 | 56,7 | 56,0 | 55,3 | 54,6 |
| 8 | 65,6 | 64,8 | 64,0 | 63,2 | 62,4 |
| 9 | 73,8 | 72,9 | 72,0 | 71,1 | 70,2 |
| | 77 | 76 | 75 | 74 | 73 |
| 1 | 7,7 | 7,6 | 7,5 | 7,4 | 7,3 |
| 2 | 15,4 | 15,2 | 15,0 | 14,8 | 14,6 |
| 3 | 23,1 | 22,8 | 22,5 | 22,2 | 21,9 |
| 4 | 30,8 | 30,4 | 30,0 | 29,6 | 29,2 |
| 5 | 38,5 | 38,0 | 37,5 | 37,0 | 36,5 |
| 6 | 46,2 | 45,6 | 45,0 | 44,4 | 43,8 |
| 7 | 53,9 | 53,2 | 52,5 | 51,8 | 51,1 |
| 8 | 61,6 | 60,8 | 60,0 | 59,2 | 58,4 |
| 9 | 69,3 | 68,4 | 67,5 | 66,6 | 65,7 |

[1] Allen Logarithmen ist die Kennzahl −10 anzuhängen.

89°

| ′ | lg sin | D | lg tan | D | lg cot | lg cos | |
|---|---|---|---|---|---|---|---|
| 0 | 8,2419 | 71 | 8,2419 | 72 | 1,7581 | 9,9999 | 60 |
| 1 | 8,2490 | 71 | 8,2491 | 71 | 1,7509 | 9,9999 | 59 |
| 2 | 8,2561 | 69 | 8,2562 | 69 | 1,7438 | 9,9999 | 58 |
| 3 | 8,2630 | 69 | 8,2631 | 69 | 1,7369 | 9,9999 | 57 |
| 4 | 8,2699 | 67 | 8,2700 | 67 | 1,7300 | 9,9999 | 56 |
| 5 | 8,2766 | 66 | 8,2767 | 66 | 1,7233 | 9,9999 | 55 |
| 6 | 8,2832 | 66 | 8,2833 | 66 | 1,7167 | 9,9999 | 54 |
| 7 | 8,2898 | 64 | 8,2899 | 64 | 1,7101 | 9,9999 | 53 |
| 8 | 8,2962 | 63 | 8,2963 | 63 | 1,7037 | 9,9999 | 52 |
| 9 | 8,3025̇ | 63 | 8,3026 | 63 | 1,6974 | 9,9999 | 51 |
| 10 | 8,3088 | 62 | 8,3089 | 61 | 1,6911 | 9,9999 | 50 |
| 11 | 8,3150 | 60 | 8,3150̇ | 61 | 1,6850̄ | 9,9999 | 49 |
| 12 | 8,3210 | 60 | 8,3211 | 60 | 1,6789 | 9,9999 | 48 |
| 13 | 8,3270 | 59 | 8,3271 | 59 | 1,6729 | 9,9999 | 47 |
| 14 | 8,3329 | 59 | 8,3330 | 59 | 1,6670 | 9,9999· | 46 |
| 15 | 8,3388 | 57 | 8,3389 | 57 | 1,6611 | 9,9999 | 45 |
| 16 | 8,3445̇ | 57 | 8,3446 | 57 | 1,6554 | 9,9999 | 44 |
| 17 | 8,3502 | 56 | 8,3503 | 56 | 1,6497 | 9,9999 | 43 |
| 18 | 8,3558 | 55 | 8,3559 | 55 | 1,6441 | 9,9999 | 42 |
| 19 | 8,3613 | 55 | 8,3614 | 55 | 1,6386 | 9,9999 | 41 |
| 20 | 8,3668 | 54 | 8,3669 | 54 | 1,6331 | 9,9999 | 40 |
| 21 | 8,3722 | 53 | 8,3723 | 53 | 1,6277 | 9,9999 | 39 |
| 22 | 8,3775̄ | 53 | 8,3776 | 53 | 1,6224 | 9,9999 | 38 |
| 23 | 8,3828 | 52 | 8,3829 | 52 | 1,6171 | 9,9999 | 37 |
| 24 | 8,3880 | 51 | 8,3881 | 51 | 1,6119 | 9,9999 | 36 |
| 25 | 8,3931 | 51 | 8,3932 | 51 | 1,6068 | 9,9999 | 35 |
| 26 | 8,3982 | 50 | 8,3983 | 50 | 1,6017 | 9,9999 | 34 |
| 27 | 8,4032 | 50 | 8,4033 | 50 | 1,5967 | 9,9999 | 33 |
| 28 | 8,4082 | 49 | 8,4083 | 49 | 1,5917 | 9,9999 | 32 |
| 29 | 8,4131 | 48 | 8,4132 | 49 | 1,5868 | 9,9999 | 31 |
| 30 | 8,4179 | 48 | 8,4181 | 48 | 1,5819 | 9,9999 | 30 |
| 31 | 8,4227 | 48 | 8,4229 | 47 | 1,5771 | 9,9998 | 29 |
| 32 | 8,4275̄ | 47 | 8,4276 | 47 | 1,5724 | 9,9998 | 28 |
| 33 | 8,4322 | 46 | 8,4323 | 47 | 1,5677 | 9,9998 | 27 |
| 34 | 8,4368 | 46 | 8,4370 | 46 | 1,5630 | 9,9998 | 26 |
| 35 | 8,4414 | 45 | 8,4416 | 45 | 1,5584 | 9,9998 | 25 |
| 36 | 8,4459 | 45 | 8,4461 | 45 | 1,5539 | 9,9998 | 24 |
| 37 | 8,4504 | 45 | 8,4506 | 45 | 1,5494 | 9,9998 | 23 |
| 38 | 8,4549 | 44 | 8,4551 | 44 | 1,5449 | 9,9998 | 22 |
| 39 | 8,4593 | 44 | 8,4595̄ | 43 | 1,5405̇ | 9,9998 | 21 |
| 40 | 8,4637 | 43 | 8,4638 | 44 | 1,5362 | 9,9998 | 20 |
| 41 | 8,4680 | 43 | 8,4682 | 43 | 1,5318 | 9,9998 | 19 |
| 42 | 8,4723 | 42 | 8,4725̄ | 42 | 1,5275̇ | 9,9998 | 18 |
| 43 | 8,4765̄ | 42 | 8,4767 | 42 | 1,5233 | 9,9998 | 17 |
| 44 | 8,4807 | 41 | 8,4809 | 42 | 1,5191 | 9,9998· | 16 |
| 45 | 8,4848 | 42 | 8,4851 | 41 | 1,5149 | 9,9998 | 15 |
| 46 | 8,4890 | 40 | 8,4892 | 41 | 1,5108 | 9,9998 | 14 |
| 47 | 8,4930 | 41 | 8,4933 | 40 | 1,5067 | 9,9998 | 13 |
| 48 | 8,4971 | 40 | 8,4973 | 40 | 1,5027 | 9,9998 | 12 |
| 49 | 8,5011 | 39 | 8,5013 | 40 | 1,4987 | 9,9998 | 11 |
| 50 | 8,5050̇ | 40 | 8,5053 | 39 | 1,4947 | 9,9998 | 10 |
| 51 | 8,5090 | 39 | 8,5092 | 39 | 1,4908 | 9,9998 | 9 |
| 52 | 8,5129 | 38 | 8,5131 | 39 | 1,4869 | 9,9998 | 8 |
| 53 | 8,5167 | 39 | 8,5170 | 38 | 1,4830 | 9,9998 | 7 |
| 54 | 8,5206 | 37 | 8,5208 | 38 | 1,4792 | 9,9998 | 6 |
| 55 | 8,5243 | 38 | 8,5246 | 37 | 1,4754 | 9,9998 | 5 |
| 56 | 8,5281 | 37 | 8,5283 | 38 | 1,4717 | 9,9998 | 4 |
| 57 | 8,5318 | 37 | 8,5321 | 37 | 1,4679 | 9,9997 | 3 |
| 58 | 8,5355̇ | 37 | 8,5358 | 36 | 1,4642 | 9,9997 | 2 |
| 59 | 8,5392 | 36 | 8,5394 | 37 | 1,4606 | 9,9997 | 1 |
| 60 | 8,5428 | | 8,5431 | | 1,4569 | 9,9997 | 0 |
| | lg cos | D | lg cot | D | lg tan | lg sin | ′ |

P

| | 72 | 71 | 69 | 67 | 66 | 64 |
|---|---|---|---|---|---|---|
| 1 | 7,2 | 7,1 | 6,9 | 6,7 | 6,6 | 6,4 |
| 2 | 14,4 | 14,2 | 13,8 | 13,4 | 13,2 | 12,8 |
| 3 | 21,6 | 21,3 | 20,7 | 20,1 | 19,8 | 19,2 |
| 4 | 28,8 | 28,4 | 27,6 | 26,8 | 26,4 | 25,6 |
| 5 | 36,0 | 35,5 | 34,5 | 33,5 | 33,0 | 32,0 |
| 6 | 43,2 | 42,6 | 41,4 | 40,2 | 39,6 | 38,4 |
| 7 | 50,4 | 49,7 | 48,3 | 46,9 | 46,2 | 44,8 |
| 8 | 57,6 | 56,8 | 55,2 | 53,6 | 52,8 | 51,2 |
| 9 | 64,8 | 63,9 | 62,1 | 60,3 | 59,4 | 57,6 |

| | 63 | 62 | 61 | 60 | 59 | 57 |
|---|---|---|---|---|---|---|
| 1 | 6,3 | 6,2 | 6,1 | 6,0 | 5,9 | 5,7 |
| 2 | 12,6 | 12,4 | 12,2 | 12,0 | 11,8 | 11,4 |
| 3 | 18,9 | 18,6 | 18,3 | 18,0 | 17,7 | 17,1 |
| 4 | 25,2 | 24,8 | 24,4 | 24,0 | 23,6 | 22,8 |
| 5 | 31,5 | 31,0 | 30,5 | 30,0 | 29,5 | 28,5 |
| 6 | 37,8 | 37,2 | 36,6 | 36,0 | 35,4 | 34,2 |
| 7 | 44,1 | 43,4 | 42,7 | 42,0 | 41,3 | 39,9 |
| 8 | 50,4 | 49,6 | 48,8 | 48,0 | 47,2 | 45,6 |
| 9 | 56,7 | 55,8 | 54,9 | 54,0 | 53,1 | 51,3 |

| | 56 | 55 | 54 | 53 | 52 | 51 |
|---|---|---|---|---|---|---|
| 1 | 5,6 | 5,5 | 5,4 | 5,3 | 5,2 | 5,1 |
| 2 | 11,2 | 11,0 | 10,8 | 10,6 | 10,4 | 10,2 |
| 3 | 16,8 | 16,5 | 16,2 | 15,9 | 15,6 | 15,3 |
| 4 | 22,4 | 22,0 | 21,6 | 21,2 | 20,8 | 20,4 |
| 5 | 28,0 | 27,5 | 27,0 | 26,5 | 26,0 | 25,5 |
| 6 | 33,6 | 33,0 | 32,4 | 31,8 | 31,2 | 30,6 |
| 7 | 39,2 | 38,5 | 37,8 | 37,1 | 36,4 | 35,7 |
| 8 | 44,8 | 44,0 | 43,2 | 42,4 | 41,6 | 40,8 |
| 9 | 50,4 | 49,5 | 48,6 | 47,7 | 46,8 | 45,9 |

| | 50 | 49 | 48 | 47 | 46 | 45 |
|---|---|---|---|---|---|---|
| 1 | 5,0 | 4,9 | 4,8 | 4,7 | 4,6 | 4,5 |
| 2 | 10,0 | 9,8 | 9,6 | 9,4 | 9,2 | 9,0 |
| 3 | 15,0 | 14,7 | 14,4 | 14,1 | 13,8 | 13,5 |
| 4 | 20,0 | 19,6 | 19,2 | 18,8 | 18,4 | 18,0 |
| 5 | 25,0 | 24,5 | 24,0 | 23,5 | 23,0 | 22,5 |
| 6 | 30,0 | 29,4 | 28,8 | 28,2 | 27,6 | 27,0 |
| 7 | 35,0 | 34,3 | 33,6 | 32,9 | 32,2 | 31,5 |
| 8 | 40,0 | 39,2 | 38,4 | 37,6 | 36,8 | 36,0 |
| 9 | 45,0 | 44,1 | 43,2 | 42,3 | 41,4 | 40,5 |

| | 44 | 43 | 42 | 41 | 40 | 39 |
|---|---|---|---|---|---|---|
| 1 | 4,4 | 4,3 | 4,2 | 4,1 | 4,0 | 3,9 |
| 2 | 8,8 | 8,6 | 8,4 | 8,2 | 8,0 | 7,8 |
| 3 | 13,2 | 12,9 | 12,6 | 12,3 | 12,0 | 11,7 |
| 4 | 17,6 | 17,2 | 16,8 | 16,4 | 16,0 | 15,6 |
| 5 | 22,0 | 21,5 | 21,0 | 20,5 | 20,0 | 19,5 |
| 6 | 26,4 | 25,8 | 25,2 | 24,6 | 24,0 | 23,4 |
| 7 | 30,8 | 30,1 | 29,4 | 28,7 | 28,0 | 27,3 |
| 8 | 35,2 | 34,4 | 33,6 | 32,8 | 32,0 | 31,2 |
| 9 | 39,6 | 38,7 | 37,8 | 36,9 | 36,0 | 35,1 |

| | 38 | 37 | 36 |
|---|---|---|---|
| 1 | 3,8 | 3,7 | 3,6 |
| 2 | 7,6 | 7,4 | 7,2 |
| 3 | 11,4 | 11,1 | 10,8 |
| 4 | 15,2 | 14,8 | 14,4 |
| 5 | 19,0 | 18,5 | 18,0 |
| 6 | 22,8 | 22,2 | 21,6 |
| 7 | 26,6 | 25,9 | 25,2 |
| 8 | 30,4 | 29,6 | 28,8 |
| 9 | 34,2 | 33,3 | 32,4 |

P

88°

## 2°

| ′ | lg sin | D | lg tan | D | lg cot | lg cos | |
|---|---|---|---|---|---|---|---|
| 0 | 8,5428 | | 8,5431 | | 1,4569 | 9,9997 | 60 |
| 1 | 8,5464 | 36 | 8,5467 | 36 | 1,4533 | 9,9997 | 59 |
| 2 | 8,55̄00 | 36 | 8,5503 | 36 | 1,4497 | 9,9997 | 58 |
| 3 | 8,5535̇ | 35 | 8,5538 | 35 | 1,4462 | 9,9997 | 57 |
| 4 | 8,5571 | 36 | 8,5573 | 35 | 1,4427 | 9,9997 | 56 |
| 5 | 8,5605̇ | 34 | 8,5608 | 35 | 1,4392 | 9,9997 | 55 |
| 6 | 8,5640 | 35 | 8,5643 | 35 | 1,4357 | 9,9997 | 54 |
| 7 | 8,5674 | 34 | 8,5677 | 34 | 1,4323 | 9,9997 | 53 |
| 8 | 8,5708 | 34 | 8,5711 | 34 | 1,4289 | 9,9997· | 52 |
| 9 | 8,5742 | 34 | 8,5745̇ | 34 | 1,4255̄ | 9,9997 | 51 |
| 10 | 8,5776 | 34 | 8,5779 | 34 | 1,4221 | 9,9997 | 50 |
| 11 | 8,5809 | 33 | 8,5812 | 33 | 1,4188 | 9,9997 | 49 |
| 12 | 8,5842 | 33 | 8,5845̇ | 33 | 1,4155̄ | 9,9997 | 48 |
| 13 | 8,5875̄ | 33 | 8,5878 | 33 | 1,4122 | 9,9997 | 47 |
| 14 | 8,5907 | 32 | 8,5911 | 33 | 1,4089 | 9,9997 | 46 |
| 15 | 8,5939 | 32 | 8,5943 | 32 | 1,4057 | 9,9997 | 45 |
| 16 | 8,5972 | 33 | 8,5975̄ | 32 | 1,4025̇ | 9,9997 | 44 |
| 17 | 8,6003 | 31 | 8,6007 | 32 | 1,3993 | 9,9997 | 43 |
| 18 | 8,6035̄ | 32 | 8,6038 | 31 | 1,3962 | 9,9996 | 42 |
| 19 | 8,6066 | 31 | 8,6070 | 32 | 1,3930 | 9,9996 | 41 |
| 20 | 8,6097 | 31 | 8,6101 | 31 | 1,3899 | 9,9996 | 40 |
| 21 | 8,6128 | 31 | 8,6132 | 31 | 1,3868 | 9,9996 | 39 |
| 22 | 8,6159 | 31 | 8,6163 | 31 | 1,3837 | 9,9996 | 38 |
| 23 | 8,6189 | 30 | 8,6193 | 30 | 1,3807 | 9,9996 | 37 |
| 24 | 8,6220 | 31 | 8,6223 | 30 | 1,3777 | 9,9996 | 36 |
| 25 | 8,625̄0 | 30 | 8,6254 | 31 | 1,3746 | 9,9996 | 35 |
| 26 | 8,6279 | 29 | 8,6283 | 29 | 1,3717 | 9,9996 | 34 |
| 27 | 8,6309 | 30 | 8,6313 | 30 | 1,3687 | 9,9996 | 33 |
| 28 | 8,6339 | 30 | 8,6343 | 30 | 1,3657 | 9,9996· | 32 |
| 29 | 8,6368 | 29 | 8,6372 | 29 | 1,3628 | 9,9996 | 31 |
| 30 | 8,6397 | 29 | 8,6401 | 29 | 1,3599 | 9,9996 | 30 |
| 31 | 8,6426 | 29 | 8,6430 | 29 | 1,3570 | 9,9996 | 29 |
| 32 | 8,6454 | 28 | 8,6459 | 29 | 1,3541 | 9,9996 | 28 |
| 33 | 8,6483 | 29 | 8,6487 | 28 | 1,3513 | 9,9996 | 27 |
| 34 | 8,6511 | 28 | 8,6515̇ | 28 | 1,3485̄ | 9,9996 | 26 |
| 35 | 8,6539 | 28 | 8,6544 | 29 | 1,3456 | 9,9996 | 25 |
| 36 | 8,6567 | 28 | 8,6571 | 27 | 1,3429 | 9,9996 | 24 |
| 37 | 8,6595̄ | 28 | 8,6599 | 28 | 1,3401 | 9,9995̇ | 23 |
| 38 | 8,6622 | 27 | 8,6627 | 28 | 1,3373 | 9,9995̇ | 22 |
| 39 | 8,665̄0 | 28 | 8,6654 | 27 | 1,3346 | 9,9995̇ | 21 |
| 40 | 8,6677 | 27 | 8,6682 | 28 | 1,3318 | 9,9995̇ | 20 |
| 41 | 8,6704 | 27 | 8,6709 | 27 | 1,3291 | 9,9995̇ | 19 |
| 42 | 8,6731 | 27 | 8,6736 | 27 | 1,3264 | 9,9995̇ | 18 |
| 43 | 8,6758 | 27 | 8,6762 | 26 | 1,3238 | 9,9995̇ | 17 |
| 44 | 8,6784 | 26 | 8,6789 | 27 | 1,3211 | 9,9995̇ | 16 |
| 45 | 8,6810 | 26 | 8,6815̇ | 26 | 1,3185̄ | 9,9995̄· | 15 |
| 46 | 8,6837 | 27 | 8,6842 | 27 | 1,3158 | 9,9995̄ | 14 |
| 47 | 8,6863 | 26 | 8,6868 | 26 | 1,3132 | 9,9995̄ | 13 |
| 48 | 8,6889 | 26 | 8,6894 | 26 | 1,3106 | 9,9995̄ | 12 |
| 49 | 8,6914 | 25 | 8,6920 | 26 | 1,3080 | 9,9995̄ | 11 |
| 50 | 8,6940 | 26 | 8,6945̇ | 25 | 1,3055̄ | 9,9995̄ | 10 |
| 51 | 8,6965̇ | 25 | 8,6971 | 26 | 1,3029 | 9,9995̄ | 9 |
| 52 | 8,6991 | 26 | 8,6996 | 25 | 1,3004 | 9,9995̄ | 8 |
| 53 | 8,7016 | 25 | 8,7021 | 25 | 1,2979 | 9,9994 | 7 |
| 54 | 8,7041 | 25 | 8,7046 | 25 | 1,2954 | 9,9994 | 6 |
| 55 | 8,7066 | 25 | 8,7071 | 25 | 1,2929 | 9,9994 | 5 |
| 56 | 8,7090 | 24 | 8,7096 | 25 | 1,2904 | 9,9994 | 4 |
| 57 | 8,7115̇ | 25 | 8,7121 | 25 | 1,2879 | 9,9994 | 3 |
| 58 | 8,7140 | 25 | 8,7145̇ | 24 | 1,2855̄ | 9,9994 | 2 |
| 59 | 8,7164 | 24 | 8,7170 | 25 | 1,2830 | 9,9994 | 1 |
| 60 | 8,7188 | 24 | 8,7194 | 24 | 1,2806 | 9,9994 | 0 |
| | lg cos | D | lg cot | D | lg tan | lg sin | ′ |

P

| | 36 | 35 | 34 |
|---|---|---|---|
| 1 | 3,6 | 3,5 | 3,4 |
| 2 | 7,2 | 7,0 | 6,8 |
| 3 | 10,8 | 10,5 | 10,2 |
| 4 | 14,4 | 14,0 | 13,6 |
| 5 | 18,0 | 17,5 | 17,0 |
| 6 | 21,6 | 21,0 | 20,4 |
| 7 | 25,2 | 24,5 | 23,8 |
| 8 | 28,8 | 28,0 | 27,2 |
| 9 | 32,4 | 31,5 | 30,6 |

| | 33 | 32 | 31 |
|---|---|---|---|
| 1 | 3,3 | 3,2 | 3,1 |
| 2 | 6,6 | 6,4 | 6,2 |
| 3 | 9,9 | 9,6 | 9,3 |
| 4 | 13,2 | 12,8 | 12,4 |
| 5 | 16,5 | 16,0 | 15,5 |
| 6 | 19,8 | 19,2 | 18,6 |
| 7 | 23,1 | 22,4 | 21,7 |
| 8 | 26,4 | 25,6 | 24,8 |
| 9 | 29,7 | 28,8 | 27,9 |

| | 30 | 29 | 28 |
|---|---|---|---|
| 1 | 3,0 | 2,9 | 2,8 |
| 2 | 6,0 | 5,8 | 5,6 |
| 3 | 9,0 | 8,7 | 8,4 |
| 4 | 12,0 | 11,6 | 11,2 |
| 5 | 15,0 | 14,5 | 14,0 |
| 6 | 18,0 | 17,4 | 16,8 |
| 7 | 21,0 | 20,3 | 19,6 |
| 8 | 24,0 | 23,2 | 22,4 |
| 9 | 27,0 | 26,1 | 25,2 |

| | 27 | 26 | 25 |
|---|---|---|---|
| 1 | 2,7 | 2,6 | 2,5 |
| 2 | 5,4 | 5,2 | 5,0 |
| 3 | 8,1 | 7,8 | 7,5 |
| 4 | 10,8 | 10,4 | 10,0 |
| 5 | 13,5 | 13,0 | 12,5 |
| 6 | 16,2 | 15,6 | 15,0 |
| 7 | 18,9 | 18,2 | 17,5 |
| 8 | 21,6 | 20,8 | 20,0 |
| 9 | 24,3 | 23,4 | 22,5 |

| | 24 |
|---|---|
| 1 | 2,4 |
| 2 | 4,8 |
| 3 | 7,2 |
| 4 | 9,6 |
| 5 | 12,0 |
| 6 | 14,4 |
| 7 | 16,8 |
| 8 | 19,2 |
| 9 | 21,6 |

P

87°

# 3°

| ′ | lg sin | D | lg tan | D | lg cot | lg cos | |
|---|---|---|---|---|---|---|---|
| 0 | 8,7188 | 24 | 8,7194 | 24 | 1,2806 | 9,9994 | 60 |
| 1 | 8,7212 | 24 | 8,7218 | 24 | 1,2782 | 9,9994 | 59 |
| 2 | 8,7236 | 24 | 8,7242 | 24 | 1,2758 | 9,9994 | 58 |
| 3 | 8,7260 | 23 | 8,7266 | 24 | 1,2734 | 9,9994 | 57 |
| 4 | 8,7283 | 24 | 8,7290 | 23 | 1,2710 | 9,9994 | 56 |
| 5 | 8,7307 | 23 | 8,7313 | 24 | 1,2687 | 9,9994 | 55 |
| 6 | 8,7330 | 24 | 8,7337 | 23 | 1,2663 | 9,9994 | 54 |
| 7 | 8,7354 | 23 | 8,7360 | 23 | 1,2640 | 9,9994 | 53 |
| 8 | 8,7377 | 23 | 8,7383 | 23 | 1,2617 | 9,9994 | 52 |
| 9 | 8,7400 | 23 | 8,7406 | 23 | 1,2594 | 9,9993 | 51 |
| 10 | 8,7423 | 22 | 8,7429 | 23 | 1,2571 | 9,9993 | 50 |
| 11 | 8,7445 | 23 | 8,7452 | 23 | 1,2548 | 9,9993 | 49 |
| 12 | 8,7468 | 23 | 8,7475 | 22 | 1,2525 | 9,9993 | 48 |
| 13 | 8,7491 | 22 | 8,7497 | 23 | 1,2503 | 9,9993 | 47 |
| 14 | 8,7513 | 22 | 8,7520 | 22 | 1,2480 | 9,9993 | 46 |
| 15 | 8,7535 | 22 | 8,7542 | 23 | 1,2458 | 9,9993 | 45 |
| 16 | 8,7557 | 23 | 8,7565 | 22 | 1,2435 | 9,9993 | 44 |
| 17 | 8,7580 | 22 | 8,7587 | 22 | 1,2413 | 9,9993 | 43 |
| 18 | 8,7602 | 21 | 8,7609 | 22 | 1,2391 | 9,9993 | 42 |
| 19 | 8,7623 | 22 | 8,7631 | 21 | 1,2369 | 9,9993 | 41 |
| 20 | 8,7645 | 22 | 8,7652 | 22 | 1,2348 | 9,9993 | 40 |
| 21 | 8,7667 | 21 | 8,7674 | 22 | 1,2326 | 9,9993 | 39 |
| 22 | 8,7688 | 22 | 8,7696 | 21 | 1,2304 | 9,9992 | 38 |
| 23 | 8,7710 | 21 | 8,7717 | 22 | 1,2283 | 9,9992 | 37 |
| 24 | 8,7731 | 21 | 8,7739 | 21 | 1,2261 | 9,9992 | 36 |
| 25 | 8,7752 | 21 | 8,7760 | 21 | 1,2240 | 9,9992 | 35 |
| 26 | 8,7773 | 21 | 8,7781 | 21 | 1,2219 | 9,9992 | 34 |
| 27 | 8,7794 | 21 | 8,7802 | 21 | 1,2198 | 9,9992 | 33 |
| 28 | 8,7815 | 21 | 8,7823 | 21 | 1,2177 | 9,9992 | 32 |
| 29 | 8,7836 | 21 | 8,7844 | 21 | 1,2156 | 9,9992 | 31 |
| 30 | 8,7857 | 20 | 8,7865 | 21 | 1,2135 | 9,9992 | 30 |
| 31 | 8,7877 | 21 | 8,7886 | 20 | 1,2114 | 9,9992 | 29 |
| 32 | 8,7898 | 20 | 8,7906 | 21 | 1,2094 | 9,9992 | 28 |
| 33 | 8,7918 | 21 | 8,7927 | 20 | 1.2073 | 9,9992 | 27 |
| 34 | 8,7939 | 20 | 8,7947 | 20 | 1,2053 | 9,9992 | 26 |
| 35 | 8,7959 | 20 | 8,7967 | 21 | 1,2033 | 9,9992 | 25 |
| 36 | 8,7979 | 20 | 8,7988 | 20 | 1,2012 | 9,9991 | 24 |
| 37 | 8,7999 | 20 | 8,8008 | 20 | 1,1992 | 9,9991 | 23 |
| 38 | 8,8019 | 20 | 8,8028 | 20 | 1,1972 | 9,9991 | 22 |
| 39 | 8,8039 | 20 | 8,8048 | 19 | 1,1952 | 9,9991 | 21 |
| 40 | 8,8059 | 19 | 8,8067 | 20 | 1,1933 | 9,9991 | 20 |
| 41 | 8,8078 | 20 | 8,8087 | 20 | 1.1913 | 9,9991 | 19 |
| 42 | 8,8098 | 19 | 8,8107 | 19 | 1,1893 | 9,9991 | 18 |
| 43 | 8,8117 | 20 | 8,8126 | 20 | 1,1874 | 9,9991 | 17 |
| 44 | 8,8137 | 19 | 8,8146 | 19 | 1,1854 | 9,9991 | 16 |
| 45 | 8,8156 | 19 | 8,8165 | 20 | 1,1835 | 9,9991 | 15 |
| 46 | 8,8175 | 19 | 8,8185 | 19 | 1,1815 | 9,9991 | 14 |
| 47 | 8,8194 | 19 | 8,8204 | 19 | 1,1796 | 9,9991 | 13 |
| 48 | 8,8213 | 19 | 8,8223 | 19 | 1,1777 | 9,9990 | 12 |
| 49 | 8,8232 | 19 | 8,8242 | 19 | 1,1758 | 9,9990 | 11 |
| 50 | 8,8251 | 19 | 8,8261 | 19 | 1,1739 | 9,9990 | 10 |
| 51 | 8,8270 | 19 | 8,8280 | 19 | 1.1720 | 9,9990 | 9 |
| 52 | 8,8289 | 18 | 8,8299 | 18 | 1,1701 | 9,9990 | 8 |
| 53 | 8,8307 | 19 | 8,8317 | 19 | 1,1683 | 9,9990 | 7 |
| 54 | 8,8326 | 19 | 8,8336 | 19 | 1,1664 | 9,9990 | 6 |
| 55 | 8,8345 | 18 | 8,8355 | 18 | 1,1645 | 9,9990 | 5 |
| 56 | 8,8363 | 18 | 8,8373 | 19 | 1,1627 | 9,9990 | 4 |
| 57 | 8,8381 | 19 | 8,8392 | 18 | 1,1608 | 9,9990 | 3 |
| 58 | 8,8400 | 18 | 8,8410 | 18 | 1,1590 | 9,9990 | 2 |
| 59 | 8,8418 | 18 | 8,8428 | 18 | 1,1572 | 9,9989 | 1 |
| 60 | 8,8436 | | 8,8446 | | 1,1554 | 9,9989 | 0 |
| | lg cos | D | lg cot | D | lg tan | lg sin | ′ |

P

| | 24 | 23 |
|---|---|---|
| 1 | 2,4 | 2,3 |
| 2 | 4,8 | 4,6 |
| 3 | 7,2 | 6,9 |
| 4 | 9,6 | 9,2 |
| 5 | 12,0 | 11,5 |
| 6 | 14,4 | 13,8 |
| 7 | 16,8 | 16,1 |
| 8 | 19,2 | 18,4 |
| 9 | 21,6 | 20,7 |

| | 22 | 21 |
|---|---|---|
| 1 | 2,2 | 2,1 |
| 2 | 4,4 | 4,2 |
| 3 | 6,6 | 6,3 |
| 4 | 8,8 | 8,4 |
| 5 | 11,0 | 10,5 |
| 6 | 13,2 | 12,6 |
| 7 | 15,4 | 14,7 |
| 8 | 17,6 | 16,8 |
| 9 | 19,8 | 18,9 |

| | 20 |
|---|---|
| 1 | 2,0 |
| 2 | 4,0 |
| 3 | 6,0 |
| 4 | 8,0 |
| 5 | 10,0 |
| 6 | 12,0 |
| 7 | 14,0 |
| 8 | 16,0 |
| 9 | 18,0 |

| | 19 | 18 |
|---|---|---|
| 1 | 1,9 | 1,8 |
| 2 | 3,8 | 3,6 |
| 3 | 5,7 | 5,4 |
| 4 | 7,6 | 7,2 |
| 5 | 9,5 | 9,0 |
| 6 | 11,4 | 10,8 |
| 7 | 13,3 | 12,6 |
| 8 | 15,2 | 14,4 |
| 9 | 17,1 | 16,2 |

P

# 86°

| ′ | lg sin | D | lg tan | D | lg cot | lg cos | |
|---|---|---|---|---|---|---|---|
| 0 | 8,8436 | 18 | 8,8446 | 19 | 1,1554 | 9,9989 | 60 |
| 1 | 8,8454 | 18 | 8,8465 | 18 | 1,1535 | 9,9989 | 59 |
| 2 | 8,8472 | 18 | 8,8483 | 18 | 1,1517 | 9,9989 | 58 |
| 3 | 8,8490 | 18 | 8,8501 | 17 | 1,1499 | 9,9989 | 57 |
| 4 | 8,8508 | 17 | 8,8518 | 18 | 1,1482 | 9,9989 | 56 |
| 5 | 8,8525 | 18 | 8,8536 | 18 | 1,1464 | 9,9989· | 55 |
| 6 | 8,8543 | 17 | 8,8554 | 18 | 1,1446 | 9,9989 | 54 |
| 7 | 8,8560 | 18 | 8,8572 | 17 | 1,1428 | 9,9989 | 53 |
| 8 | 8,8578 | 17 | 8,8589 | 18 | 1,1411 | 9,9989 | 52 |
| 9 | 8,8595 | 18 | 8,8607 | 17 | 1,1393 | 9,9989 | 51 |
| 10 | 8,8613 | 17 | 8,8624 | 18 | 1,1376 | 9,9989 | 50 |
| 11 | 8,8630 | 17 | 8,8642 | 17 | 1,1358 | 9,9988 | 49 |
| 12 | 8,8647 | 18 | 8,8659 | 17 | 1,1341 | 9,9988 | 48 |
| 13 | 8,8665 | 17 | 8,8676 | 18 | 1,1324 | 9,9988 | 47 |
| 14 | 8,8682 | 17 | 8,8694 | 17 | 1,1306 | 9,9988 | 46 |
| 15 | 8,8699 | 17 | 8,8711 | 17 | 1,1289 | 9,9988· | 45 |
| 16 | 8,8716 | 17 | 8,8728 | 17 | 1,1272 | 9,9988 | 44 |
| 17 | 8,8733 | 16 | 8,8745 | 17 | 1,1255 | 9,9988 | 43 |
| 18 | 8,8749 | 17 | 8,8762 | 16 | 1,1238 | 9,9988 | 42 |
| 19 | 8,8766 | 17 | 8,8778 | 17 | 1,1222 | 9,9988 | 41 |
| 20 | 8,8783 | 16 | 8,8795 | 17 | 1,1205 | 9,9988 | 40 |
| 21 | 8,8799 | 17 | 8,8812 | 17 | 1,1188 | 9,9987 | 39 |
| 22 | 8,8816 | 17 | 8,8829 | 16 | 1,1171 | 9,9987 | 38 |
| 23 | 8,8833 | 16 | 8,8845 | 17 | 1,1155 | 9,9987 | 37 |
| 24 | 8,8849 | 16 | 8,8862 | 16 | 1,1138 | 9,9987 | 36 |
| 25 | 8,8865 | 17 | 8,8878 | 17 | 1,1122 | 9,9987 | 35 |
| 26 | 8,8882 | 16 | 8,8895 | 16 | 1,1105 | 9,9987· | 34 |
| 27 | 8,8898 | 16 | 8,8911 | 16 | 1,1089 | 9,9987 | 33 |
| 28 | 8,8914 | 16 | 8,8927 | 17 | 1,1073 | 9,9987 | 32 |
| 29 | 8,8930 | 16 | 8,8944 | 16 | 1,1056 | 9,9987 | 31 |
| 30 | 8,8946 | 16 | 8,8960 | 16 | 1,1040 | 9,9987 | 30 |
| 31 | 8,8962 | 16 | 8,8976 | 16 | 1,1024 | 9,9986 | 29 |
| 32 | 8,8978 | 16 | 8,8992 | 16 | 1,1008 | 9,9986 | 28 |
| 33 | 8,8994 | 16 | 8,9008 | 16 | 1,0992 | 9,9986 | 27 |
| 34 | 8,9010 | 16 | 8,9024 | 16 | 1,0976 | 9,9986 | 26 |
| 35 | 8,9026 | 16 | 8,9040 | 16 | 1,0960 | 9,9986 | 25 |
| 36 | 8,9042 | 15 | 8,9056 | 15 | 1,0944 | 9,9986· | 24 |
| 37 | 8,9057 | 16 | 8,9071 | 16 | 1,0929 | 9,9986 | 23 |
| 38 | 8,9073 | 16 | 8,9087 | 16 | 1,0913 | 9,9986 | 22 |
| 39 | 8,9089 | 15 | 8,9103 | 15 | 1,0897 | 9,9986 | 21 |
| 40 | 8,9104 | 15 | 8,9118 | 16 | 1,0882 | 9,9986 | 20 |
| 41 | 8,9119 | 16 | 8,9134 | 16 | 1,0866 | 9,9985 | 19 |
| 42 | 8,9135 | 15 | 8,9150 | 15 | 1,0850 | 9,9985 | 18 |
| 43 | 8,9150 | 16 | 8,9165 | 15 | 1,0835 | 9,9985 | 17 |
| 44 | 8,9166 | 15 | 8,9180 | 16 | 1,0820 | 9,9985 | 16 |
| 45 | 8,9181 | 15 | 8,9196 | 15 | 1,0804 | 9,9985 | 15 |
| 46 | 8,9196 | 15 | 8,9211 | 15 | 1,0789 | 9,9985· | 14 |
| 47 | 8,9211 | 15 | 8,9226 | 15 | 1,0774 | 9,9985 | 13 |
| 48 | 8,9226 | 15 | 8,9241 | 15 | 1,0759 | 9,9985 | 12 |
| 49 | 8,9241 | 15 | 8,9256 | 16 | 1,0744 | 9,9985 | 11 |
| 50 | 8,9256 | 15 | 8,9272 | 15 | 1,0728 | 9,9985 | 10 |
| 51 | 8,9271 | 15 | 8,9287 | 15 | 1,0713 | 9,9984 | 9 |
| 52 | 8,9286 | 15 | 8,9302 | 14 | 1,0698 | 9,9984 | 8 |
| 53 | 8,9301 | 14 | 8,9316 | 15 | 1,0684 | 9,9984 | 7 |
| 54 | 8,9315 | 15 | 8,9331 | 15 | 1,0669 | 9,9984 | 6 |
| 55 | 8,9330 | 15 | 8,9346 | 15 | 1,0654 | 9,9984· | 5 |
| 56 | 8,9345 | 14 | 8,9361 | 15 | 1,0639 | 9,9984 | 4 |
| 57 | 8,9359 | 15 | 8,9376 | 14 | 1,0624 | 9,9984 | 3 |
| 58 | 8,9374 | 14 | 8,9390 | 15 | 1,0610 | 9,9984 | 2 |
| 59 | 8,9388 | 15 | 8,9405 | 15 | 1,0595 | 9,9984 | 1 |
| 60 | 8,9403 | | 8,9420 | | 1,0580 | 9,9983 | 0 |
| | lg cos | D | lg cot | D | lg tan | lg sin | ′ |

P

| | 19 | 18 |
|---|---|---|
| 1 | 1,9 | 1,8 |
| 2 | 3,8 | 3,6 |
| 3 | 5,7 | 5,4 |
| 4 | 7,6 | 7,2 |
| 5 | 9,5 | 9,0 |
| 6 | 11,4 | 10,8 |
| 7 | 13,3 | 12,6 |
| 8 | 15,2 | 14,4 |
| 9 | 17,1 | 16,2 |

| | 17 | 16 | 15 | 14 |
|---|---|---|---|---|
| 1 | 1,7 | 1,6 | 1,5 | 1,4 |
| 2 | 3,4 | 3,2 | 3,0 | 2,8 |
| 3 | 5,1 | 4,8 | 4,5 | 4,2 |
| 4 | 6,8 | 6,4 | 6,0 | 5,6 |
| 5 | 8,5 | 8,0 | 7,5 | 7,0 |
| 6 | 10,2 | 9,6 | 9,0 | 8,4 |
| 7 | 11,9 | 11,2 | 10,5 | 9,8 |
| 8 | 13,6 | 12,8 | 12,0 | 11,2 |
| 9 | 15,3 | 14,4 | 13,5 | 12,6 |

P

43

85°

| ′ | lg sin | D | lg tan | D | lg cot | lg cos | |
|---|---|---|---|---|---|---|---|
| 0 | 8,9403 | | 8,9420 | | 1,0580 | 9,9983 | 60 |
| 1 | 8,9417 | 14 | 8,9434 | 14 | 1,0566 | 9,9983 | 59 |
| 2 | 8,9432 | 15 | 8,9449 | 15 | 1,0551 | 9,9983 | 58 |
| 3 | 8,9446 | 14 | 8,9463 | 14 | 1,0537 | 9,9983 | 57 |
| 4 | 8,9460 | 14 | 8,9477 | 14 | 1,0523 | 9,9983· | 56 |
| 5 | 8,9475 | 15 | 8,9492 | 15 | 1,0508 | 9,9983 | 55 |
| 6 | 8,9489 | 14 | 8,9506 | 14 | 1,0494 | 9,9983 | 54 |
| 7 | 8,9503 | 14 | 8,9520 | 14 | 1,0480 | 9,9983 | 53 |
| 8 | 8,9517 | 14 | 8,9534 | 14 | 1,0466 | 9,9983 | 52 |
| 9 | 8,9531 | 14 | 8,9549 | 15 | 1,0451 | 9,9982 | 51 |
| 10 | 8,9545 | 14 | 8,9563 | 14 | 1,0437 | 9,9982 | 50 |
| 11 | 8,9559 | 14 | 8,9577 | 14 | 1,0423 | 9,9982 | 49 |
| 12 | 8,9573 | 14 | 8,9591 | 14 | 1,0409 | 9,9982 | 48 |
| 13 | 8,9587 | 14 | 8,9605 | 14 | 1,0395 | 9,9982· | 47 |
| 14 | 8,9601 | 14 | 8,9619 | 14 | 1,0381 | 9,9982 | 46 |
| 15 | 8,9614 | 13 | 8,9633 | 14 | 1,0367 | 9,9982 | 45 |
| 16 | 8,9628 | 14 | 8,9646 | 13 | 1,0354 | 9,9982 | 44 |
| 17 | 8,9642 | 14 | 8,9660 | 14 | 1,0340 | 9,9982 | 43 |
| 18 | 8,9655 | 13 | 8.9674 | 14 | 1,0326 | 9,9981 | 42 |
| 19 | 8,9669 | 14 | 8,9688 | 14 | 1,0312 | 9,9981 | 41 |
| 20 | 8,9682 | 13 | 8,9701 | 13 | 1,0299 | 9,9981 | 40 |
| 21 | 8,9696 | 14 | 8,9715 | 14 | 1,0285 | 9,9981· | 39 |
| 22 | 8,9709 | 13 | 8,9729 | 14 | 1,0271 | 9,9981 | 38 |
| 23 | 8,9723 | 14 | 8,9742 | 13 | 1,0258 | 9,9981 | 37 |
| 24 | 8,9736 | 13 | 8,9756 | 14 | 1,0244 | 9,9981 | 36 |
| 25 | 8,9750 | 14 | 8,9769 | 13 | 1,0231 | 9,9981 | 35 |
| 26 | 8,9763 | 13 | 8,9782 | 13 | 1,0218 | 9,9980 | 34 |
| 27 | 8,9776 | 13 | 8,9796 | 14 | 1,0204 | 9,9980 | 33 |
| 28 | 8,9789 | 13 | 8,9809 | 13 | 1,0191 | 9,9980 | 32 |
| 29 | 8,9803 | 14 | 8,9823 | 14 | 1,0177 | 9,9980 | 31 |
| 30 | 8,9816 | 13 | 8,9836 | 13 | 1,0164 | 9,9980· | 30 |
| 31 | 8,9829 | 13 | 8,9849 | 13 | 1,0151 | 9,9980 | 29 |
| 32 | 8,9842 | 13 | 8,9862 | 13 | 1,0138 | 9,9980 | 28 |
| 33 | 8,9855 | 13 | 8,9875 | 13 | 1,0125 | 9,9980 | 27 |
| 34 | 8,9868 | 13 | 8,9888 | 13 | 1,0112 | 9,9979 | 26 |
| 35 | 8,9881 | 13 | 8,9901 | 13 | 1,0099 | 9,9979 | 25 |
| 36 | 8,9894 | 13 | 8,9915 | 14 | 1,0085 | 9,9979 | 24 |
| 37 | 8,9907 | 13 | 8,9928 | 13 | 1,0072 | 9,9979 | 23 |
| 38 | 8,9919 | 12 | 8,9940 | 12 | 1,0060 | 9,9979· | 22 |
| 39 | 8,9932 | 13 | 8,9953 | 13 | 1,0047 | 9,9979 | 21 |
| 40 | 8,9945 | 13 | 8,9966 | 13 | 1,0034 | 9,9979 | 20 |
| 41 | 8,9958 | 13 | 8,9979 | 13 | 1,0021 | 9,9979 | 19 |
| 42 | 8,9970 | 12 | 8,9992 | 13 | 1,0008 | 9,9978 | 18 |
| 43 | 8,9983 | 13 | 9,0005 | 13 | 0,9995 | 9,9978 | 17 |
| 44 | 8,9996 | 13 | 9,0017 | 12 | 0,9983 | 9,9978 | 16 |
| 45 | 9,0008 | 12 | 9,0030 | 13 | 0,9970 | 9,9978 | 15 |
| 46 | 9,0021 | 13 | 9,0043 | 13 | 0,9957 | 9,9978· | 14 |
| 47 | 9,0033 | 12 | 9,0055 | 12 | 0,9945 | 9,9978 | 13 |
| 48 | 9,0046 | 13 | 9,0068 | 13 | 0,9932 | 9,9978 | 12 |
| 49 | 9,0058 | 12 | 9,0080 | 12 | 0,9920 | 9,9978 | 11 |
| 50 | 9,0070 | 12 | 9,0093 | 13 | 0,9907 | 9,9977 | 10 |
| 51 | 9,0083 | 13 | 9,0105 | 12 | 0,9895 | 9,9977 | 9 |
| 52 | 9,0095 | 12 | 9,0118 | 13 | 0,9882 | 9,9977 | 8 |
| 53 | 9,0107 | 12 | 9,0130 | 12 | 0,9870 | 9,9977· | 7 |
| 54 | 9,0120 | 13 | 9,0143 | 13 | 0,9857 | 9,9977 | 6 |
| 55 | 9,0132 | 12 | 9,0155 | 12 | 0,9845 | 9,9977 | 5 |
| 56 | 9,0144 | 12 | 9,0167 | 12 | 0,9833 | 9,9977 | 4 |
| 57 | 9,0156 | 12 | 9,0180 | 13 | 0,9820 | 9,9977 | 3 |
| 58 | 9,0168 | 12 | 9,0192 | 12 | 0,9808 | 9,9976 | 2 |
| 59 | 9,0180 | 12 | 9,0204 | 12 | 0,9796 | 9,9976 | 1 |
| 60 | 9,0192 | 12 | 9,0216 | 12 | 0,9784 | 9,9976 | 0 |
| | lg cos | D | lg cot | D | lg tan | lg sin | ′ |

P

| | 15 | | 14 | | 13 | | 12 |
|---|---|---|---|---|---|---|---|
| 1 | 1,5 | 1 | 1,4 | 1 | 1,3 | 1 | 1,2 |
| 2 | 3,0 | 2 | 2,8 | 2 | 2,6 | 2 | 2,4 |
| 3 | 4,5 | 3 | 4,2 | 3 | 3,9 | 3 | 3,6 |
| 4 | 6,0 | 4 | 5,6 | 4 | 5,2 | 4 | 4,8 |
| 5 | 7,5 | 5 | 7,0 | 5 | 6,5 | 5 | 6,0 |
| 6 | 9,0 | 6 | 8,4 | 6 | 7,8 | 6 | 7,2 |
| 7 | 10,5 | 7 | 9,8 | 7 | 9,1 | 7 | 8,4 |
| 8 | 12,0 | 8 | 11,2 | 8 | 10,4 | 8 | 9,6 |
| 9 | 13,5 | 9 | 12,6 | 9 | 11,7 | 9 | 10,8 |

| ′ | lg sin | D | lg tan | D | lg cot | lg cos | |
|---|---|---|---|---|---|---|---|
| 0 | 9,0192 | 12 | 9,0216 | 12 | 0,9784 | 9,9976 | 60 |
| 1 | 9,0204 | 12 | 9,0228 | 12 | 0,9772 | 9,9976· | 59 |
| 2 | 9,0216 | 12 | 9,0240 | 13 | 0,9760 | 9,9976 | 58 |
| 3 | 9,0228 | 12 | 9,0253 | 12 | 0,9747 | 9,9976 | 57 |
| 4 | 9,0240 | 12 | 9,0265̄ | 12 | 0,9735̇ | 9,9976 | 56 |
| 5 | 9,0252 | 12 | 9,0277 | 12 | 0,9723 | 9,9975̇ | 55 |
| 6 | 9,0264 | 12 | 9,0289 | 11 | 0,9711 | 9,9975̇ | 54 |
| 7 | 9,0276 | 11 | 9,0300 | 12 | 0,9700 | 9,9975̇ | 53 |
| 8 | 9,0287 | 12 | 9,0312 | 12 | 0,9688 | 9,9975̇ | 52 |
| 9 | 9,0299 | 12 | 9,0324 | 12 | 0,9676 | 9,9975̄· | 51 |
| 10 | 9,0311 | 12 | 9,0336 | 12 | 0,9664 | 9,9975̄ | 50 |
| 11 | 9,0323 | 11 | 9,0348 | 12 | 0,9652 | 9,9975̄ | 49 |
| 12 | 9,0334 | 12 | 9,0360 | 11 | 0,9640 | 9,9975̄ | 48 |
| 13 | 9,0346 | 11 | 9,0371 | 12 | 0,9629 | 9,9974 | 47 |
| 14 | 9,0357 | 12 | 9,0383 | 12 | 0,9617 | 9,9974 | 46 |
| 15 | 9,0369 | 11 | 9,0395̄ | 12 | 0,9605̇ | 9,9974· | 45 |
| 16 | 9,0380 | 12 | 9,0407 | 11 | 0,9593 | 9,9974 | 44 |
| 17 | 9,0392 | 11 | 9,0418 | 12 | 0,9582 | 9,9974 | 43 |
| 18 | 9,0403 | 12 | 9,0430 | 11 | 0,9570 | 9,9974 | 42 |
| 19 | 9,0415̄ | 11 | 9,0441 | 12 | 0,9559 | 9,9974 | 41 |
| 20 | 9,0426 | 12 | 9,0453 | 11 | 0,9547 | 9,9973 | 40 |
| 21 | 9,0438 | 11 | 9,0464 | 12 | 0,9536 | 9,9973 | 39 |
| 22 | 9,0449 | 11 | 9,0476 | 11 | 0,9524 | 9,9973 | 38 |
| 23 | 9,0460 | 12 | 9,0487 | 12 | 0,9513 | 9,9973· | 37 |
| 24 | 9,0472 | 11 | 9,0499 | 11 | 0,9501 | 9,9973 | 36 |
| 25 | 9,0483 | 11 | 9,0510 | 11 | 0,9490 | 9,9973 | 35 |
| 26 | 9,0494 | 11 | 9,0521 | 12 | 0,9479 | 9,9973 | 34 |
| 27 | 9,0505̇ | 11 | 9,0533 | 11 | 0,9467 | 9,9972 | 33 |
| 28 | 9,0516 | 11 | 9,0544 | 11 | 0,9456 | 9,9972 | 32 |
| 29 | 9,0527 | 12 | 9,0555̇ | 12 | 0,9445̄ | 9,9972 | 31 |
| 30 | 9,0539 | 11 | 9,0567 | 11 | 0,9433 | 9,9972· | 30 |
| 31 | 9,055̄0 | 11 | 9,0578 | 11 | 0,9422 | 9,9972 | 29 |
| 32 | 9,0561 | 11 | 9,0589 | 11 | 0,9411 | 9,9972 | 28 |
| 33 | 9,0572 | 11 | 9,0600 | 11 | 0,9400 | 9,9972 | 27 |
| 34 | 9,0583 | 11 | 9,0611 | 11 | 0,9389 | 9,9971 | 26 |
| 35 | 9,0594 | 11 | 9,0622 | 11 | 0,9378 | 9,9971 | 25 |
| 36 | 9,0605̄ | 11 | 9,0633 | 12 | 0,9367 | 9,9971 | 24 |
| 37 | 9,0616 | 10 | 9,0645̄ | 11 | 0,9355 | 9,9971· | 23 |
| 38 | 9,0626 | 11 | 9,0656 | 11 | 0,9344 | 9,9971 | 22 |
| 39 | 9,0637 | 11 | 9,0667 | 11 | 0,9333 | 9,9971 | 21 |
| 40 | 9,0648 | 11 | 9,0678 | 10 | 0,9322 | 9,9971 | 20 |
| 41 | 9,0659 | 11 | 9,0688 | 11 | 0,9312 | 9,9970 | 19 |
| 42 | 9,0670 | 10 | 9,0699 | 11 | 0,9301 | 9,9970 | 18 |
| 43 | 9,0680 | 11 | 9,0710 | 11 | 0,9290 | 9,9970 | 17 |
| 44 | 9,0691 | 11 | 9,0721 | 11 | 0,9279 | 9,9970· | 16 |
| 45 | 9,0702 | 10 | 9,0732 | 11 | 0,9268 | 9,9970 | 15 |
| 46 | 9,0712 | 11 | 9,0743 | 11 | 0,9257 | 9,9970 | 14 |
| 47 | 9,0723 | 11 | 9,0754 | 10 | 0,9246 | 9,9969 | 13 |
| 48 | 9,0734 | 10 | 9,0764 | 11 | 0,9236 | 9,9969 | 12 |
| 49 | 9,0744 | 11 | 9,0775̇ | 11 | 0,9225̄ | 9,9969 | 11 |
| 50 | 9,0755̄ | 10 | 9,0786 | 10 | 0,9214 | 9,9969· | 10 |
| 51 | 9,0765̇ | 11 | 9,0796 | 11 | 0,9204 | 9,9969 | 9 |
| 52 | 9,0776 | 10 | 9,0807 | 11 | 0,9193 | 9,9969 | 8 |
| 53 | 9,0786 | 11 | 9,0818 | 10 | 0,9182 | 9,9969 | 7 |
| 54 | 9,0797 | 10 | 9,0828 | 11 | 0,9172 | 9,9968 | 6 |
| 55 | 9,0807 | 11 | 9,0839 | 10 | 0,9161 | 9,9968 | 5 |
| 56 | 9,0818 | 10 | 9,0849 | 11 | 0,9151 | 9,9968 | 4 |
| 57 | 9,0828 | 10 | 9,0860 | 11 | 0,9140 | 9,9968· | 3 |
| 58 | 9,0838 | 11 | 9,0871 | 10 | 0,9129 | 9,9968 | 2 |
| 59 | 9,0849 | 10 | 9,0881 | 10 | 0,9119 | 9,9968 | 1 |
| 60 | 9,0859 | | 9,0891 | | 0,9109 | 9,9968 | 0 |
| | lg cos | D | lg cot | D | lg tan | lg sin | ′ |

P

| | 13 | 12 | 11 | 10 |
|---|---|---|---|---|
| 1 | 1,3 | 1,2 | 1,1 | 1,0 |
| 2 | 2,6 | 2,4 | 2,2 | 2,0 |
| 3 | 3,9 | 3,6 | 3,3 | 3,0 |
| 4 | 5,2 | 4,8 | 4,4 | 4,0 |
| 5 | 6,5 | 6,0 | 5,5 | 5,0 |
| 6 | 7,8 | 7,2 | 6,6 | 6,0 |
| 7 | 9,1 | 8,4 | 7,7 | 7,0 |
| 8 | 10,4 | 9,6 | 8,8 | 8,0 |
| 9 | 11,7 | 10,8 | 9,9 | 9,0 |

P

43

| ′ | 7° lg sin | 7° lg tan | 7° lg cot | 7° lg cos | 8° lg sin | 8° lg tan | 8° lg cot | 8° lg cos | |
|---|---|---|---|---|---|---|---|---|---|
| **0** | 9,0859 | 9,0891 | 0,9109 | 9,9968 | 9,1436 | 9,1478 | 0,8522 | 9,9958 | 60 |
| 1 | 9,0869 | 9,0902 | 0,9098 | 9,9967 | 9,1445̄ | 9,1487 | 0,8513 | 9,9957 | 59 |
| 2 | 9,0879 | 9,0912 | 0,9088 | 9,9967 | 9,1453 | 9,1496 | 0,8504 | 9,9957 | 58 |
| 3 | 9,0890 | 9,0923 | 0,9077 | 9,9967· | 9,1462 | 9,1505̇ | 0,8495̄ | 9,9957· | 57 |
| 4 | 9,0900 | 9,0933 | 0,9067 | 9,9967 | 9,1471 | 9,1515̄ | 0,8485̇ | 9,9957 | 56 |
| 5 | 9,0910 | 9,0943 | 0,9057 | 9,9967 | 9,1480 | 9,1524 | 0,8476 | 9,9957 | 55 |
| 6 | 9,0920 | 9,0954 | 0,9046 | 9,9967 | 9,1489 | 9,1533 | 0,8467 | 9,9956 | 54 |
| 7 | 9,0930 | 9,0964 | 0,9036 | 9,9966 | 9,1498 | 9,1542 | 0,8458 | 9,9956 | 53 |
| 8 | 9,0940 | 9,0974 | 0,9026 | 9,9966 | 9,1507 | 9,1551 | 0,8449 | 9,9956 | 52 |
| 9 | 9,0951 | 9,0984 | 0,9016 | 9,9966 | 9,1516 | 9,1560 | 0,8440 | 9,9956· | 51 |
| **10** | 9,0961 | 9,0995̄ | 0,9005̇ | 9,9966· | 9,1525̄ | 9,1569 | 0,8431 | 9,9956 | 50 |
| 11 | 9,0971 | 9,1005̄ | 0,8995̇ | 9,9966 | 9,1533 | 9,1578 | 0,8422 | 9,9956 | 49 |
| 12 | 9,0981 | 9,1015̇ | 0,8985̄ | 9,9966 | 9,1542 | 9,1587 | 0,8413 | 9,9955̇ | 48 |
| 13 | 9,0991 | 9,1025̇ | 0,8975̄ | 9,9965̇ | 9,1551 | 9,1596 | 0,8404 | 9,9955̇ | 47 |
| 14 | 9,1001 | 9,1035̇ | 0,8965̄ | 9,9965̇ | 9,1560 | 9,1605̄ | 0,8395̇ | 9,9955̇· | 46 |
| 15 | 9,1011 | 9,1045̇ | 0,8955̄ | 9,9965̇ | 9,1568 | 9,1613 | 0,8387 | 9,9955̄ | 45 |
| 16 | 9,1020 | 9,1055̇ | 0,8945̄ | 9,9965̄· | 9,1577 | 9,1622 | 0,8378 | 9,9955̄ | 44 |
| 17 | 9,1030 | 9,1066 | 0,8934 | 9,9965̄ | 9,1586 | 9,1631 | 0,8369 | 9,9954 | 43 |
| 18 | 9,1040 | 9,1076 | 0,8924 | 9,9965̄ | 9,1594 | 9,1640 | 0,8360 | 9,9954 | 42 |
| 19 | 9,1050̇ | 9,1086 | 0,8914 | 9,9964 | 9,1603 | 9,1649 | 0,8351 | 9,9954· | 41 |
| **20** | 9,1060 | 9,1096 | 0,8904 | 9,9964 | 9,1612 | 9,1658 | 0,8342 | 9,9954 | 40 |
| 21 | 9,1070 | 9,1106 | 0,8894 | 9,9964 | 9,1620 | 9,1667 | 0,8333 | 9,9954 | 39 |
| 22 | 9,1080 | 9,1116 | 0,8884 | 9,9964· | 9,1629 | 9,1675̇ | 0,8325̄ | 9,9954 | 38 |
| 23 | 9,1089 | 9,1125̇ | 0,8875̄ | 9,9964 | 9,1637 | 9,1684 | 0,8316 | 9,9953 | 37 |
| 24 | 9,1099 | 9,1135̇ | 0,8865̄ | 9,9964 | 9,1646 | 9,1693 | 0,8307 | 9,9953 | 36 |
| 25 | 9,1109 | 9,1145 | 0,8855̄ | 9,9964 | 9,1655̄ | 9,1702 | 0,8298 | 9,9953· | 35 |
| 26 | 9,1118 | 9,1155̇ | 0,8845̄ | 9,9963 | 9,1663 | 9,1710 | 0,8290 | 9,9953 | 34 |
| 27 | 9,1128 | 9,1165̄ | 0,8835̇ | 9,9963 | 9,1672 | 9,1719 | 0,8281 | 9,9953 | 33 |
| 28 | 9,1138 | 9,1175̄ | 0,8825̇ | 9,9963· | 9,1680 | 9,1728 | 0,8272 | 9,9952 | 32 |
| 29 | 9,1147 | 9,1185̄ | 0,8815̇ | 9,9963 | 9,1689 | 9,1736 | 0,8264 | 9,9952 | 31 |
| **30** | 9,1157 | 9,1194 | 0,8806 | 9,9963 | 9,1697 | 9,1745̄ | 0,8255̇ | 9,9952· | 30 |
| 31 | 9,1167 | 9,1204 | 0,8796 | 9,9963 | 9,1705 | 9,1754 | 0,8246 | 9,9952 | 29 |
| 32 | 9,1176 | 9,1214 | 0,8786 | 9,9962 | 9,1714 | 9,1762 | 0,8238 | 9,9952 | 28 |
| 33 | 9,1186 | 9,1223 | 0,8777 | 9,9962 | 9,1722 | 9,1771 | 0,8229 | 9,9951 | 27 |
| 34 | 9,1195̇ | 9,1233 | 0,8767 | 9,9962· | 9,1731 | 9,1779 | 0,8221 | 9,9951 | 26 |
| 35 | 9,1205̄ | 9,1243 | 0,8757 | 9,9962 | 9,1739 | 9,1788 | 0,8212 | 9,9951· | 25 |
| 36 | 9,1214 | 9,1252 | 0,8748 | 9,9962 | 9,1747 | 9,1797 | 0,8203 | 9,9951 | 24 |
| 37 | 9,1224 | 9,1262 | 0,8738 | 9,9962 | 9,1756 | 9,1805̇ | 0,8195̄ | 9,9951 | 23 |
| 38 | 9,1233 | 9,1272 | 0,8728 | 9,9961 | 9,1764 | 9,1814 | 0,8186 | 9,9951 | 22 |
| 39 | 9,1242 | 9,1281 | 0,8719 | 9,9961 | 9,1772 | 9,1822 | 0,8178 | 9,9950̇ | 21 |
| **40** | 9,1252 | 9,1291 | 0,8709 | 9,9961· | 9,1781 | 9,1831 | 0,8169 | 9,9950̇ | 20 |
| 41 | 9,1261 | 9,1300 | 0,8700 | 9,9961 | 9,1789 | 9,1839 | 0,8161 | 9,9950̄· | 19 |
| 42 | 9,1271 | 9,1310 | 0,8690 | 9,9961 | 9,1797 | 9,1848 | 0,8152 | 9,9950̄ | 18 |
| 43 | 9,1280 | 9,1319 | 0,8681 | 9,9960 | 9,1806 | 9,1856 | 0,8144 | 9,9950̄ | 17 |
| 44 | 9,1289 | 9,1329 | 0,8671 | 9,9960 | 9,1814 | 9,1864 | 0,8136 | 9,9949 | 16 |
| 45 | 9,1299 | 9,1338 | 0,8662 | 9,9960 | 9,1822 | 9,1873 | 0,8127 | 9,9949 | 15 |
| 46 | 9,1308 | 9,1348 | 0,8652 | 9,9960· | 9,1830 | 9,1881 | 0,8119 | 9,9949· | 14 |
| 47 | 9,1317 | 9,1357 | 0,8643 | 9,9960 | 9,1838 | 9,1890 | 0,8110 | 9,9949 | 13 |
| 48 | 9,1326 | 9,1367 | 0,8633 | 9,9960 | 9,1847 | 9,1898 | 0,8102 | 9,9949 | 12 |
| 49 | 9,1336 | 9,1376 | 0,8624 | 9,9959 | 9,1855̄ | 9,1906 | 0,8094 | 9,9948 | 11 |
| **50** | 9,1345̄ | 9,1385̇ | 0,8615̄ | 9,9959 | 9,1863 | 9,1915̄ | 0,8085̇ | 9,9948 | 10 |
| 51 | 9,1354 | 9,1395̄ | 0,8605̇ | 9,9959 | 9,1871 | 9,1923 | 0,8077 | 9,9948· | 9 |
| 52 | 9,1363 | 9,1404 | 0,8596 | 9,9959· | 9,1879 | 9,1931 | 0,8069 | 9,9948 | 8 |
| 53 | 9,1372 | 9,1413 | 0,8587 | 9,9959 | 9,1887 | 9,1940 | 0,8060 | 9,9948 | 7 |
| 54 | 9,1381 | 9,1423 | 0,8577 | 9,9959 | 9,1895̇ | 9,1948 | 0,8052 | 9,9947 | 6 |
| 55 | 9,1390 | 9,1432 | 0,8568 | 9,9958 | 9,1903 | 9,1956 | 0,8044 | 9,9947 | 5 |
| 56 | 9,1399 | 9,1441 | 0,8559 | 9,9958 | 9,1911 | 9,1964 | 0,8036 | 9,9947· | 4 |
| 57 | 9,1409 | 9,1450̇ | 0,8550̄ | 9,9958· | 9,1919 | 9,1973 | 0,8027 | 9,9947 | 3 |
| 58 | 9,1418 | 9,1460 | 0,8540 | 9,9958 | 9,1927 | 9,1981 | 0,8019 | 9,9947 | 2 |
| 59 | 9,1427 | 9,1469 | 0,8531 | 9,9958 | 9,1935̇ | 9,1989 | 0,8011 | 9,9946 | 1 |
| **60** | 9,1436 | 9,1478 | 0,8522 | 9,9958 | 9,1943 | 9,1997 | 0,8003 | 9,9946 | 0 |
| | 82° lg cos | 82° lg cot | 82° lg tan | 82° lg sin | 81° lg cos | 81° lg cot | 81° lg tan | 81° lg sin | ′ |

P

| | 11 | 10 | 9 | 8 |
|---|---|---|---|---|
| 1 | 1,1 | 1,0 | 0,9 | 0,8 |
| 2 | 2,2 | 2,0 | 1,8 | 1,6 |
| 3 | 3,3 | 3,0 | 2,7 | 2,4 |
| 4 | 4,4 | 4,0 | 3,6 | 3,2 |
| 5 | 5,5 | 5,0 | 4,5 | 4,0 |
| 6 | 6,6 | 6,0 | 5,4 | 4,8 |
| 7 | 7,7 | 7,0 | 6,3 | 5,6 |
| 8 | 8,8 | 8,0 | 7,2 | 6,4 |
| 9 | 9,9 | 9,0 | 8,1 | 7,2 |

| ′ | 9° lg sin | 9° lg tan | 9° lg cot | 9° lg cos | 10° lg sin | 10° lg tan | 10° lg cot | 10° lg cos | |
|---|---|---|---|---|---|---|---|---|---|
| 0 | 9,1943 | 9,1997 | 0,8003 | 9,9946 | 9,2397 | 9,2463 | 0,7537 | 9,9934 | 60 |
| 1 | 9,1951 | 9,2005̇ | 0,7995̄ | 9,9946· | 9,2404 | 9,2471 | 0,7529 | 9,9933 | 59 |
| 2 | 9,1959 | 9,2013 | 0,7987 | 9,9946 | 9,2411 | 9,2478 | 0,7522 | 9,9933· | 58 |
| 3 | 9,1967 | 9,2022 | 0,7978 | 9,9946 | 9,2418 | 9,2485̇ | 0,7515̄ | 9,9933 | 57 |
| 4 | 9,1975̇ | 9,2030 | 0,7970 | 9,9945̇ | 9,2425̇ | 9,2493 | 0,7507 | 9,9933 | 56 |
| 5 | 9,1983 | 9,2038 | 0,7962 | 9,9945̇ | 9,2432 | 9,25̄00 | 0,75̇00 | 9,9932 | 55 |
| 6 | 9,1991 | 9,2046 | 0,7954 | 9,9945̄· | 9,2439 | 9,2507 | 0,7493 | 9,9932 | 54 |
| 7 | 9,1999 | 9,2054 | 0,7946 | 9,9945̇ | 9,2447 | 9,2515̄ | 0,7485̇ | 9,9932· | 53 |
| 8 | 9,2007 | 9,2062 | 0,7938 | 9,9945̄ | 9,2454 | 9,2522 | 0,7478 | 9,9932 | 52 |
| 9 | 9,2015̄ | 9,2070 | 0,7930 | 9,9944 | 9,2461 | 9,2529 | 0,7471 | 9,9931 | 51 |
| 10 | 9,2022 | 9,2078 | 0,7922 | 9,9944 | 9,2468 | 9,2536 | 0,7464 | 9,9931 | 50 |
| 11 | 9,2030 | 9,2086 | 0,7914 | 9,9944· | 9,2475̄ | 9,2544 | 0,7456 | 9,9931· | 49 |
| 12 | 9,2038 | 9,2094 | 0,7906 | 9,9944 | 9,2482 | 9,2551 | 0,7449 | 9,9931 | 48 |
| 13 | 9,2046 | 9,2102 | 0,7898 | 9,9944 | 9,2489 | 9,2558 | 0,7442 | 9,9931 | 47 |
| 14 | 9,2054 | 9,2110 | 0,7890 | 9,9943 | 9,2496 | 9,2565̇ | 0,7435̄ | 9,9930 | 46 |
| 15 | 9,2061 | 9,2118 | 0,7882 | 9,9943 | 9,2503 | 9,2573 | 0,7427 | 9,9930 | 45 |
| 16 | 9,2069 | 9,2126 | 0,7874 | 9,9943· | 9,2510 | 9,2580 | 0,7420 | 9,9930· | 44 |
| 17 | 9,2077 | 9,2134 | 0,7866 | 9,9943 | 9,2517 | 9,2587 | 0,7413 | 9,9930 | 43 |
| 18 | 9,2085̄ | 9,2142 | 0,7858 | 9,9943 | 9,2524 | 9,2594 | 0,7406 | 9,9929 | 42 |
| 19 | 9,2092 | 9,215̄0 | 0,785̇0 | 9,9942 | 9,2531 | 9,2601 | 0,7399 | 9,9929 | 41 |
| 20 | 9,2100 | 9,2158 | 0,7842 | 9,9942 | 9,2538 | 9,2609 | 0,7391 | 9,9929· | 40 |
| 21 | 9,2108 | 9,2166 | 0,7834 | 9,9942· | 9,2545̄ | 9,2616 | 0,7384 | 9,9929 | 39 |
| 22 | 9,2115̇ | 9,2174 | 0,7826 | 9,9942 | 9,2551 | 9,2623 | 0,7377 | 9,9929 | 38 |
| 23 | 9,2123 | 9,2181 | 0,7819 | 9,9941 | 9,2558 | 9,2630 | 0,7370 | 9,9928 | 37 |
| 24 | 9,2131 | 9,2189 | 0,7811 | 9,9941 | 9,2565̇ | 9,2637 | 0,7363 | 9,9928· | 36 |
| 25 | 9,2138 | 9,2197 | 0,7803 | 9,9941· | 9,2572 | 9,2644 | 0,7356 | 9,9928 | 35 |
| 26 | 9,2146 | 9,2205̄ | 0,7795̇ | 9,9941 | 9,2579 | 9,2651 | 0,7349 | 9,9928 | 34 |
| 27 | 9,2153 | 9,2213 | 0,7787 | 9,9941 | 9,2586 | 9,2658 | 0,7342 | 9,9927 | 33 |
| 28 | 9,2161 | 9,2221 | 0,7779 | 9,9940 | 9,2593 | 9,2666 | 0,7334 | 9,9927 | 32 |
| 29 | 9,2169 | 9,2228 | 0,7772 | 9,9940 | 9,2600 | 9,2673 | 0,7327 | 9,9927· | 31 |
| 30 | 9,2176 | 9,2236 | 0,7764 | 9,9940· | 9,2606 | 9,2680 | 0,7320 | 9,9927 | 30 |
| 31 | 9,2184 | 9,2244 | 0,7756 | 9,9940 | 9,2613 | 9,2687 | 0,7313 | 9,9926 | 29 |
| 32 | 9,2191 | 9,2252 | 0,7748 | 9,9940 | 9,2620 | 9,2694 | 0,7306 | 9,9926 | 28 |
| 33 | 9,2199 | 9,2259 | 0,7741 | 9,9939 | 9,2627 | 9,2701 | 0,7299 | 9,9926· | 27 |
| 34 | 9,2206 | 9,2267 | 0,7733 | 9,9939 | 9,2634 | 9,2708 | 0,7292 | 9,9926 | 26 |
| 35 | 9,2214 | 9,2275̄ | 0,7725̇ | 9,9939· | 9,2640 | 9,2715̄ | 0,7285̇ | 9,9925̇ | 25 |
| 36 | 9,2221 | 9,2282 | 0,7718 | 9,9939 | 9,2647 | 9,2722 | 0,7278 | 9,9925̇ | 24 |
| 37 | 9,2229 | 9,2290 | 0,7710 | 9,9939 | 9,2654 | 9,2729 | 0,7271 | 9,9925̇· | 23 |
| 38 | 9,2236 | 9,2298 | 0,7702 | 9,9938 | 9,2661 | 9,2736 | 0,7264 | 9,9925̄ | 22 |
| 39 | 9,2243 | 9,2305̇ | 0,7695̄ | 9,9938 | 9,2667 | 9,2743 | 0,7257 | 9,9925̄ | 21 |
| 40 | 9,2251 | 9,2313 | 0,7687 | 9,9938· | 9,2674 | 9,275̄0 | 0,725̇0 | 9,9924 | 20 |
| 41 | 9,2258 | 9,2321 | 0,7679 | 9,9938 | 9,2681 | 9,2757 | 0,7243 | 9,9924· | 19 |
| 42 | 9,2266 | 9,2328 | 0,7672 | 9,9937 | 9,2687 | 9,2764 | 0,7236 | 9,9924 | 18 |
| 43 | 9,2273 | 9,2336 | 0,7664 | 9,9937 | 9,2694 | 9,2770 | 0,7230 | 9,9924 | 17 |
| 44 | 9,2280 | 9,2343 | 0,7657 | 9,9937· | 9,2701 | 9,2777 | 0,7223 | 9,9923 | 16 |
| 45 | 9,2288 | 9,2351 | 0,7649 | 9,9937 | 9,2707 | 9,2784 | 0,7216 | 9,9923· | 15 |
| 46 | 9,2295̇ | 9,2359 | 0,7641 | 9,9937 | 9,2714 | 9,2791 | 0,7209 | 9,9923 | 14 |
| 47 | 9,2303 | 9,2366 | 0,7634 | 9,9936 | 9,2721 | 9,2798 | 0,7202 | 9,9923 | 13 |
| 48 | 9,2310 | 9,2374 | 0,7626 | 9,9936 | 9,2727 | 9,2805̄ | 0,7195̇ | 9,9922 | 12 |
| 49 | 9,2317 | 9,2381 | 0,7619 | 9,9936· | 9,2734 | 9,2812 | 0,7188 | 9,9922 | 11 |
| 50 | 9,2324 | 9,2389 | 0,7611 | 9,9936 | 9,2740 | 9,2819 | 0,7181 | 9,9922· | 10 |
| 51 | 9,2332 | 9,2396 | 0,7604 | 9,9936 | 9,2747 | 9,2825̇ | 0,7175̄ | 9,9922 | 9 |
| 52 | 9,2339 | 9,2404 | 0,7596 | 9,9935̇ | 9,2754 | 9,2832 | 0,7168 | 9,9921 | 8 |
| 53 | 9,2346 | 9,2411 | 0,7589 | 9,9935̇· | 9,2760 | 9,2839 | 0,7161 | 9,9921 | 7 |
| 54 | 9,2353 | 9,2419 | 0,7581 | 9,9935̄ | 9,2767 | 9,2846 | 0,7154 | 9,9921· | 6 |
| 55 | 9,2361 | 9,2426 | 0,7574 | 9,9935̄ | 9,2773 | 9,2853 | 0,7147 | 9,9921 | 5 |
| 56 | 9,2368 | 9,2434 | 0,7566 | 9,9934 | 9,2780 | 9,2859 | 0,7141 | 9,9920 | 4 |
| 57 | 9,2375̇ | 9,2441 | 0,7559 | 9,9934 | 9,2786 | 9,2866 | 0,7134 | 9,9920 | 3 |
| 58 | 9,2382 | 9,2448 | 0,7552 | 9,9934· | 9,2793 | 9,2873 | 0,7127 | 9,9920· | 2 |
| 59 | 9,2390 | 9,2456 | 0,7544 | 9,9934 | 9,2799 | 9,2880 | 0,7120 | 9,9920 | 1 |
| 60 | 9,2397 | 9,2463 | 0,7537 | 9,9934 | 9,2806 | 9,2887 | 0,7113 | 9,9919 | 0 |
| | 80° lg cos | 80° lg cot | 80° lg tan | 80° lg sin | 79° lg cos | 79° lg cot | 79° lg tan | 79° lg sin | ′ |

P

| 9 | |
|---|---|
| 1 | 0,9 |
| 2 | 1,8 |
| 3 | 2,7 |
| 4 | 3,6 |
| 5 | 4,5 |
| 6 | 5,4 |
| 7 | 6,3 |
| 8 | 7,2 |
| 9 | 8,1 |

| 8 | |
|---|---|
| 1 | 0,8 |
| 2 | 1,6 |
| 3 | 2,4 |
| 4 | 3,2 |
| 5 | 4,0 |
| 6 | 4,8 |
| 7 | 5,6 |
| 8 | 6,4 |
| 9 | 7,2 |

| 7 | |
|---|---|
| 1 | 0,7 |
| 2 | 1,4 |
| 3 | 2,1 |
| 4 | 2,8 |
| 5 | 3,5 |
| 6 | 4,2 |
| 7 | 4,9 |
| 8 | 5,6 |
| 9 | 6,3 |

| 6 | |
|---|---|
| 1 | 0,6 |
| 2 | 1,2 |
| 3 | 1,8 |
| 4 | 2,4 |
| 5 | 3,0 |
| 6 | 3,6 |
| 7 | 4,2 |
| 8 | 4,8 |
| 9 | 5,4 |

43

| ′ | lg sin 11° | lg tan 11° | lg cot 11° | lg cos 11° | lg sin 12° | lg tan 12° | lg cot 12° | lg cos 12° | |
|---|---|---|---|---|---|---|---|---|---|
| 0 | 9,2806 | 9,2887 | 0,7113 | 9,9919 | 9,3179 | 9,3275̄ | 0,6725̇ | 9,9904· | 60 |
| 1 | 9,2812 | 9,2893 | 0,7107 | 9,9919 | 9,3185̄ | 9,3281 | 0,6719 | 9,9904 | 59 |
| 2 | 9,2819 | 9,2900 | 0,7100 | 9,9919· | 9,3191 | 9,3287 | 0,6713 | 9,9904 | 58 |
| 3 | 9,2825̇ | 9,2907 | 0,7093 | 9,9919 | 9,3197 | 9,3293 | 0,6707 | 9,9903 | 57 |
| 4 | 9,2832 | 9,2913 | 0,7087 | 9,9918 | 9,3202 | 9,3300 | 0,6700 | 9,9903· | 56 |
| 5 | 9,2838 | 9,2920 | 0,7080 | 9,9918 | 9,3208 | 9,3306 | 0,6694 | 9,9903 | 55 |
| 6 | 9,2845̄ | 9,2927 | 0,7073 | 9,9918· | 9,3214 | 9,3312 | 0,6688 | 9,9902 | 54 |
| 7 | 9,2851 | 9,2933 | 0,7067 | 9,9918 | 9,3220 | 9,3318 | 0,6682 | 9,9902 | 53 |
| 8 | 9,2858 | 9,2940 | 0,7060 | 9,9917 | 9,3226 | 9,3324 | 0,6676 | 9,9902· | 52 |
| 9 | 9,2864 | 9,2947 | 0,7053 | 9,9917 | 9,3232 | 9,3330 | 0,6670 | 9,9902 | 51 |
| 10 | 9,2870 | 9,2953 | 0,7047 | 9,9917· | 9,3238 | 9,3336 | 0,6664 | 9,9901 | 50 |
| 11 | 9,2877 | 9,2960 | 0,7040 | 9,9917 | 9,3244 | 9,3343 | 0,6657 | 9,9901· | 49 |
| 12 | 9,2883 | 9,2967 | 0,7033 | 9,9916 | 9,325̄0 | 9,3349 | 0,6651 | 9,9901 | 48 |
| 13 | 9,2890 | 9,2973 | 0,7027 | 9,9916 | 9,3255̇ | 9,3355̄ | 0,6645̇ | 9,9901 | 47 |
| 14 | 9,2896 | 9,2980 | 0,7020 | 9,9916· | 9,3261 | 9,3361 | 0,6639 | 9,9900 | 46 |
| 15 | 9,2902 | 9,2987 | 0,7013 | 9,9916 | 9,3267 | 9,3367 | 0,6633 | 9,9900· | 45 |
| 16 | 9,2909 | 9,2993 | 0,7007 | 9,9915̇ | 9,3273 | 9,3373 | 0,6627 | 9,9900 | 44 |
| 17 | 9,2915̇ | 9,3000 | 0,7000 | 9,9915̇ | 9,3279 | 9,3379 | 0,6621 | 9,9899 | 43 |
| 18 | 9,2921 | 9,3006 | 0,6994 | 9,9915̄· | 9,3284 | 9,3385̇ | 0,6615̄ | 9,9899 | 42 |
| 19 | 9,2928 | 9,3013 | 0,6987 | 9,9915̄ | 9,3290 | 9,3391 | 0,6609 | 9,9899· | 41 |
| 20 | 9,2934 | 9,3020 | 0,6980 | 9,9914 | 9,3296 | 9,3397 | 0,6603 | 9,9899 | 40 |
| 21 | 9,2940 | 9,3026 | 0,6974 | 9,9914 | 9,3302 | 9,3403 | 0,6597 | 9,9898 | 39 |
| 22 | 9,2947 | 9,3033 | 0,6967 | 9,9914· | 9,3308 | 9,3409 | 0,6591 | 9,9898· | 38 |
| 23 | 9,2953 | 9,3039 | 0,6961 | 9,9914 | 9,3313 | 9,3416 | 0,6584 | 9,9898 | 37 |
| 24 | 9,2959 | 9,3046 | 0,6954 | 9,9913 | 9,3319 | 9,3422 | 0,6578 | 9,9897 | 36 |
| 25 | 9,2965̇ | 9,3052 | 0,6948 | 9,9913 | 9,3325̄ | 9,3428 | 0,6572 | 9,9897 | 35 |
| 26 | 9,2972 | 9,3059 | 0,6941 | 9,9913· | 9,3331 | 9,3434 | 0,6566 | 9,9897· | 34 |
| 27 | 9,2978 | 9,3065̇ | 0,6935̄ | 9,9913 | 9,3336 | 9,3440 | 0,6560 | 9,9897 | 33 |
| 28 | 9,2984 | 9,3072 | 0,6928 | 9,9912 | 9,3342 | 9,3446 | 0,6554 | 9,9896 | 32 |
| 29 | 9,2990 | 9,3078 | 0,6922 | 9,9912 | 9,3348 | 9,3452 | 0,6548 | 9,9896· | 31 |
| 30 | 9,2997 | 9,3085̄ | 0,6915̇ | 9,9912· | 9,3353 | 9,3458 | 0,6542 | 9,9896 | 30 |
| 31 | 9,3003 | 9,3091 | 0,6909 | 9,9912 | 9,3359 | 9,3464 | 0,6536 | 9,9896 | 29 |
| 32 | 9,3009 | 9,3098 | 0,6902 | 9,9911 | 9,3365̄ | 9,3469 | 0,6531 | 9,9895̇ | 28 |
| 33 | 9,3015̇ | 9,3104 | 0,6896 | 9,9911 | 9,3370 | 9,3475̇ | 0,6525̄ | 9,9895̄· | 27 |
| 34 | 9,3021 | 9,3110 | 0,6890 | 9,9911· | 9,3376 | 9,3481 | 0,6519 | 9,9895̄ | 26 |
| 35 | 9,3027 | 9,3117 | 0,6883 | 9,9911 | 9,3382 | 9,3487 | 0,6513 | 9,9894 | 25 |
| 36 | 9,3034 | 9,3123 | 0,6877 | 9,9910 | 9,3387 | 9,3493 | 0,6507 | 9,9894· | 24 |
| 37 | 9,3040 | 9,3130 | 0,6870 | 9,9910· | 9,3393 | 9,3499 | 0,6501 | 9,9894 | 23 |
| 38 | 9,3046 | 9,3136 | 0,6864 | 9,9910 | 9,3399 | 9,3505̇ | 0,6495̄ | 9,9894 | 22 |
| 39 | 9,3052 | 9,3142 | 0,6858 | 9,9910 | 9,3404 | 9,3511 | 0,6489 | 9,9893 | 21 |
| 40 | 9,3058 | 9,3149 | 0,6851 | 9,9909 | 9,3410 | 9,3517 | 0,6483 | 9,9893· | 20 |
| 41 | 9,3064 | 9,3155̇ | 0,6845̄ | 9,9909· | 9,3416 | 9,3523 | 0,6477 | 9,9893 | 19 |
| 42 | 9,3070 | 9,3162 | 0,6838 | 9,9909 | 9,3421 | 9,3529 | 0,6471 | 9,9892 | 18 |
| 43 | 9,3077 | 9,3168 | 0,6832 | 9,9909 | 9,3427 | 9,3535̄ | 0,6465̇ | 9,9892· | 17 |
| 44 | 9,3083 | 9,3174 | 0,6826 | 9,9908 | 9,3432 | 9,3541 | 0,6459 | 9,9892 | 16 |
| 45 | 9,3089 | 9,3181 | 0,6819 | 9,9908· | 9,3438 | 9,3546 | 0,6454 | 9,9892 | 15 |
| 46 | 9,3095̄ | 9,3187 | 0,6813 | 9,9908 | 9,3444 | 9,3552 | 0,6448 | 9,9891 | 14 |
| 47 | 9,3101 | 9,3193 | 0,6807 | 9,9908 | 9,3449 | 9,3558 | 0,6442 | 9,9891· | 13 |
| 48 | 9,3107 | 9,3200 | 0,6800 | 9,9907 | 9,3455̄ | 9,3564 | 0,6436 | 9,9891 | 12 |
| 49 | 9,3113 | 9,3206 | 0,6794 | 9,9907· | 9,3460 | 9,3570 | 0,6430 | 9,9890 | 11 |
| 50 | 9,3119 | 9,3212 | 0,6788 | 9,9907 | 9,3466 | 9,3576 | 0,6424 | 9,9890· | 10 |
| 51 | 9,3125̄ | 9,3219 | 0,6781 | 9,9906 | 9,3471 | 9,3581 | 0,6419 | 9,9890 | 9 |
| 52 | 9,3131 | 9,3225̄ | 0,6775̇ | 9,9906 | 9,3477 | 9,3587 | 0,6413 | 9,9890 | 8 |
| 53 | 9,3137 | 9,3231 | 0,6769 | 9,9906· | 9,3482 | 9,3593 | 0,6407 | 9,9889 | 7 |
| 54 | 9,3143 | 9,3237 | 0,6763 | 9,9906 | 9,3488 | 9,3599 | 0,6401 | 9,9889· | 6 |
| 55 | 9,3149 | 9,3244 | 0,6756 | 9,9905̇ | 9,3493 | 9,3605̄ | 0,6395̇ | 9,9889 | 5 |
| 56 | 9,3155̄ | 9,325̄0 | 0,675̄0 | 9,9905̇· | 9,3499 | 9,3611 | 0,6389 | 9,9888 | 4 |
| 57 | 9,3161 | 9,3256 | 0,6744 | 9,9905̄ | 9,3504 | 9,3616 | 0,6384 | 9,9888· | 3 |
| 58 | 9,3167 | 9,3262 | 0,6738 | 9,9905̄ | 9,3510 | 9,3622 | 0,6378 | 9,9888 | 2 |
| 59 | 9,3173 | 9,3269 | 0,6731 | 9,9904 | 9,3515̇ | 9,3628 | 0,6372 | 9,9888 | 1 |
| 60 | 9,3179 | 9,3275̄ | 0,6725̇ | 9,9904· | 9,3521 | 9,3634 | 0,6366 | 9,9887 | 0 |
| | lg cos 78° | lg cot 78° | lg tan 78° | lg sin 78° | lg cos 77° | lg cot 77° | lg tan 77° | lg sin 77° | ′ |

P

| | 7 |
|---|---|
| 1 | 0,7 |
| 2 | 1,4 |
| 3 | 2,1 |
| 4 | 2,8 |
| 5 | 3,5 |
| 6 | 4,2 |
| 7 | 4,9 |
| 8 | 5,6 |
| 9 | 6,3 |

| | 6 |
|---|---|
| 1 | 0,6 |
| 2 | 1,2 |
| 3 | 1,8 |
| 4 | 2,4 |
| 5 | 3,0 |
| 6 | 3,6 |
| 7 | 4,2 |
| 8 | 4,8 |
| 9 | 5,4 |

| | 5 |
|---|---|
| 1 | 0,5 |
| 2 | 1,0 |
| 3 | 1,5 |
| 4 | 2,0 |
| 5 | 2,5 |
| 6 | 3,0 |
| 7 | 3,5 |
| 8 | 4,0 |
| 9 | 4,5 |

| ′ | 13° lg sin | 13° lg tan | 13° lg cot | 13° lg cos | 14° lg sin | 14° lg tan | 14° lg cot | 14° lg cos | |
|---|---|---|---|---|---|---|---|---|---|
| **0** | 9,3521 | 9,3634 | 0,6366 | 9,9887 | 9,3837 | 9,3968 | 0,6032 | 9,9869· | **60** |
| 1 | 9,3526 | 9,3639 | 0,6361 | 9,9887· | 9,3842 | 9,3973 | 0,6027 | 9,9869 | 59 |
| 2 | 9,3532 | 9,3645̇ | 0,6355̄ | 9,9887 | 9,3847 | 9,3978 | 0,6022 | 9,9868 | 58 |
| 3 | 9,3537 | 9,3651 | 0,6349 | 9,9886 | 9,3852 | 9,3984 | 0,6016 | 9,9868· | 57 |
| 4 | 9,3543 | 9,3657 | 0,6343 | 9,9886· | 9,3857 | 9,3989 | 0,6011 | 9,9868 | 56 |
| 5 | 9,3548 | 9,3662 | 0,6338 | 9,9886 | 9,3862 | 9,3995̄ | 0,6005̇ | 9,9867 | 55 |
| 6 | 9,3554 | 9,3668 | 0,6332 | 9,9885̇ | 9,3867 | 9,4000 | 0,6000 | 9,9867· | 54 |
| 7 | 9,3559 | 9,3674 | 0,6326 | 9,9885̇ | 9,3872 | 9,4005̇ | 0,5995̄ | 9,9867 | 53 |
| 8 | 9,3564 | 9,3680 | 0,6320 | 9,9885̄· | 9,3877 | 9,4011 | 0,5989 | 9,9867 | 52 |
| 9 | 9,3570 | 9,3685̇ | 0,6315̄ | 9,9885̄ | 9,3882 | 9,4016 | 0,5984 | 9,9866 | 51 |
| **10** | 9,3575̇ | 9,3691 | 0,6309 | 9,9884 | 9,3887 | 9,4021 | 0,5979 | 9,9866· | **50** |
| 11 | 9,3581 | 9,3697 | 0,6303 | 9,9884· | 9,3892 | 9,4027 | 0,5973 | 9,9866 | 49 |
| 12 | 9,3586 | 9,3702 | 0,6298 | 9,9884 | 9,3897 | 9,4032 | 0,5968 | 9,9865̇ | 48 |
| 13 | 9,3591 | 9,3708 | 0,6292 | 9,9883 | 9,3902 | 9,4037 | 0,5963 | 9,9865̄· | 47 |
| 14 | 9,3597 | 9,3714 | 0,6286 | 9,9883· | 9,3907 | 9,4042 | 0,5958 | 9,9865̄ | 46 |
| 15 | 9,3602 | 9,3719 | 0,6281· | 9,9883 | 9,3912 | 9,4048 | 0,5952 | 9,9864 | 45 |
| 16 | 9,3608 | 9,3725̄ | 0,6275̇ | 9,9883 | 9,3917 | 9,4053 | 0,5947 | 9,9864· | 44 |
| 17 | 9,3613 | 9,3731 | 0,6269 | 9,9882 | 9,3922 | 9,4058 | 0,5942 | 9,9864 | 43 |
| 18 | 9,3618 | 9,3736 | 0,6264 | 9,9882· | 9,3927 | 9,4064 | 0,5936 | 9,9863 | 42 |
| 19 | 9,3624 | 9,3742 | 0,6258 | 9,9882 | 9,3932 | 9,4069 | 0,5931 | 9,9863· | 41 |
| **20** | 9,3629 | 9,3748 | 0,6252 | 9,9881 | 9,3937 | 9,4074 | 0,5926 | 9,9863 | **40** |
| 21 | 9,3634 | 9,3753 | 0,6247 | 9,9881· | 9,3942 | 9,4079 | 0,5921 | 9,9862 | 39 |
| 22 | 9,3640 | 9,3759 | 0,6241 | 9,9881 | 9,3947 | 9,4085̄ | 0,5915̇ | 9,9862· | 38 |
| 23 | 9,3645̄ | 9,3764 | 0,6236 | 9,9880 | 9,3952 | 9,4090 | 0,5910 | 9,9862 | 37 |
| 24 | 9,365̇0 | 9,3770 | 0,6230 | 9,9880· | 9,3957 | 9,4095̇ | 0,5905̄ | 9,9861 | 36 |
| 25 | 9,3655̇ | 9,3776 | 0,6224 | 9,9880 | 9,3961 | 9,4100 | 0,5900 | 9,9861· | 35 |
| 26 | 9,3661 | 9,3781 | 0,6219 | 9,9880 | 9,3966 | 9,4106 | 0,5894 | 9,9861 | 34 |
| 27 | 9,3666 | 9,3787 | 0,6213 | 9,9879 | 9,3971 | 9,4111 | 0,5889 | 9,9860 | 33 |
| 28 | 9,3671 | 9,3792 | 0,6208 | 9,9879· | 9,3976 | 9,4116 | 0,5884 | 9,9860· | 32 |
| 29 | 9,3677 | 9,3798 | 0,6202 | 9,9879 | 9,3981 | 9,4121 | 0,5879 | 9,9860 | 31 |
| **30** | 9,3682 | 9,3804 | 0,6196 | 9,9878 | 9,3986 | 9,4127 | 0,5873 | 9,9859 | **30** |
| 31 | 9,3687 | 9,3809 | 0,6191 | 9,9878· | 9,3991 | 9,4132 | 0,5868 | 9,9859· | 29 |
| 32 | 9,3692 | 9,3815̄ | 0,6185̇ | 9,9878 | 9,3996 | 9,4137 | 0,5863 | 9,9859 | 28 |
| 33 | 9,3698 | 9,3820 | 0,6180 | 9,9877 | 9,4001 | 9,4142 | 0,5858 | 9,9858 | 27 |
| 34 | 9,3703 | 9,3826 | 0,6174 | 9,9877· | 9,4005̇ | 9,4147 | 0,5853 | 9,9858· | 26 |
| 35 | 9,3708 | 9,3831 | 0,6169 | 9,9877 | 9,4010 | 9,4153 | 0,5847 | 9,9858 | 25 |
| 36 | 9,3713 | 9,3837 | 0,6163 | 9,9876 | 9,4015̇ | 9,4158 | 0,5842 | 9,9857 | 24 |
| 37 | 9,3719 | 9,3842 | 0,6158 | 9,9876 | 9,4020 | 9,4163 | 0,5837 | 9,9857· | 23 |
| 38 | 9,3724 | 9,3848 | 0,6152 | 9,9876· | 9,4025̄ | 9,4168 | 0,5832 | 9,9857 | 22 |
| 39 | 9,3729 | 9,3853 | 0,6147 | 9,9876 | 9,4030 | 9,4173 | 0,5827 | 9,9856 | 21 |
| **40** | 9,3734 | 9,3859 | 0,6141 | 9,9875̇ | 9,4035̄ | 9,4178 | 0,5822 | 9,9856· | **20** |
| 41 | 9,3739 | 9,3864 | 0,6136 | 9,9875̄· | 9,4039 | 9,4184 | 0,5816 | 9,9856 | 19 |
| 42 | 9,3745̄ | 9,3870 | 0,6130 | 9,9875̄ | 9,4044 | 9,4189 | 0,5811 | 9,9855 | 18 |
| 43 | 9,375̄0 | 9,3875̇ | 0,6125̄ | 9,9874 | 9,4049 | 9,4194 | 0,5806 | 9,9855· | 17 |
| 44 | 9,3755̄ | 9,3881 | 0,6119 | 9,9874· | 9,4054 | 9,4199 | 0,5801 | 9,9855̄ | 16 |
| 45 | 9,3760 | 9,3886 | 0,6114 | 9,9874 | 9,4059 | 9,4204 | 0,5796 | 9,9854 | 15 |
| 46 | 9,3765̇ | 9,3892 | 0,6108 | 9,9873 | 9,4063 | 9,4209 | 0,5791 | 9,9854· | 14 |
| 47 | 9,3770 | 9,3897 | 0,6103 | 9,9873· | 9,4068 | 9,4214 | 0,5786 | 9,9854 | 13 |
| 48 | 9,3775̇ | 9,3903 | 0,6097 | 9,9873 | 9,4073 | 9,4220 | 0,5780 | 9,9853 | 12 |
| 49 | 9,3781 | 9,3908 | 0,6092 | 9,9872 | 9,4078 | 9,4225̄ | 0,5775̇ | 9,9853· | 11 |
| **50** | 9,3786 | 9,3914 | 0,6086 | 9,9872 | 9,4083 | 9,4230 | 0,5770 | 9,9853 | **10** |
| 51 | 9,3791 | 9,3919 | 0,6081 | 9,9872· | 9,4087 | 9,4235̄ | 0,5765 | 9,9852 | 9 |
| 52 | 9,3796 | 9,3924 | 0,6076 | 9,9872 | 9,4092 | 9,4240 | 0,5760 | 9,9852· | 8 |
| 53 | 9,3801 | 9,3930 | 0,6070 | 9,9871 | 9,4097 | 9,4245̇ | 0,5755̄ | 9,9852 | 7 |
| 54 | 9,3806 | 9,3935̇ | 0,6065̄ | 9,9871· | 9,4102 | 9,425̇0 | 0,575̄0 | 9,9851 | 6 |
| 55 | 9,3811 | 9,3941 | 0,6059 | 9,9871 | 9,4106 | 9,4255̇ | 0,5745̄ | 9,9851· | 5 |
| 56 | 9,3816 | 9,3946 | 0,6054 | 9,9870 | 9,4111 | 9,4260 | 0,5740 | 9,9851 | 4 |
| 57 | 9,3822 | 9,3952 | 0,6048 | 9,9870· | 9,4116 | 9,4265̇ | 0,5735̄ | 9,985̇0 | 3 |
| 58 | 9,3827 | 9,3957 | 0,6043 | 9,9870 | 9,4121 | 9,4270 | 0,5730 | 9,985̇0· | 2 |
| 59 | 9,3832 | 9,3962 | 0,6038 | 9,9869 | 9,4125̇ | 9,4275̇ | 0,5725̄ | 9,985̄0 | 1 |
| **60** | 9,3837 | 9,3968 | 0,6032 | 9,9869· | 9,4130 | 9,4281 | 0,5719 | 9,9849 | **0** |
| | 76° lg cos | 76° lg cot | 76° lg tan | 76° lg sin | 75° lg cos | 75° lg cot | 75° lg tan | 75° lg sin | ′ |

P

| | 6 |
|---|---|
| 1 | 0,6 |
| 2 | 1,2 |
| 3 | 1,8 |
| 4 | 2,4 |
| 5 | 3,0 |
| 6 | 3,6 |
| 7 | 4,2 |
| 8 | 4,8 |
| 9 | 5,4 |

| | 5 |
|---|---|
| 1 | 0,5 |
| 2 | 1,0 |
| 3 | 1,5 |
| 4 | 2,0 |
| 5 | 2,5 |
| 6 | 3,0 |
| 7 | 3,5 |
| 8 | 4,0 |
| 9 | 4,5 |

| | 4 |
|---|---|
| 1 | 0,4 |
| 2 | 0,8 |
| 3 | 1,2 |
| 4 | 1,6 |
| 5 | 2,0 |
| 6 | 2,4 |
| 7 | 2,8 |
| 8 | 3,2 |
| 9 | 3,6 |

43

| ' | 15° lg sin | 15° lg tan | 15° lg cot | 15° lg cos | 16° lg sin | 16° lg tan | 16° lg cot | 16° lg cos | | P |
|---|---|---|---|---|---|---|---|---|---|---|
| 0 | 9,4130 | 9,4281 | 0,5719 | 9,9849 | 9,4403 | 9,4575̄ | 0,5425̇ | 9,9828 | 60 | |
| 1 | 9,4135̄ | 9,4286 | 0,5714 | 9,9849· | 9,4408 | 9,4580 | 0,5420 | 9,9828· | 59 | |
| 2 | 9,4139 | 9,4291 | 0,5709 | 9,9849 | 9,4412 | 9,4584 | 0,5416 | 9,9828 | 58 | |
| 3 | 9,4144 | 9,4296 | 0,5704 | 9,9848 | 9,4417 | 9,4589 | 0,5411 | 9,9827 | 57 | |
| 4 | 9,4149 | 9,4301 | 0,5699 | 9,9848· | 9,4421 | 9,4594 | 0,5406 | 9,9827· | 56 | |
| 5 | 9,4153 | 9,4306 | 0,5694 | 9,9848 | 9,4425̇ | 9,4599 | 0,5401 | 9,9827 | 55 | |
| 6 | 9,4158 | 9,4311 | 0,5689 | 9,9847 | 9,4430 | 9,4603 | 0,5397 | 9,9826 | 54 | |
| 7 | 9,4163 | 9,4316 | 0,5684 | 9,9847· | 9,4434 | 9,4608 | 0,5392 | 9,9826· | 53 | |
| 8 | 9,4168 | 9,4321 | 0,5679 | ·9,9847 | 9,4438 | 9,4613 | 0,5387 | 9,9826 | 52 | |
| 9 | 9,4172 | 9,4326 | 0,5674 | 9,9846 | 9,4443 | 9,4618 | 0,5382 | 9,9825· | 51 | |
| 10 | 9,4177 | 9,4331 | 0,5669 | 9,9846· | 9,4447 | 9,4622 | 0,5378 | 9,9825̄ | 50 | 5 |
| 11 | 9,4181 | 9,4336 | 0,5664 | 9,9846 | 9,4452 | 9,4627 | 0,5373 | 9,9824 | 49 | 1 \| 0,5 |
| 12 | 9,4186 | 9,4341 | 0,5659 | 9,9845̇ | 9,4456 | 9,4632 | 0,5368 | 9,9824· | 48 | 2 \| 1,0 |
| 13 | 9,4191 | 9,4346 | 0,5654 | 9,9845̇· | 9,4460 | 9,4637 | 0,5363 | 9,9824 | 47 | 3 \| 1,5 |
| 14 | 9,4195̇ | 9,4351 | 0,5649 | 9,9845̄ | 9,4465̄ | 9,4641 | 0,5359 | 9,9823 | 46 | 4 \| 2,0 |
| 15 | 9,4200 | 9,4356 | 0,5644 | 9,9844 | 9,4469 | 9,4646 | 0,5354 | 9,9823· | 45 | 5 \| 2,5 |
| 16 | 9,4205̄ | 9,4361 | 0,5639 | 9,9844· | 9,4473 | 9,4651 | 0,5349 | 9,9823 | 44 | 6 \| 3,0 |
| 17 | 9,4209 | 9,4366 | 0,5634 | 9,9844 | 9,4478 | 9,4655̇ | 0,5345̄ | 9,9822 | 43 | 7 \| 3,5 |
| 18 | 9,4214 | 9,4371 | 0,5629 | 9,9843 | 9,4482 | 9,4660 | 0,5340 | 9,9822· | 42 | 8 \| 4,0 |
| 19 | 9,4219 | 9,4376 | 0,5624 | 9,9843· | 9,4486 | 9,4665̄ | 0,5335̇ | 9,9821 | 41 | 9 \| 4,5 |
| 20 | 9,4223 | 9,4381 | 0,5619 | 9,9843 | 9,4491 | 9,4669 | 0,5331 | 9,9821· | 40 | |
| 21 | 9,4228 | 9,4386 | 0,5614 | 9,9842 | 9,4495̄ | 9,4674 | 0,5326 | 9,9821 | 39 | |
| 22 | 9,4232 | 9,4390 | 0,5610 | 9,9842· | 9,4499 | 9,4679 | 0,5321 | 9,9820 | 38 | |
| 23 | 9,4237 | 9,4395̇ | 0,5605̇ | 9,9842 | 9,4503 | 9,4683 | 0,5317 | 9,9820· | 37 | |
| 24 | 9,4242 | 9,4400 | 0,5600 | 9,9841 | 9,4508 | 9,4688 | 0,5312 | 9,9820 | 36 | |
| 25 | 9,4246 | 9,4405 | 0,5595̄ | 9,9841· | 9,4512 | 9,4693 | 0,5307 | 9,9819 | 35 | |
| 26 | 9,4251 | 9,4410 | 0,5590 | 9,9841 | 9,4516 | 9,4697 | 0,5303 | 9,9819· | 34 | |
| 27 | 9,4255̇ | 9,4415̇ | 0,5585̄ | 9,9840· | 9,4521 | 9,4702 | 0,5298 | 9,9818 | 33 | |
| 28 | 9,4260 | 9,4420 | 0,5580 | 9,9840 | 9,4525̄ | 9,4707 | 0,5293 | 9,9818· | 32 | |
| 29 | 9,4264 | 9,4425̄ | 0,5575̇ | 9,9839 | 9,4529 | 9,4711 | 0,5289 | 9,9818 | 31 | |
| 30 | 9,4269 | 9,4430 | 0,5570 | 9,9839· | 9,4533 | 9,4716 | 0,5284 | 9,9817 | 30 | |
| 31 | 9,4274 | 9,4435̄ | 0,5565̇ | 9,9839 | 9,4538 | 9,4721 | 0,5279 | 9,9817· | 29 | |
| 32 | 9,4278 | 9,4440 | 0,5560 | 9,9838 | 9,4542 | 9,4725̇ | 0,5275̄ | 9,9817 | 28 | |
| 33 | 9,4283 | 9,4445̄ | 0,5555̇ | 9,9838· | 9,4546 | 9,4730 | 0,5270 | 9,9816 | 27 | |
| 34 | 9,4287 | 9,4449 | 0,5551 | 9,9838 | 9,455̇0 | 9,4735̄ | 0,5265̇ | 9,9816· | 26 | |
| 35 | 9,4292 | 9,4454 | 0,5546 | 9,9837 | 9,4555̄ | 9,4739 | 0,5261 | 9,9815̇ | 25 | |
| 36 | 9,4296 | 9,4459 | 0,5541 | 9,9837· | 9,4559 | 9,4744 | 0,5256 | 9,9815̇· | 24 | 4 |
| 37 | 9,4301 | 9,4464 | 0,5536 | 9,9837 | 9,4563 | 9,4748 | 0,5252 | 9,9815̄ | 23 | 1 \| 0,4 |
| 38 | 9,4305̇ | 9,4469 | 0,5531 | 9,9836 | 9,4567 | 9,4753 | 0,5247 | 9,9814 | 22 | 2 \| 0,8 |
| 39 | 9,4310 | 9,4474 | 0,5526 | 9,9836· | 9,4572 | 9,4758 | 0,5242 | 9,9814· | 21 | 3 \| 1,2 |
| 40 | 9,4314 | 9,4479 | 0,5521 | 9,9836 | 9,4576 | 9,4762 | 0,5238 | 9,9814 | 20 | 4 \| 1,6 |
| 41 | 9,4319 | 9,4484 | 0,5516 | 9,9835̇ | 9,4580 | 9,4767 | 0,5233 | 9,9813 | 19 | 5 \| 2,0 |
| 42 | 9,4323 | 9,4488 | 0,5512 | 9,9835̄· | 9,4584 | 9,4771 | 0,5229 | 9,9813· | 18 | 6 \| 2,4 |
| 43 | 9,4328 | 9,4493 | 0,5507 | 9,9835̄ | 9,4588 | 9,4776 | 0,5224 | 9,9812 | 17 | 7 \| 2,8 |
| 44 | 9,4332 | 9,4498 | 0,5502 | 9,9834· | 9,4593 | 9,4781 | 0,5219 | 9,9812· | 16 | 8 \| 3,2 |
| 45 | 9,4337 | 9,4503 | 0,5497 | 9,9834 | 9,4597 | 9,4785̄ | 0,5215̄ | 9,9812 | 15 | 9 \| 3,6 |
| 46 | 9,4341 | 9,4508 | 0,5492 | 9,9833 | 9,4601 | 9,4790 | 0,5210 | 9,9811 | 14 | |
| 47 | 9,4346 | 9,4513 | 0,5487 | 9,9833· | 9,4605̇ | 9,4794 | 0,5206 | 9,9811· | 13 | |
| 48 | 9,435̇0 | 9,4517 | 0,5483 | 9,9833 | 9,4609 | 9,4799 | 0,5201 | 9,9811 | 12 | |
| 49 | 9,4355̄ | 9,4522 | 0,5478 | 9,9832 | 9,4614 | 9,4803 | 0,5197 | 9,9810· | 11 | |
| 50 | 9,4359 | 9,4527 | 0,5473 | 9,9832· | 9,4618 | 9,4808 | 0,5192 | 9,9810 | 10 | |
| 51 | 9,4364 | 9,4532 | 0,5468 | 9,9832 | 9,4622 | 9,4813 | 0,5187 | 9,9809 | 9 | |
| 52 | 9,4368 | 9,4537 | 0,5463 | 9,9831 | 9,4626 | 9,4817 | 0,5183 | 9,9809· | 8 | |
| 53 | 9,4372 | 9,4541 | 0,5459 | 9,9831· | 9,4630 | 9,4822 | 0,5178 | 9,9809 | 7 | |
| 54 | 9,4377 | 9,4546 | 0,5454 | 9,9831 | 9,4634 | 9,4826 | 0,5174 | 9,9808 | 6 | |
| 55 | 9,4381 | 9,4551 | 0,5449 | 9,9830 | 9,4639 | 9,4831 | 0,5169 | 9,9808· | 5 | |
| 56 | 9,4386 | 9,4556 | 0,5444 | 9,9830· | 9,4643 | 9,4835̇ | 0,5165̄ | 9,9808 | 4 | |
| 57 | 9,4390 | 9,4561 | 0,5439 | 9,9830 | 9,4647 | 9,4840 | 0,5160 | 9,9807· | 3 | |
| 58 | 9,4395̄ | 9,4565̇ | 0,5435̄ | 9,9829· | 9,4651 | 9,4844 | 0,5156 | 9,9807 | 2 | |
| 59 | 9,4399 | 9,4570 | 0,5430 | 9,9829 | 9,4655̇ | 9,4849 | 0,5151 | 9,9806 | 1 | |
| 60 | 9,4403 | 9,4575̄ | 0,5425̇ | 9,9828 | 9,4659 | 9,4853 | 0,5147 | 9,9806· | 0 | |
| | 74° lg cos | 74° lg cot | 74° lg tan | 74° lg sin | 73° lg cos | 73° lg cot | 73° lg tan | 73° lg sin | ' | P |

| | 17° | | | | 18° | | | | |
|---|---|---|---|---|---|---|---|---|---|
| ′ | lg sin | lg tan | lg cot | lg cos | lg sin | lg tan | lg cot | lg cos | |
| **0** | 9,4659 | 9,4853 | 0,5147 | 9,9806˙ | 9,4900 | 9,5118 | 0,4882 | 9,9782˙ | 60 |
| 1 | 9,4663 | 9,4858 | 0,5142 | 9,9806 | 9,4904 | 9,5122 | 0,4878 | 9,9782 | 59 |
| 2 | 9,4668 | 9,4862 | 0,5138 | 9,9805̇˙ | 9,4908 | 9,5126 | 0,4874 | 9,9781 | 58 |
| 3 | 9,4672 | 9,4867 | 0,5133 | 9,9805̄ | 9,4911 | 9,5131 | 0,4869 | 9,9781˙ | 57 |
| 4 | 9,4676 | 9,4871 | 0,5129 | 9,9804 | 9,4915̇ | 9,5135̄ | 0,4865̇ | 9,9780 | 56 |
| 5 | 9,4680 | 9,4876 | 0,5124 | 9,9804˙ | 9,4919 | 9,5139 | 0,4861 | 9,9780˙ | 55 |
| 6 | 9,4684 | 9,4880 | 0,5120 | 9,9804 | 9,4923 | 9,5143 | 0,4857 | 9,9780 | 54 |
| 7 | 9,4688 | 9,4885̄ | 0,5115̇ | 9,9803 | 9,4927 | 9,5148 | 0,4852 | 9,9779˙ | 53 |
| 8 | 9,4692 | 9,4889 | 0,5111 | 9,9803˙ | 9,4931 | 9,5152 | 0,4848 | 9,9779 | 52 |
| 9 | 9,4696 | 9,4894 | 0,5106 | 9,9802 | 9,4935̄ | 9,5156 | 0,4844 | 9,9778 | 51 |
| **10** | 9,4700 | 9,4898 | 0,5102 | 9,9802˙ | 9,4939 | 9,5161 | 0,4839 | 9,9778˙ | 50 |
| 11 | 9,4705̄ | 9,4903 | 0,5097 | 9,9802 | 9,4942 | 9,5165̄ | 0,4835̇ | 9,9778 | 49 |
| 12 | 9,4709 | 9,4907 | 0,5093 | 9,9801 | 9,4946 | 9,5169 | 0,4831 | 9,9777˙ | 48 |
| 13 | 9,4713 | 9,4912 | 0,5088 | 9,9801˙ | 9,4950̇ | 9,5173 | 0,4827 | 9,9777 | 47 |
| 14 | 9,4717 | 9,4916 | 0,5084 | 9,9801 | 9,4954 | 9,5178 | 0,4822 | 9,9776 | 46 |
| 15 | 9,4721 | 9,4921 | 0,5079 | 9,9800˙ | 9,4958 | 9,5182 | 0,4818 | 9,9776˙ | 45 |
| 16 | 9,4725̄ | 9,4925̇ | 0,5075̄ | 9,9800 | 9,4962 | 9,5186 | 0,4814 | 9,9775 | 44 |
| 17 | 9,4729 | 9,4930 | 0,5070 | 9,9799 | 9,4965̇ | 9,5190 | 0,4810 | 9,9775̇˙ | 43 |
| 18 | 9,4733 | 9,4934 | 0,5066 | 9,9799˙ | 9,4969 | 9,5195̄ | 0,4805̇ | 9,9775̄ | 42 |
| 19 | 9,4737 | 9,4939 | 0,5061 | 9,9799 | 9,4973 | 9,5199 | 0,4801 | 9,9774˙ | 41 |
| **20** | 9,4741 | 9,4943 | 0,5057 | 9,9798˙ | 9,4977 | 9,5203 | 0,4797 | 9,9774 | 40 |
| 21 | 9,4745̇ | 9,4947 | 0,5053 | 9,9798 | 9,4981 | 9,5207 | 0,4793 | 9,9773 | 39 |
| 22 | 9,4749 | 9,4952 | 0,5048 | 9,9797 | 9,4984 | 9,5212 | 0,4788 | 9,9773˙ | 38 |
| 23 | 9,4753 | 9,4956 | 0,5044 | 9,9797˙ | 9,4988 | 9,5216 | 0,4784 | 9,9773 | 37 |
| 24 | 9,4757 | 9,4961 | 0,5039 | 9,9797 | 9,4992 | 9,5220 | 0,4780 | 9,9772˙ | 36 |
| 25 | 9,4761 | 9,4965̇ | 0,5035̄ | 9,9796˙ | 9,4996 | 9,5224 | 0,4776 | 9,9772 | 35 |
| 26 | 9,4765̇ | 9,4970 | 0,5030 | 9,9796 | 9,5̄000 | 9,5228 | 0,4772 | 9,9771 | 34 |
| 27 | 9,4769 | 9,4974 | 0,5026 | 9,9795̇ | 9,5003 | 9,5233 | 0,4767 | 9,9771˙ | 33 |
| 28 | 9,4773 | 9,4978 | 0,5022 | 9,9795̄˙ | 9,5007 | 9,5237 | 0,4763 | 9,9770 | 32 |
| 29 | 9,4777 | 9,4983 | 0,5017 | 9,9795̄ | 9,5011 | 9,5241 | 0,4759 | 9,9770˙ | 31 |
| **30** | 9,4781 | 9,4987 | 0,5013 | 9,9794˙ | 9,5015̄ | 9,5245̇ | 0,4755̄ | 9,9770 | 30 |
| 31 | 9,4785̇ | 9,4992 | 0,5008 | 9,9794 | 9,5019 | 9,5249 | 0,4751 | 9,9769˙ | 29 |
| 32 | 9,4789 | 9,4996 | 0,5004 | 9,9793 | 9,5022 | 9,5254 | 0,4746 | 9,9769 | 28 |
| 33 | 9,4793 | 9,5̇000 | 0,5̄000 | 9,9793˙ | 9,5026 | 9,5258 | 0,4742 | 9,9768 | 27 |
| 34 | 9,4797 | 9,5005̄ | 0,4995̇ | 9,9793 | 9,5030 | 9,5262 | 0,4738 | 9,9768˙ | 26 |
| 35 | 9,4801 | 9,5009 | 0,4991 | 9,9792˙ | 9,5034 | 9,5266 | 0,4734 | 9,9767 | 25 |
| 36 | 9,4805̇ | 9,5014 | 0,4986 | 9,9792 | 9,5037 | 9,5270 | 0,4730 | 9,9767˙ | 24 |
| 37 | 9,4809 | 9,5018 | 0,4982 | 9,9791 | 9,5041 | 9,5275̄ | 0,4725̇ | 9,9767 | 23 |
| 38 | 9,4813 | 9,5022 | 0,4978 | 9,9791˙ | 9,5045̄ | 9,5279 | 0,4721 | 9,9766˙ | 22 |
| 39 | 9,4817 | 9,5027 | 0,4973 | 9,9791 | 9,5049 | 9,5283 | 0,4717 | 9,9766 | 21 |
| **40** | 9,4821 | 9,5031 | 0,4969 | 9,9790˙ | 9,5052 | 9,5287 | 0,4713 | 9,9765̇ | 20 |
| 41 | 9,4825̇ | 9,5035̇ | 0,4965̄ | 9,9790 | 9,5056 | 9,5291 | 0,4709 | 9,9765̄˙ | 19 |
| 42 | 9,4829 | 9,5040 | 0,4960 | 9,9789 | 9,5060 | 9,5295̇ | 0,4705̄ | 9,9764 | 18 |
| 43 | 9,4833 | 9,5044 | 0,4956 | 9,9789˙ | 9,5064 | 9,5300 | 0,4700 | 9,9764˙ | 17 |
| 44 | 9,4837 | 9,5049 | 0,4951 | 9,9789 | 9,5067 | 9,5304 | 0,4696 | 9,9764 | 16 |
| 45 | 9,4841 | 9,5053 | 0,4947 | 9,9788˙ | 9,5071 | 9,5308 | 0,4692 | 9,9763˙ | 15 |
| 46 | 9,4845̇ | 9,5057 | 0,4943 | 9,9788 | 9,5075̄ | 9,5312 | 0,4688 | 9,9763 | 14 |
| 47 | 9,4849 | 9,5062 | 0,4938 | 9,9787 | 9,5078 | 9,5316 | 0,4684 | 9,9762 | 13 |
| 48 | 9,4853 | 9,5066 | 0,4934 | 9,9787˙ | 9,5082 | 9,5320 | 0,4680 | 9,9762˙ | 12 |
| 49 | 9,4857 | 9,5070 | 0,4930 | 9,9787 | 9,5086 | 9,5324 | 0,4676 | 9,9761 | 11 |
| **50** | 9,4861 | 9,5075̄ | 0,4925̇ | 9,9786˙ | 9,5090 | 9,5329 | 0,4671 | 9,9761˙ | 10 |
| 51 | 9,4865̄ | 9,5079 | 0,4921 | 9,9786 | 9,5093 | 9,5333 | 0,4667 | 9,9761 | 9 |
| 52 | 9,4869 | 9,5083 | 0,4917 | 9,9785̇ | 9,5097 | 9,5337 | 0,4663 | 9,9760˙ | 8 |
| 53 | 9,4873 | 9,5088 | 0,4912 | 9,9785̄˙ | 9,5101 | 9,5341 | 0,4659 | 9,9760 | 7 |
| 54 | 9,4876 | 9,5092 | 0,4908 | 9,9785̄ | 9,5104 | 9,5345̇ | 0,4655̄ | 9,9759 | 6 |
| 55 | 9,4880 | 9,5096 | 0,4904 | 9,9784˙ | 9,5108 | 9,5349 | 0,4651 | 9,9759˙ | 5 |
| 56 | 9,4884 | 9,5101 | 0,4899 | 9,9784 | 9,5112 | 9,5353 | 0,4647 | 9,9758 | 4 |
| 57 | 9,4888 | 9,5105̄ | 0,4895̇ | 9,9783 | 9,5115̇ | 9,5357 | 0,4643 | 9,9758˙ | 3 |
| 58 | 9,4892 | 9,5109 | 0,4891 | 9,9783˙ | 9,5119 | 9,5362 | 0,4638 | 9,9758 | 2 |
| 59 | 9,4896 | 9,5113 | 0,4887 | 9,9782 | 9,5123 | 9,5366 | 0,4634 | 9,9757˙ | 1 |
| **60** | 9,4900 | 9,5118 | 0,4882 | 9,9782˙ | 9,5126 | 9,5370 | 0,4630 | 9,9757 | 0 |
| | lg cos | lg cot | lg tan | lg sin | lg cos | lg cot | lg tan | lg sin | ′ |
| | 72° | | | | 71° | | | | |

P

| | 5 |
|---|---|
| 1 | 0,5 |
| 2 | 1,0 |
| 3 | 1,5 |
| 4 | 2,0 |
| 5 | 2,5 |
| 6 | 3,0 |
| 7 | 3,5 |
| 8 | 4,0 |
| 9 | 4,5 |

| | 4 |
|---|---|
| 1 | 0,4 |
| 2 | 0,8 |
| 3 | 1,2 |
| 4 | 1,6 |
| 5 | 2,0 |
| 6 | 2,4 |
| 7 | 2,8 |
| 8 | 3,2 |
| 9 | 3,6 |

| | 3 |
|---|---|
| 1 | 0,3 |
| 2 | 0,6 |
| 3 | 0,9 |
| 4 | 1,2 |
| 5 | 1,5 |
| 6 | 1,8 |
| 7 | 2,1 |
| 8 | 2,4 |
| 9 | 2,7 |

P

| ′ | 19° lg sin | 19° lg tan | 19° lg cot | 19° lg cos | 20° lg sin | 20° lg tan | 20° lg cot | 20° lg cos | |
|---|---|---|---|---|---|---|---|---|---|
| 0 | 9,5126 | 9,5370 | 0,4630 | 9,9757 | 9,5341 | 9,5611 | 0,4389 | 9,9730 | 60 |
| 1 | 9,5130 | 9,5374 | 0,4626 | 9,9756 | 9,5344 | 9,5615 | 0,4385 | 9,9729 | 59 |
| 2 | 9,5134 | 9,5378 | 0,4622 | 9,9756 | 9,5347 | 9,5619 | 0,4381 | 9,9729 | 58 |
| 3 | 9,5137 | 9,5382 | 0,4618 | 9,9755 | 9,5351 | 9,5622 | 0,4378 | 9,9728 | 57 |
| 4 | 9,5141 | 9,5386 | 0,4614 | 9,9755 | 9,5354 | 9,5626 | 0,4374 | 9,9728 | 56 |
| 5 | 9,5145 | 9,5390 | 0,4610 | 9,9755 | 9,5358 | 9,5630 | 0,4370 | 9,9728 | 55 |
| 6 | 9,5148 | 9,5394 | 0,4606 | 9,9754 | 9,5361 | 9,5634 | 0,4366 | 9,9727 | 54 |
| 7 | 9,5152 | 9,5398 | 0,4602 | 9,9754 | 9,5365 | 9,5638 | 0,4362 | 9,9727 | 53 |
| 8 | 9,5156 | 9,5402 | 0,4598 | 9,9753 | 9,5368 | 9,5642 | 0,4358 | 9,9726 | 52 |
| 9 | 9,5159 | 9,5407 | 0,4593 | 9,9753 | 9,5372 | 9,5646 | 0,4354 | 9,9726 | 51 |
| 10 | 9,5163 | 9,5411 | 0,4589 | 9,9752 | 9,5375 | 9,5650 | 0,4350 | 9,9725 | 50 |
| 11 | 9,5167 | 9,5415 | 0,4585 | 9,9752 | 9,5379 | 9,5654 | 0,4346 | 9,9725 | 49 |
| 12 | 9,5170 | 9,5419 | 0,4581 | 9,9751 | 9,5382 | 9,5658 | 0,4342 | 9,9724 | 48 |
| 13 | 9,5174 | 9,5423 | 0,4577 | 9,9751 | 9,5385 | 9,5662 | 0,4338 | 9,9724 | 47 |
| 14 | 9,5177 | 9,5427 | 0,4573 | 9,9751 | 9,5389 | 9,5665 | 0,4335 | 9,9723 | 46 |
| 15 | 9,5181 | 9,5431 | 0,4569 | 9,9750 | 9,5392 | 9,5669 | 0,4331 | 9,9723 | 45 |
| 16 | 9,5185 | 9,5435 | 0,4565 | 9,9750 | 9,5396 | 9,5673 | 0,4327 | 9,9722 | 44 |
| 17 | 9,5188 | 9,5439 | 0,4561 | 9,9749 | 9,5399 | 9,5677 | 0,4323 | 9,9722 | 43 |
| 18 | 9,5192 | 9,5443 | 0,4557 | 9,9749 | 9,5402 | 9,5681 | 0,4319 | 9,9722 | 42 |
| 19 | 9,5196 | 9,5447 | 0,4553 | 9,9748 | 9,5406 | 9,5685 | 0,4315 | 9,9721 | 41 |
| 20 | 9,5199 | 9,5451 | 0,4549 | 9,9748 | 9,5409 | 9,5689 | 0,4311 | 9,9721 | 40 |
| 21 | 9,5203 | 9,5455 | 0,4545 | 9,9747 | 9,5413 | 9,5693 | 0,4307 | 9,9720 | 39 |
| 22 | 9,5206 | 9,5459 | 0,4541 | 9,9747 | 9,5416 | 9,5696 | 0,4304 | 9,9720 | 38 |
| 23 | 9,5210 | 9,5463 | 0,4537 | 9,9747 | 9,5420 | 9,5700 | 0,4300 | 9,9719 | 37 |
| 24 | 9,5213 | 9,5467 | 0,4533 | 9,9746 | 9,5423 | 9,5704 | 0,4296 | 9,9719 | 36 |
| 25 | 9,5217 | 9,5471 | 0,4529 | 9,9746 | 9,5426 | 9,5708 | 0,4292 | 9,9718 | 35 |
| 26 | 9,5221 | 9,5475 | 0,4525 | 9,9745 | 9,5430 | 9,5712 | 0,4288 | 9,9718 | 34 |
| 27 | 9,5224 | 9,5479 | 0,4521 | 9,9745 | 9,5433 | 9,5716 | 0,4284 | 9,9717 | 33 |
| 28 | 9,5228 | 9,5483 | 0,4517 | 9,9744 | 9,5436 | 9,5720 | 0,4280 | 9,9717 | 32 |
| 29 | 9,5231 | 9,5487 | 0,4513 | 9,9744 | 9,5440 | 9,5724 | 0,4276 | 9,9716 | 31 |
| 30 | 9,5235 | 9,5491 | 0,4509 | 9,9743 | 9,5443 | 9,5727 | 0,4273 | 9,9716 | 30 |
| 31 | 9,5239 | 9,5496 | 0,4504 | 9,9743 | 9,5447 | 9,5731 | 0,4269 | 9,9715 | 29 |
| 32 | 9,5242 | 9,5500 | 0,4500 | 9,9743 | 9,5450 | 9,5735 | 0,4265 | 9,9715 | 28 |
| 33 | 9,5246 | 9,5504 | 0,4496 | 9,9742 | 9,5453 | 9,5739 | 0,4261 | 9,9714 | 27 |
| 34 | 9,5249 | 9,5508 | 0,4492 | 9,9742 | 9,5457 | 9,5743 | 0,4257 | 9,9714 | 26 |
| 35 | 9,5253 | 9,5512 | 0,4488 | 9,9741 | 9,5460 | 9,5747 | 0,4253 | 9,9714 | 25 |
| 36 | 9,5256 | 9,5516 | 0,4484 | 9,9741 | 9,5463 | 9,5750 | 0,4250 | 9,9713 | 24 |
| 37 | 9,5260 | 9,5520 | 0,4480 | 9,9740 | 9,5467 | 9,5754 | 0,4246 | 9,9713 | 23 |
| 38 | 9,5263 | 9,5524 | 0,4476 | 9,9740 | 9,5470 | 9,5758 | 0,4242 | 9,9712 | 22 |
| 39 | 9,5267 | 9,5528 | 0,4472 | 9,9739 | 9,5474 | 9,5762 | 0,4238 | 9,9712 | 21 |
| 40 | 9,5270 | 9,5531 | 0,4469 | 9,9739 | 9,5477 | 9,5766 | 0,4234 | 9,9711 | 20 |
| 41 | 9,5274 | 9,5535 | 0,4465 | 9,9739 | 9,5480 | 9,5770 | 0,4230 | 9,9711 | 19 |
| 42 | 9,5278 | 9,5539 | 0,4461 | 9,9738 | 9,5484 | 9,5773 | 0,4227 | 9,9710 | 18 |
| 43 | 9,5281 | 9,5543 | 0,4457 | 9,9738 | 9,5487 | 9,5777 | 0,4223 | 9,9710 | 17 |
| 44 | 9,5285 | 9,5547 | 0,4453 | 9,9737 | 9,5490 | 9,5781 | 0,4219 | 9,9709 | 16 |
| 45 | 9,5288 | 9,5551 | 0,4449 | 9,9737 | 9,5494 | 9,5785 | 0,4215 | 9,9709 | 15 |
| 46 | 9,5292 | 9,5555 | 0,4445 | 9,9736 | 9,5497 | 9,5789 | 0,4211 | 9,9708 | 14 |
| 47 | 9,5295 | 9,5559 | 0,4441 | 9,9736 | 9,5500 | 9,5792 | 0,4208 | 9,9708 | 13 |
| 48 | 9,5299 | 9,5563 | 0,4437 | 9,9735 | 9,5504 | 9,5796 | 0,4204 | 9,9707 | 12 |
| 49 | 9,5302 | 9,5567 | 0,4433 | 9,9735 | 9,5507 | 9,5800 | 0,4200 | 9,9707 | 11 |
| 50 | 9,5306 | 9,5571 | 0,4429 | 9,9734 | 9,5510 | 9,5804 | 0,4196 | 9,9706 | 10 |
| 51 | 9,5309 | 9,5575 | 0,4425 | 9,9734 | 9,5514 | 9,5808 | 0,4192 | 9,9706 | 9 |
| 52 | 9,5313 | 9,5579 | 0,4421 | 9,9734 | 9,5517 | 9,5811 | 0,4189 | 9,9705 | 8 |
| 53 | 9,5316 | 9,5583 | 0,4417 | 9,9733 | 9,5520 | 9,5815 | 0,4185 | 9,9705 | 7 |
| 54 | 9,5320 | 9,5587 | 0,4413 | 9,9733 | 9,5523 | 9,5819 | 0,4181 | 9,9704 | 6 |
| 55 | 9,5323 | 9,5591 | 0,4409 | 9,9732 | 9,5527 | 9,5823 | 0,4177 | 9,9704 | 5 |
| 56 | 9,5327 | 9,5595 | 0,4405 | 9,9732 | 9,5530 | 9,5827 | 0,4173 | 9,9703 | 4 |
| 57 | 9,5330 | 9,5599 | 0,4401 | 9,9731 | 9,5533 | 9,5830 | 0,4170 | 9,9703 | 3 |
| 58 | 9,5334 | 9,5603 | 0,4397 | 9,9731 | 9,5537 | 9,5834 | 0,4166 | 9,9702 | 2 |
| 59 | 9,5337 | 9,5607 | 0,4393 | 9,9730 | 9,5540 | 9,5838 | 0,4162 | 9,9702 | 1 |
| 60 | 9,5341 | 9,5611 | 0,4389 | 9,9730 | 9,5543 | 9,5842 | 0,4158 | 9,9702 | 0 |
| | 70° lg cos | 70° lg cot | 70° lg tan | 70° lg sin | 69° lg cos | 69° lg cot | 69° lg tan | 69° lg sin | ′ |

P

| | 5 | 4 | 3 |
|---|---|---|---|
| 1 | 0,5 | 0,4 | 0,3 |
| 2 | 1,0 | 0,8 | 0,6 |
| 3 | 1,5 | 1,2 | 0,9 |
| 4 | 2,0 | 1,6 | 1,2 |
| 5 | 2,5 | 2,0 | 1,5 |
| 6 | 3,0 | 2,4 | 1,8 |
| 7 | 3,5 | 2,8 | 2,1 |
| 8 | 4,0 | 3,2 | 2,4 |
| 9 | 4,5 | 3,6 | 2,7 |

| ′ | 21° lg sin | 21° lg tan | 21° lg cot | 21° lg cos | 22° lg sin | 22° lg tan | 22° lg cot | 22° lg cos | ′ |
|---|---|---|---|---|---|---|---|---|---|
| **0** | 9,5543 | 9,5842 | 0,4158 | 9,9702 | 9,5736 | 9,6064 | 0,3936 | 9,9672 | **60** |
| 1 | 9,5547 | 9,5846 | 0,4154 | 9,9701· | 9,5739 | 9,6068 | 0,3932 | 9,9671· | 59 |
| 2 | 9,555̄0 | 9,5849 | 0,4151 | 9,9701 | 9,5742 | 9,6071 | 0,3929 | 9,9671 | 58 |
| 3 | 9,5553 | 9,5853 | 0,4147 | 9,9700· | 9,5745̇ | 9,6075̄ | 0,3925̇ | 9,9670· | 57 |
| 4 | 9,5556 | 9,5857 | 0,4143 | 9,9700 | 9,5748 | 9,6079 | 0,3921 | 9,9670 | 56 |
| 5 | 9,5560 | 9,5861 | 0,4139 | 9,9699· | 9,5751 | 9,6082 | 0,3918 | 9,9669· | 55 |
| 6 | 9,5563 | 9,5864 | 0,4136 | 9,9699 | 9,5754 | 9,6086 | 0,3914 | 9,9669 | 54 |
| 7 | 9,5566 | 9,5868 | 0,4132 | 9,9698· | 9,5758 | 9,6090 | 0,3910 | 9,9668· | 53 |
| 8 | 9,5570 | 9,5872 | 0,4128 | 9,9698 | 9,5761 | 9,6093 | 0,3907 | 9,9668 | 52 |
| 9 | 9,5573 | 9,5876 | 0,4124 | 9,9697· | 9,5764 | 9,6097 | 0,3903 | 9,9667· | 51 |
| **10** | 9,5576 | 9,5879 | 0,4121 | 9,9697 | 9,5767 | 9,6100 | 0,3900 | 9,9667 | **50** |
| 11 | 9,5579 | 9,5883 | 0,4117 | 9,9696· | 9,5770 | 9,6104 | 0,3896 | 9,9666· | 49 |
| 12 | 9,5583 | 9,5887 | 0,4113 | 9,9696 | 9,5773 | 9,6108 | 0,3892 | 9,9666 | 48 |
| 13 | 9,5586 | 9,5891 | 0,4109 | 9,9695̇· | 9,5776 | 9,6111 | 0,3889 | 9,9665̄ | 47 |
| 14 | 9,5589 | 9,5894 | 0,4106 | 9,9695̄ | 9,5779 | 9,6115̄ | 0,3885̇ | 9,9664 | 46 |
| 15 | 9,5592 | 9,5898 | 0,4102 | 9,9694· | 9,5782 | 9,6118 | 0,3882 | 9,9664· | 45 |
| 16 | 9,5596 | 9,5902 | 0,4098 | 9,9694 | 9,5785̇ | 9,6122 | 0,3878 | 9,9663 | 44 |
| 17 | 9,5599 | 9,5906 | 0,4094 | 9,9693· | 9,5789 | 9,6126 | 0,3874 | 9,9663· | 43 |
| 18 | 9,5602 | 9,5909 | 0,4091 | 9,9693 | 9,5792 | 9,6129 | 0,3871 | 9,9662 | 42 |
| 19 | 9,5605̇ | 9,5913 | 0,4087 | 9,9692· | 9,5795̄ | 9,6133 | 0,3867 | 9,9662· | 41 |
| **20** | 9,5609 | 9,5917 | 0,4083 | 9,9692 | 9,5798 | 9,6136 | 0,3864 | 9,9661 | **40** |
| 21 | 9,5612 | 9,5921 | 0,4079 | 9,9691· | 9,5801 | 9,6140 | 0,3860 | 9,9661· | 39 |
| 22 | 9,5615̇ | 9,5924 | 0,4076 | 9,9691 | 9,5804 | 9,6144 | 0,3856 | 9,9660 | 38 |
| 23 | 9,5618 | 9,5928 | 0,4072 | 9,9690 | 9,5807 | 9,6147 | 0,3853 | 9,9660· | 37 |
| 24 | 9,5621 | 9,5932 | 0,4068 | 9,9690· | 9,5810 | 9,6151 | 0,3849 | 9,9659 | 36 |
| 25 | 9,5625̄ | 9,5935̇ | 0,4065̄ | 9,9689 | 9,5813 | 9,6154 | 0,3846 | 9,9659· | 35 |
| 26 | 9,5628 | 9,5939 | 0,4061 | 9,9689· | 9,5816 | 9,6158 | 0,3842 | 9,9658· | 34 |
| 27 | 9,5631 | 9,5943 | 0,4057 | 9,9688 | 9,5819 | 9,6162 | 0,3838 | 9,9658 | 33 |
| 28 | 9,5634 | 9,5947 | 0,4053 | 9,9688· | 9,5822 | 9,6165̇ | 0,3835̄ | 9,9657· | 32 |
| 29 | 9,5638 | 9,595̄0 | 0,405̄0 | 9,9687 | 9,5825̇ | 9,6169 | 0,3831 | 9,9657 | 31 |
| **30** | 9,5641 | 9,5954 | 0,4046 | 9,9687· | 9,5828 | 9,6172 | 0,3828 | 9,9656· | **30** |
| 31 | 9,5644 | 9,5958 | 0,4042 | 9,9686 | 9,5831 | 9,6176 | 0,3824 | 9,9656 | 29 |
| 32 | 9,5647 | 9,5961 | 0,4039 | 9,9686· | 9,5834 | 9,6179 | 0,3821 | 9,9655̇· | 28 |
| 33 | 9,565̇0 | 9,5965̇ | 0,4035̄ | 9,9685̇ | 9,5838 | 9,6183 | 0,3817 | 9,9655̄ | 27 |
| 34 | 9,5654 | 9,5969 | 0,4031 | 9,9685̄· | 9,5841 | 9,6187 | 0,3813 | 9,9654· | 26 |
| 35 | 9,5657 | 9,5972 | 0,4028 | 9,9684 | 9,5844 | 9,6190 | 0,3810 | 9,9654 | 25 |
| 36 | 9,5660 | 9,5976 | 0,4024 | 9,9684· | 9,5847 | 9,6194 | 0,3806 | 9,9653· | 24 |
| 37 | 9,5663 | 9,5980 | 0,4020 | 9,9683 | 9,585̄0 | 9,6197 | 0,3803 | 9,9652 | 23 |
| 38 | 9,5666 | 9,5984 | 0,4016 | 9,9683· | 9,5853 | 9,6201 | 0,3799 | 9,9652· | 22 |
| 39 | 9,5670 | 9,5987 | 0,4013 | 9,9682 | 9,5856 | 9,6204 | 0,3796 | 9,9651 | 21 |
| **40** | 9,5673 | 9,5991 | 0,4009 | 9,9682· | 9,5859 | 9,6208 | 0,3792 | 9,9651· | **20** |
| 41 | 9,5676 | 9,5995̄ | 0,4005̇ | 9,9681 | 9,5862 | 9,6211 | 0,3789 | 9,965̇0 | 19 |
| 42 | 9,5679 | 9,5998 | 0,4002 | 9,9681· | 9,5865̄ | 9,6215̄ | 0,3785̇ | 9,965̄0· | 18 |
| 43 | 9,5682 | 9,6002 | 0,3998 | 9,9680 | 9,5868 | 9,6219 | 0,3781 | 9,9649 | 17 |
| 44 | 9,5685̇ | 9,6006 | 0,3994 | 9,9680· | 9,5871 | 9,6222 | 0,3778 | 9,9649· | 16 |
| 45 | 9,5689 | 9,6009 | 0,3991 | 9,9679 | 9,5874 | 9,6226 | 0,3774 | 9,9648· | 15 |
| 46 | 9,5692 | 9,6013 | 0,3987 | 9,9679· | 9,5877 | 9,6229 | 0,3771 | 9,9648 | 14 |
| 47 | 9,5695̄ | 9,6017 | 0,3983 | 9,9678 | 9,5880 | 9,6233 | 0,3767 | 9,9647· | 13 |
| 48 | 9,5698 | 9,6020 | 0,3980 | 9,9678· | 9,5883 | 9,6236 | 0,3764 | 9,9647 | 12 |
| 49 | 9,5701 | 9,6024 | 0,3976 | 9,9677· | 9,5886 | 9,6240 | 0,3760 | 9,9646· | 11 |
| **50** | 9,5704 | 9,6028 | 0,3972 | 9,9677 | 9,5889 | 9,6243 | 0,3757 | 9,9646 | **10** |
| 51 | 9,5708 | 9,6031 | 0,3969 | 9,9676· | 9,5892 | 9,6247 | 0,3753 | 9,9645· | 9 |
| 52 | 9,5711 | 9,6035̄ | 0,3965̇ | 9,9676 | 9,5895̄ | 9,625̇0 | 0,375̄0 | 9,9645̄ | 8 |
| 53 | 9,5714 | 9,6039 | 0,3961 | 9,9675· | 9,5898 | 9,6254 | 0,3746 | 9,9644 | 7 |
| 54 | 9,5717 | 9,6042 | 0,3958 | 9,9675̄ | 9,5901 | 9,6257 | 0,3743 | 9,9643 | 6 |
| 55 | 9,5720 | 9,6046 | 0,3954 | 9,9674· | 9,5904 | 9,6261 | 0,3739 | 9,9643· | 5 |
| 56 | 9,5723 | 9,605̄0 | 0,395̇0 | 9,9674 | 9,5907 | 9,6264 | 0,3736 | 9,9642 | 4 |
| 57 | 9,5726 | 9,6053 | 0,3947 | 9,9673· | 9,5910 | 9,6268 | 0,3732 | 9,9642· | 3 |
| 58 | 9,5729 | 9,6057 | 0,3943 | 9,9673 | 9,5913 | 9,6271 | 0,3729 | 9,9641 | 2 |
| 59 | 9,5733 | 9,6060 | 0,3940 | 9,9672· | 9,5916 | 9,6275̇ | 0,3725̄ | 9,9641· | 1 |
| **60** | 9,5736 | 9,6064 | 0,3936 | 9,9672 | 9,5919 | 9,6279 | 0,3721 | 9,9640· | **0** |
| | 68° lg cos | 68° lg cot | 68° lg tan | 68° lg sin | 67° lg cos | 67° lg cot | 67° lg tan | 67° lg sin | ′ |

P

| 4 | |
|---|---|
| 1 | 0,4 |
| 2 | 0,8 |
| 3 | 1,2 |
| 4 | 1,6 |
| 5 | 2,0 |
| 6 | 2,4 |
| 7 | 2,8 |
| 8 | 3,2 |
| 9 | 3,6 |

| 3 | |
|---|---|
| 1 | 0,3 |
| 2 | 0,6 |
| 3 | 0,9 |
| 4 | 1,2 |
| 5 | 1,5 |
| 6 | 1,8 |
| 7 | 2,1 |
| 8 | 2,4 |
| 9 | 2,7 |

P

43

43

| | 23° | | | | 24° | | | | | |
|---|---|---|---|---|---|---|---|---|---|---|
| ′ | lg sin | lg tan | lg cot | lg cos | lg sin | lg tan | lg cot | lg cos | | P |
| 0 | 9,5919 | 9,6279 | 0,3721 | 9,9640· | 9,6093 | 9,6486 | 0,3514 | 9,9607 | 60 | |
| 1 | 9,5922 | 9,6282 | 0,3718 | 9,9640 | 9,6096 | 9,6489 | 0,3511 | 9,9607· | 59 | |
| 2 | 9,5925̄ | 9,6286 | 0,3714 | 9,9639· | 9,6099 | 9,6493 | 0,3507 | 9,9606· | 58 | |
| 3 | 9,5928 | 9,6289 | 0,3711 | 9,9639 | 9,6102 | 9,6496 | 0,3504 | 9,9606 | 57 | |
| 4 | 9,5931 | 9,6293 | 0,3707 | 9,9638· | 9,6104 | 9,6499 | 0,3501 | 9,9605̇ | 56 | |
| 5 | 9,5934 | 9,6296 | 0,3704 | 9,9638 | 9,6107 | 9,6503 | 0,3497 | 9,9604 | 55 | 4 |
| 6 | 9,5937 | 9,6300 | 0,3700 | 9,9637· | 9,6110 | 9,6506 | 0,3494 | 9,9604· | 54 | 1 \| 0,4 |
| 7 | 9,5940 | 9,6303 | 0,3697 | 9,9636 | 9,6113 | 9,6510 | 0,3490 | 9,9603 | 53 | 2 \| 0,8 |
| 8 | 9,5943 | 9,6307 | 0,3693 | 9,9636· | 9,6116 | 9,6513 | 0,3487 | 9,9603· | 52 | 3 \| 1,2 |
| 9 | 9,5945̇ | 9,6310 | 0,3690 | 9,9635̇ | 9,6119 | 9,6516 | 0,3484 | 9,9602· | 51 | 4 \| 1,6 |
| 10 | 9,5948 | 9,6314 | 0,3686 | 9,9635̄· | 9,6121 | 9,6520 | 0,3480 | 9,9602 | 50 | 5 \| 2,0 |
| 11 | 9,5951 | 9,6317 | 0,3683 | 9,9634 | 9,6124 | 9,6523 | 0,3477 | 9,9601· | 49 | 6 \| 2,4 |
| 12 | 9,5954 | 9,6321 | 0,3679 | 9,9634· | 9,6127 | 9,6527 | 0,3473 | 9,9601 | 48 | 7 \| 2,8 |
| 13 | 9,5957 | 9,6324 | 0,3676 | 9,9633· | 9,6130 | 9,6530 | 0,3470 | 9,9600 | 47 | 8 \| 3,2 |
| 14 | 9,5960 | 9,6328 | 0,3672 | 9,9633 | 9,6133 | 9,6533 | 0,3467 | 9,9599 | 46 | 9 \| 3,6 |
| 15 | 9,5963 | 9,6331 | 0,3669 | 9,9632· | 9,6135̇ | 9,6537 | 0,3463 | 9,9599· | 45 | |
| 16 | 9,5966 | 9,6334 | 0,3666 | 9,9632 | 9,6138 | 9,6540 | 0,3460 | 9,9598· | 44 | |
| 17 | 9,5969 | 9,6338 | 0,3662 | 9,9631· | 9,6141 | 9,6543 | 0,3457 | 9,9598 | 43 | |
| 18 | 9,5972 | 9,6341 | 0,3659 | 9,9631 | 9,6144 | 9,6547 | 0,3453 | 9,9597· | 42 | |
| 19 | 9,5975̄ | 9,6345̄ | 0,3655̇ | 9,9630· | 9,6147 | 9,655̇0 | 0,345̄0 | 9,9597 | 41 | |
| 20 | 9,5978 | 9,6348 | 0,3652 | 9,9629 | 9,6149 | 9,6553 | 0,3447 | 9,9596 | 40 | |
| 21 | 9,5981 | 9,6352 | 0,3648 | 9,9629· | 9,6152 | 9,6557 | 0,3443 | 9,9595̇ | 39 | |
| 22 | 9,5984 | 9,6355̇ | 0,3645̄ | 9,9628 | 9,6155̇ | 9,6560 | 0,3440 | 9,9595̄· | 38 | |
| 23 | 9,5987 | 9,6359 | 0,3641 | 9,9628· | 9,6158 | 9,6564 | 0,3436 | 9,9594· | 37 | |
| 24 | 9,5990 | 9,6362 | 0,3638 | 9,9627· | 9,6161 | 9,6567 | 0,3433 | 9,9594 | 36 | |
| 25 | 9,5992 | 9,6366 | 0,3634 | 9,9627 | 9,6163 | 9,6570 | 0,3430 | 9,9593· | 35 | 3 |
| 26 | 9,5995̇ | 9,6369 | 0,3631 | 9,9626· | 9,6166 | 9,6574 | 0,3426 | 9,9593 | 34 | 1 \| 0,3 |
| 27 | 9,5998 | 9,6373 | 0,3627 | 9,9626 | 9,6169 | 9,6577 | 0,3423 | 9,9592 | 33 | 2 \| 0,6 |
| 28 | 9,6001 | 9,6376 | 0,3624 | 9,9625̇· | 9,6172 | 9,6580 | 0,3420 | 9,9591 | 32 | 3 \| 0,9 |
| 29 | 9,6004 | 9,6380 | 0,3620 | 9,9625̄ | 9,6174 | 9,6584 | 0,3416 | 9,9591· | 31 | 4 \| 1,2 |
| 30 | 9,6007 | 9,6383 | 0,3617 | 9,9624 | 9,6177 | 9,6587 | 0,3413 | 9,9590· | 30 | 5 \| 1,5 |
| 31 | 9,6010 | 9,6386 | 0,3614 | 9,9623 | 9,6180 | 9,6590 | 0,3410 | 9,9590 | 29 | 6 \| 1,8 |
| 32 | 9,6013 | 9,6390 | 0,3610 | 9,9623· | 9,6183 | 9,6594 | 0,3406 | 9,9589 | 28 | 7 \| 2,1 |
| 33 | 9,6016 | 9,6393 | 0,3607 | 9,9622 | 9,6186 | 9,6597 | 0,3403 | 9,9588 | 27 | 8 \| 2,4 |
| 34 | 9,6019 | 9,6397 | 0,3603 | 9,9622· | 9,6188 | 9,6600 | 0,3400 | 9,9588· | 26 | 9 \| 2,7 |
| 35 | 9,6021 | 9,6400 | 0,3600 | 9,9621· | 9,6191 | 9,6604 | 0,3396 | 9,9587 | 25 | |
| 36 | 9,6024 | 9,6404 | 0,3596 | 9,9621 | 9,6194 | 9,6607 | 0,3393 | 9,9587· | 24 | |
| 37 | 9,6027 | 9,6407 | 0,3593 | 9,9620· | 9,6197 | 9,6610 | 0,3390 | 9,9586· | 23 | |
| 38 | 9,6030 | 9,6411 | 0,3589 | 9,9620 | 9,6199 | 9,6614 | 0,3386 | 9,9586 | 22 | |
| 39 | 9,6033 | 9,6414 | 0,3586 | 9,9619 | 9,6202 | 9,6617 | 0,3383 | 9,9585̇ | 21 | |
| 40 | 9,6036 | 9,6417 | 0,3583 | 9,9618 | 9,6205̄ | 9,6620 | 0,3380 | 9,9584 | 20 | |
| 41 | 9,6039 | 9,6421 | 0,3579 | 9,9618· | 9,6208 | 9,6624 | 0,3376 | 9,9584· | 19 | |
| 42 | 9,6042 | 9,6424 | 0,3576 | 9,9617 | 9,6210 | 9,6627 | 0,3373 | 9,9583· | 18 | |
| 43 | 9,6045̄ | 9,6428 | 0,3572 | 9,9617· | 9,6213 | 9,6630 | 0,3370 | 9,9583 | 17 | |
| 44 | 9,6047 | 9,6431 | 0,3569 | 9,9616· | 9,6216 | 9,6634 | 0,3366 | 9,9582· | 16 | 2 |
| 45 | 9,605̇0 | 9,6435̄ | 0,3565̇ | 9,9616 | 9,6219 | 9,6637 | 0,3363 | 9,9582 | 15 | 1 \| 0,2 |
| 46 | 9,6053 | 9,6438 | 0,3562 | 9,9615̇· | 9,6221 | 9,6640 | 0,3360 | 9,9581 | 14 | 2 \| 0,4 |
| 47 | 9,6056 | 9,6441 | 0,3559 | 9,9615̄ | 9,6224 | 9,6644 | 0,3356 | 9,9580 | 13 | 3 \| 0,6 |
| 48 | 9,6059 | 9,6445̄ | 0,3555̇ | 9,9614 | 9,6227 | 9,6647 | 0,3353 | 9,9580· | 12 | 4 \| 0,8 |
| 49 | 9,6062 | 9,6448 | 0,3552 | 9,9613 | 9,6230 | 9,665̇0 | 0,335̄0 | 9,9579· | 11 | 5 \| 1,0 |
| 50 | 9,6065̄ | 9,6452 | 0,3548 | 9,9613· | 9,6232 | 9,6654 | 0,3346 | 9,9579 | 10 | 6 \| 1,2 |
| 51 | 9,6068 | 9,6455̇ | 0,3545̄ | 9,9612 | 9,6235̇ | 9,6657 | 0,3343 | 9,9578 | 9 | 7 \| 1,4 |
| 52 | 9,6070 | 9,6459 | 0,3541 | 9,9612· | 9,6238 | 9,6660 | 0,3340 | 9,9577 | 8 | 8 \| 1,6 |
| 53 | 9,6073 | 9,6462 | 0,3538 | 9,9611· | 9,6240 | 9,6664 | 0,3336 | 9,9577· | 7 | 9 \| 1,8 |
| 54 | 9,6076 | 9,6465̇ | 0,3535̄ | 9,9611 | 9,6243 | 9,6667 | 0,3333 | 9,9576· | 6 | |
| 55 | 9,6079 | 9,6469 | 0,3531 | 9,9610· | 9,6246 | 9,6670 | 0,3330 | 9,9576 | 5 | |
| 56 | 9,6082 | 9,6472 | 0,3528 | 9,9610 | 9,6249 | 9,6674 | 0,3326 | 9,9575̇· | 4 | |
| 57 | 9,6085̄ | 9,6476 | 0,3524 | 9,9609 | 9,6251 | 9,6677 | 0,3323 | 9,9575̄ | 3 | |
| 58 | 9,6087 | 9,6479 | 0,3521 | 9,9608 | 9,6254 | 9,6680 | 0,3320 | 9,9574 | 2 | |
| 59 | 9,6090 | 9,6482 | 0,3518 | 9,9608· | 9,6257 | 9,6683 | 0,3317 | 9,9573 | 1 | |
| 60 | 9,6093 | 9,6486 | 0,3514 | 9,9607 | 9,6259 | 9,6687 | 0,3313 | 9,9573· | 0 | |
| | lg cos | lg cot | lg tan | lg sin | lg cos | lg cot | lg tan | lg sin | ′ | P |
| | 66° | | | | 65° | | | | | |

| | 25° | | | | 26° | | | | | |
|---|---|---|---|---|---|---|---|---|---|---|
| ′ | lg sin | lg tan | lg cot | lg cos | lg sin | lg tan | lg cot | lg cos | | P |
| 0 | 9,6259 | 9,6687 | 0,3313 | 9,9573· | 9,6418 | 9,6882 | 0,3118 | 9,9537 | 60 | |
| 1 | 9,6262 | 9,6690 | 0,3310 | 9,9572· | 9,6421 | 9,6885 | 0,3115̄ | 9,9536 | 59 | |
| 2 | 9,6265 | 9,6693 | 0,3307 | 9,9572 | 9,6424 | 9,6888 | 0,3112 | 9,9535̇ | 58 | |
| 3 | 9,6268 | 9,6697 | 0,3303 | 9,9571 | 9,6426 | 9,6891 | 0,3109 | 9,9535̄· | 57 | |
| 4 | 9,6270 | 9,6700 | 0,3300 | 9,9570 | 9,6429 | 9,6895̄ | 0,3105 | 9,9534· | 56 | |
| 5 | 9,6273 | 9,6703 | 0,3297 | 9,9570· | 9,6431 | 9,6898 | 0,3102 | 9,9534 | 55 | |
| 6 | 9,6276 | 9,6706 | 0,3294 | 9,9569· | 9,6434 | 9,6901 | 0,3099 | 9,9533 | 54 | |
| 7 | 9,6278 | 9,6710 | 0,3290 | 9,9569 | 9,6437 | 9,6904 | 0,3096 | 9,9532· | 53 | |
| 8 | 9,6281 | 9,6713 | 0,3287 | 9,9568 | 9,6439 | 9,6907 | 0,3093 | 9,9532 | 52 | |
| 9 | 9,6284 | 9,6716 | 0,3284 | 9,9567 | 9,6442 | 9,6911 | 0,3089 | 9,9531 | 51 | |
| 10 | 9,6286 | 9,6720 | 0,3280 | 9,9567· | 9,6444 | 9,6914 | 0,3086 | 9,9530 | 50 | |
| 11 | 9,6289 | 9,6723 | 0,3277 | 9,9566· | 9,6447 | 9,6917 | 0,3083 | 9,9530· | 49 | |
| 12 | 9,6292 | 9,6726 | 0,3274 | 9,9566 | 9,6449 | 9,6920 | 0,3080 | 9,9529· | 48 | |
| 13 | 9,6295̄ | 9,6729 | 0,3271 | 9,9565̇ | 9,6452 | 9,6923 | 0,3077 | 9,9529 | 47 | |
| 14 | 9,6297 | 9,6733 | 0,3267 | 9,9564 | 9,6454 | 9,6927 | 0,3073 | 9,9528 | 46 | |
| 15 | 9,6300 | 9,6736 | 0,3264 | 9,9564· | 9,6457 | 9,6930 | 0,3070 | 9,9527· | 45 | |
| 16 | 9,6303 | 9,6739 | 0,3261 | 9,9563· | 9,6460 | 9,6933 | 0,3067 | 9,9527 | 44 | |
| 17 | 9,6305 | 9,6743 | 0,3257 | 9,9563 | 9,6462 | 9,6936 | 0,3064 | 9,9526 | 43 | |
| 18 | 9,6308 | 9,6746 | 0,3254 | 9,9562 | 9,6465̄ | 9,6939 | 0,3061 | 9,9525̇ | 42 | |
| 19 | 9,6311 | 9,6749 | 0,3251 | 9,9561 | 9,6467 | 9,6942 | 0,3058 | 9,9525̄· | 41 | |
| 20 | 9,6313 | 9,6752 | 0,3248 | 9,9561· | 9,6470 | 9,6946 | 0,3054 | 9,9524· | 40 | |
| 21 | 9,6316 | 9,6756 | 0,3244 | 9,9560· | 9,6472 | 9,6949 | 0,3051 | 9,9524 | 39 | |
| 22 | 9,6319 | 9,6759 | 0,3241 | 9,9560 | 9,6475̄ | 9,6952 | 0,3048 | 9,9523 | 38 | |
| 23 | 9,6321 | 9,6762 | 0,3238 | 9,9559 | 9,6477 | 9,6955 | 0,3045̄ | 9,9522· | 37 | |
| 24 | 9,6324 | 9,6765̇ | 0,3235̄ | 9,9558 | 9,6480 | 9,6958 | 0,3042 | 9,9522 | 36 | |
| 25 | 9,6327 | 9,6769 | 0,3231 | 9,9558· | 9,6483 | 9,6962 | 0,3038 | 9,9521 | 35 | |
| 26 | 9,6329 | 9,6772 | 0,3228 | 9,9557· | 9,6485̇ | 9,6965̄ | 0,3035 | 9,9520 | 34 | |
| 27 | 9,6332 | 9,6775̇ | 0,3225 | 9,9557 | 9,6488 | 9,6968 | 0,3032 | 9,9520· | 33 | |
| 28 | 9,6335̄ | 9,6778 | 0,3222 | 9,9556 | 9,6490 | 9,6971 | 0,3029 | 9,9519· | 32 | |
| 29 | 9,6337 | 9,6782 | 0,3218 | 9,9555̇ | 9,6493 | 9,6974 | 0,3026 | 9,9519 | 31 | |
| 30 | 9,6340 | 9,6785̄ | 0,3215 | 9,9555̄· | 9,6495 | 9,6977 | 0,3023 | 9,9518 | 30 | |
| 31 | 9,6342 | 9,6788 | 0,3212 | 9,9554· | 9,6498 | 9,6981 | 0,3019 | 9,9517· | 29 | |
| 32 | 9,6345̇ | 9,6791 | 0,3209 | 9,9554 | 9,6500 | 9,6984 | 0,3016 | 9,9517 | 28 | |
| 33 | 9,6348 | 9,6795 | 0,3205 | 9,9553 | 9,6503 | 9,6987 | 0,3013 | 9,9516 | 27 | |
| 34 | 9,635̄0 | 9,6798 | 0,3202 | 9,9552 | 9,6505̇ | 9,6990 | 0,3010 | 9,9515̇ | 26 | |
| 35 | 9,6353 | 9,6801 | 0,3199 | 9,9552· | 9,6508 | 9,6993 | 0,3007 | 9,9515̄· | 25 | |
| 36 | 9,6356 | 9,6804 | 0,3196 | 9,9551· | 9,6510 | 9,6996 | 0,3004 | 9,9514 | 24 | |
| 37 | 9,6358 | 9,6808 | 0,3192 | 9,9551 | 9,6513 | 9,6999 | 0,3001 | 9,9513 | 23 | |
| 38 | 9,6361 | 9,6811 | 0,3189 | 9,9550 | 9,6515̇ | 9,7003 | 0,2997 | 9,9513· | 22 | |
| 39 | 9,6364 | 9,6814 | 0,3186 | 9,9549 | 9,6518 | 9,7006 | 0,2994 | 9,9512· | 21 | |
| 40 | 9,6366 | 9,6817 | 0,3183 | 9,9549· | 9,6521 | 9,7009 | 0,2991 | 9,9512 | 20 | |
| 41 | 9,6369 | 9,6821 | 0,3179 | 9,9548· | 9,6523 | 9,7012 | 0,2988 | 9,9511 | 19 | |
| 42 | 9,6371 | 9,6824 | 0,3176 | 9,9548 | 9,6526 | 9,7015 | 0,2985̄ | 9,9510 | 18 | |
| 43 | 9,6374 | 9,6827 | 0,3173 | 9,9547 | 9,6528 | 9,7018 | 0,2982 | 9,9510· | 17 | |
| 44 | 9,6377 | 9,6830 | 0,3170 | 9,9546 | 9,6531 | 9,7022 | 0,2978 | 9,9509 | 16 | |
| 45 | 9,6379 | 9,6834 | 0,3166 | 9,9546· | 9,6533 | 9,7025 | 0,2975 | 9,9508 | 15 | |
| 46 | 9,6382 | 9,6837 | 0,3163 | 9,9545· | 9,6536 | 9,7028 | 0,2972 | 9,9508· | 14 | |
| 47 | 9,6385̄ | 9,6840 | 0,3160 | 9,9545̄ | 9,6538 | 9,7031 | 0,2969 | 9,9507 | 13 | |
| 48 | 9,6387 | 9,6843 | 0,3157 | 9,9544 | 9,6541 | 9,7034 | 0,2966 | 9,9506 | 12 | |
| 49 | 9,6390 | 9,6846 | 0,3154 | 9,9543 | 9,6543 | 9,7037 | 0,2963 | 9,9506· | 11 | |
| 50 | 9,6392 | 9,685̄0 | 0,3150 | 9,9543· | 9,6546 | 9,7040 | 0,2960 | 9,9505̇· | 10 | |
| 51 | 9,6395̇ | 9,6853 | 0,3147 | 9,9542· | 9,6548 | 9,7043 | 0,2957 | 9,9505̄ | 9 | |
| 52 | 9,6398 | 9,6856 | 0,3144 | 9,9542 | 9,6551 | 9,7047 | 0,2953 | 9,9504 | 8 | |
| 53 | 9,6400 | 9,6859 | 0,3141 | 9,9541 | 9,6553 | 9,705̄0 | 0,2950 | 9,9503· | 7 | |
| 54 | 9,6403 | 9,6863 | 0,3137 | 9,9540· | 9,6556 | 9,7053 | 0,2947 | 9,9503 | 6 | |
| 55 | 9,6405̇ | 9,6866 | 0,3134 | 9,9540 | 9,6558 | 9,7056 | 0,2944 | 9,9502 | 5 | |
| 56 | 9,6408 | 9,6869 | 0,3131 | 9,9539 | 9,6561 | 9,7059 | 0,2941 | 9,9501 | 4 | |
| 57 | 9,6411 | 9,6872 | 0,3128 | 9,9538 | 9,6563 | 9,7062 | 0,2938 | 9,9501· | 3 | |
| 58 | 9,6413 | 9,6875̇ | 0,3125̄ | 9,9538· | 9,6566 | 9,7065 | 0,2935̄ | 9,9500 | 2 | |
| 59 | 9,6416 | 9,6879 | 0,3121 | 9,9537· | 9,6568 | 9,7069 | 0,2931 | 9,9499 | 1 | |
| 60 | 9,6418 | 9,6882 | 0,3118 | 9,9537 | 9,6570 | 9,7072 | 0,2928 | 9,9499· | 0 | |
| | lg cos | lg cot | lg tan | lg sin | lg cos | lg cot | lg tan | lg sin | ′ | P |
| | 64° | | | | 63° | | | | | |

P

| | 4 |
|---|---|
| 1 | 0,4 |
| 2 | 0,8 |
| 3 | 1,2 |
| 4 | 1,6 |
| 5 | 2,0 |
| 6 | 2,4 |
| 7 | 2,8 |
| 8 | 3,2 |
| 9 | 3,6 |

| | 3 |
|---|---|
| 1 | 0,3 |
| 2 | 0,6 |
| 3 | 0,9 |
| 4 | 1,2 |
| 5 | 1,5 |
| 6 | 1,8 |
| 7 | 2,1 |
| 8 | 2,4 |
| 9 | 2,7 |

| | 2 |
|---|---|
| 1 | 0,2 |
| 2 | 0,4 |
| 3 | 0,6 |
| 4 | 0,8 |
| 5 | 1,0 |
| 6 | 1,2 |
| 7 | 1,4 |
| 8 | 1,6 |
| 9 | 1,8 |

43

| ′ | 27° lg sin | lg tan | lg cot | lg cos | 28° lg sin | lg tan | lg cot | lg cos | |
|---|---|---|---|---|---|---|---|---|---|
| 0 | 9,6570 | 9,7072 | 0,2928 | 9,9499· | 9,6716 | 9,7257 | 0,2743 | 9,9459 | 60 |
| 1 | 9,6573 | 9,7075̄ | 0,2925 | 9,9498· | 9,6718 | 9,7260 | 0,2740 | 9,9459· | 59 |
| 2 | 9,6575 | 9,7078 | 0,2922 | 9,9498 | 9,6721 | 9,7263 | 0,2737 | 9,9458 | 58 |
| 3 | 9,6578 | 9,7081 | 0,2919 | 9,9497 | 9,6723 | 9,7266 | 0,2734 | 9,9457· | 57 |
| 4 | 9,6580 | 9,7084 | 0,2916 | 9,9496· | 9,6726 | 9,7269 | 0,2731 | 9,9457 | 56 |
| 5 | 9,6583 | 9,7087 | 0,2913 | 9,9496 | 9,6728 | 9,7272 | 0,2728 | 9,9456 | 55 |
| 6 | 9,6585̇ | 9,7090 | 0,2910 | 9,9495̄ | 9,6730 | 9,7275̇ | 0,2725̄ | 9,9455̇· | 54 |
| 7 | 9,6588 | 9,7093 | 0,2907 | 9,9494· | 9,6733 | 9,7278 | 0,2722 | 9,9455 | 53 |
| 8 | 9,6590 | 9,7097 | 0,2903 | 9,9494 | 9,6735 | 9,7281 | 0,2719 | 9,9454 | 52 |
| 9 | 9,6593 | 9,7100 | 0,2900 | 9,9493 | 9,6737 | 9,7284 | 0,2716 | 9,9453· | 51 |
| 10 | 9,6595 | 9,7103 | 0,2897 | 9,9492 | 9,6740 | 9,7287 | 0,2713 | 9,9453 | 50 |
| 11 | 9,6598 | 9,7106 | 0,2894 | 9,9492· | 9,6742 | 9,7290 | 0,2710 | 9,9452 | 49 |
| 12 | 9,6600 | 9,7109 | 0,2891 | 9,9491 | 9,6744 | 9,7293 | 0,2707 | 9,9451· | 48 |
| 13 | 9,6603 | 9,7112 | 0,2888 | 9,9490 | 9,6747 | 9,7296 | 0,2704 | 9,9451 | 47 |
| 14 | 9,6605 | 9,7115̇ | 0,2885 | 9,9490· | 9,6749 | 9,7299 | 0,2701 | 9,945̄0 | 46 |
| 15 | 9,6607 | 9,7118 | 0,2882 | 9,9489 | 9,6752 | 9,7302 | 0,2698 | 9,9449· | 45 |
| 16 | 9,6610 | 9,7121 | 0,2879 | 9,9488 | 9,6754 | 9,7305̇ | 0,2695̄ | 9,9449 | 44 |
| 17 | 9,6612 | 9,7125̄ | 0,2875 | 9,9488· | 9,6756 | 9,7308 | 0,2692 | 9,9448 | 43 |
| 18 | 9,6615̄ | 9,7128 | 0,2872 | 9,9487 | 9,6759 | 9,7311 | 0,2689 | 9,9447· | 42 |
| 19 | 9,6617 | 9,7131 | 0,2869 | 9,9486 | 9,6761 | 9,7314 | 0,2686 | 9,9447 | 41 |
| 20 | 9,6620 | 9,7134 | 0,2866 | 9,9486· | 9,6763 | 9,7317 | 0,2683 | 9,9446 | 40 |
| 21 | 9,6622 | 9,7137 | 0,2863 | 9,9485· | 9,6766 | 9,7320 | 0,2680 | 9,9445̇ | 39 |
| 22 | 9,6625 | 9,7140 | 0,2860 | 9,9485̄ | 9,6768 | 9,7324 | 0,2676 | 9,9444 | 38 |
| 23 | 9,6627 | 9,7143 | 0,2857 | 9,9484 | 9,6770 | 9,7327 | 0,2673 | 9,9444· | 37 |
| 24 | 9,6629 | 9,7146 | 0,2854 | 9,9483· | 9,6773 | 9,7330 | 0,2670 | 9,9443 | 36 |
| 25 | 9,6632 | 9,7149 | 0,2851 | 9,9483 | 9,6775̄ | 9,7333 | 0,2667 | 9,9442 | 35 |
| 26 | 9,6634 | 9,7152 | 0,2848 | 9,9482 | 9,6777 | 9,7336 | 0,2664 | 9,9442· | 34 |
| 27 | 9,6637 | 9,7156 | 0,2844 | 9,9481· | 9,6780 | 9,7339 | 0,2661 | 9,9441 | 33 |
| 28 | 9,6639 | 9,7159 | 0,2841 | 9,9481 | 9,6782 | 9,7342 | 0,2658 | 9,9440 | 32 |
| 29 | 9,6642 | 9,7162 | 0,2838 | 9,9480 | 9,6784 | 9,7345̄ | 0,2655 | 9,9440· | 31 |
| 30 | 9,6644 | 9,7165 | 0,2835 | 9,9479· | 9,6787 | 9,7348 | 0,2652 | 9,9439 | 30 |
| 31 | 9,6646 | 9,7168 | 0,2832 | 9,9479 | 9,6789 | 9,7351 | 0,2649 | 9,9438· | 29 |
| 32 | 9,6649 | 9,7171 | 0,2829 | 9,9478 | 9,6791 | 9,7354 | 0,2646 | 9,9438 | 28 |
| 33 | 9,6651 | 9,7174 | 0,2826 | 9,9477· | 9,6794 | 9,7357 | 0,2643 | 9,9437 | 27 |
| 34 | 9,6654 | 9,7177 | 0,2823 | 9,9477 | 9,6796 | 9,7360 | 0,2640 | 9,9436· | 26 |
| 35 | 9,6656 | 9,7180 | 0,2820 | 9,9476 | 9,6798 | 9,7363 | 0,2637 | 9,9436 | 25 |
| 36 | 9,6659 | 9,7183 | 0,2817 | 9,9475̇ | 9,6801 | 9,7366 | 0,2634 | 9,9435̄ | 24 |
| 37 | 9,6661 | 9,7186 | 0,2814 | 9,9475· | 9,6803 | 9,7369 | 0,2631 | 9,9434 | 23 |
| 38 | 9,6663 | 9,7189 | 0,2811 | 9,9474 | 9,6805 | 9,7372 | 0,2628 | 9,9433 | 22 |
| 39 | 9,6666 | 9,7192 | 0,2808 | 9,9473 | 9,6808 | 9,7375̄ | 0,2625̇ | 9,9433· | 21 |
| 40 | 9,6668 | 9,7196 | 0,2804 | 9,9473· | 9,6810 | 9,7378 | 0,2622 | 9,9432 | 20 |
| 41 | 9,6671 | 9,7199 | 0,2801 | 9,9472 | 9,6812 | 9,7381 | 0,2619 | 9,9431 | 19 |
| 42 | 9,6673 | 9,7202 | 0,2798 | 9,9471 | 9,6814 | 9,7384 | 0,2616 | 9,9431· | 18 |
| 43 | 9,6675 | 9,7205 | 0,2795 | 9,9471· | 9,6817 | 9,7387 | 0,2613 | 9,9430 | 17 |
| 44 | 9,6678 | 9,7208 | 0,2792 | 9,9470 | 9,6819 | 9,7390 | 0,2610 | 9,9429· | 16 |
| 45 | 9,6680 | 9,7211 | 0,2789 | 9,9469 | 9,6821 | 9,7393 | 0,2607 | 9,9429 | 15 |
| 46 | 9,6683 | 9,7214 | 0,2786 | 9,9469· | 9,6824 | 9,7396 | 0,2604 | 9,9428 | 14 |
| 47 | 9,6685 | 9,7217 | 0,2783 | 9,9468 | 9,6826 | 9,7399 | 0,2601 | 9,9427· | 13 |
| 48 | 9,6687 | 9,7220 | 0,2780 | 9,9467 | 9,6828 | 9,7402 | 0,2598 | 9,9427 | 12 |
| 49 | 9,6690 | 9,7223 | 0,2777 | 9,9467· | 9,6831 | 9,7405̄ | 0,2595̇ | 9,9426 | 11 |
| 50 | 9,6692 | 9,7226 | 0,2774 | 9,9466 | 9,6833 | 9,7408 | 0,2592 | 9,9425̇ | 10 |
| 51 | 9,6695̄ | 9,7229 | 0,2771 | 9,9465̇ | 9,6835̇ | 9,7411 | 0,2589 | 9,9424 | 9 |
| 52 | 9,6697 | 9,7232 | 0,2768 | 9,9465· | 9,6837 | 9,7414 | 0,2586 | 9,9424· | 8 |
| 53 | 9,6699 | 9,7235 | 0,2765̄ | 9,9464 | 9,6840 | 9,7417 | 0,2583 | 9,9423 | 7 |
| 54 | 9,6702 | 9,7238 | 0,2762 | 9,9463 | 9,6842 | 9,7420 | 0,2580 | 9,9422 | 6 |
| 55 | 9,6704 | 9,7241 | 0,2759 | 9,9463· | 9,6844 | 9,7423 | 0,2577 | 9,9422· | 5 |
| 56 | 9,6707 | 9,7245̄ | 0,2755 | 9,9462 | 9,6847 | 9,7426 | 0,2574 | 9,9421 | 4 |
| 57 | 9,6709 | 9,7248 | 0,2752 | 9,9461 | 9,6849 | 9,7429 | 0,2571 | 9,9420· | 3 |
| 58 | 9,6711 | 9,7251 | 0,2749 | 9,9461· | 9,6851 | 9,7432 | 0,2568 | 9,9420 | 2 |
| 59 | 9,6714 | 9,7254 | 0,2746 | 9,9460 | 9,6853 | 9,7435̄ | 0,2565̇ | 9,9419 | 1 |
| 60 | 9,6716 | 9,7257 | 0,2743 | 9,9459 | 9,6856 | 9,7438 | 0,2562 | 9,9418 | 0 |
| | lg cos | lg cot | lg tan | lg sin 62° | lg cos | lg cot | lg tan | lg sin 61° | ′ |

P

| | 4 |
|---|---|
| 1 | 0,4 |
| 2 | 0,8 |
| 3 | 1,2 |
| 4 | 1,6 |
| 5 | 2,0 |
| 6 | 2,4 |
| 7 | 2,8 |
| 8 | 3,2 |
| 9 | 3,6 |

| | 3 |
|---|---|
| 1 | 0,3 |
| 2 | 0,6 |
| 3 | 0,9 |
| 4 | 1,2 |
| 5 | 1,5 |
| 6 | 1,8 |
| 7 | 2,1 |
| 8 | 2,4 |
| 9 | 2,7 |

| | 2 |
|---|---|
| 1 | 0,2 |
| 2 | 0,4 |
| 3 | 0,6 |
| 4 | 0,8 |
| 5 | 1,0 |
| 6 | 1,2 |
| 7 | 1,4 |
| 8 | 1,6 |
| 9 | 1,8 |

P

| | 29° | | | | 30° | | | | | |
|---|---|---|---|---|---|---|---|---|---|---|
| ′ | lg sin | lg tan | lg cot | lg cos | lg sin | lg tan | lg cot | lg cos | | P |
| **0** | 9,6856 | 9,7438 | 0,2562 | 9,9418 | 9,6990 | 9,7614 | 0,2386 | 9,9375· | **60** | |
| 1 | 9,6858 | 9,7440 | 0,2560 | 9,9417 | 9,6992 | 9,7617 | 0,2383 | 9,9375̄ | 59 | |
| 2 | 9,6860 | 9,7443 | 0,2557 | 9,9417· | 9,6994 | 9,7620 | 0,2380 | 9,9374 | 58 | |
| 3 | 9,6863 | 9,7446 | 0,2554 | 9,9416 | 9,6996 | 9,7623 | 0,2377 | 9,9373 | 57 | |
| 4 | 9,6865̄ | 9,7449 | 0,2551 | 9,9415̇ | 9,6998 | 9,7626 | 0,2374 | 9,9372 | 56 | |
| 5 | 9,6867 | 9,7452 | 0,2548 | 9,9415̄· | 9,7001 | 9,7629 | 0,2371 | 9,9372· | 55 | |
| 6 | 9,6869 | 9,7455̇ | 0,2545̄ | 9,9414 | 9,7003 | 9,7632 | 0,2368 | 9,9371 | 54 | |
| 7 | 9,6872 | 9,7458 | 0,2542 | 9,9413· | 9,7005̄ | 9,7635̄ | 0,2365̇ | 9,9370· | 53 | |
| 8 | 9,6874 | 9,7461 | 0,2539 | 9,9413 | 9,7007 | 9,7638 | 0,2362 | 9,9370 | 52 | |
| 9 | 9,6876 | 9,7464 | 0,2536 | 9,9412 | 9,7009 | 9,7641 | 0,2359 | 9,9369· | 51 | |
| **10** | 9,6878 | 9,7467 | 0,2533 | 9,9411 | 9,7012 | 9,7644 | 0,2356 | 9,9368 | **50** | 3 |
| 11 | 9,6881 | 9,7470 | 0,2530 | 9,9410 | 9,7014 | 9,7646 | 0,2354 | 9,9367· | 49 | 1 \| 0,3 |
| 12 | 9,6883 | 9,7473 | 0,2527 | 9,9410· | 9,7016 | 9,7649 | 0,2351 | 9,9367 | 48 | 2 \| 0,6 |
| 13 | 9,6885̇ | 9,7476 | 0,2524 | 9,9409 | 9,7018 | 9,7652 | 0,2348 | 9,9366 | 47 | 3 \| 0,9 |
| 14 | 9,6887 | 9,7479 | 0,2521 | 9,9408· | 9,7020 | 9,7655̇ | 0,2345̄ | 9,9365̇ | 46 | 4 \| 1,2 |
| 15 | 9,6890 | 9,7482 | 0,2518 | 9,9408 | 9,7022 | 9,7658 | 0,2342 | 9,9364· | 45 | 5 \| 1,5 |
| 16 | 9,6892 | 9,7485̇ | 0,2515̄ | 9,9407 | 9,7025̄ | 9,7661 | 0,2339 | 9,9364 | 44 | 6 \| 1,8 |
| 17 | 9,6894 | 9,7488 | 0,2512 | 9,9406· | 9,7027 | 9,7664 | 0,2336 | 9,9363 | 43 | 7 \| 2,1 |
| 18 | 9,6896 | 9,7491 | 0,2509 | 9,9406 | 9,7029 | 9,7667 | 0,2333 | 9,9362 | 42 | 8 \| 2,4 |
| 19 | 9,6899 | 9,7494 | 0,2506 | 9,9405̄ | 9,7031 | 9,7670 | 0,2330 | 9,9361· | 41 | 9 \| 2,7 |
| **20** | 9,6901 | 9,7497 | 0,2503 | 9,9404 | 9,7033 | 9,7673 | 0,2327 | 9,9361 | **40** | |
| 21 | 9,6903 | 9,75̇00 | 0,25̇00 | 9,9403 | 9,7035̇ | 9,7675̇ | 0,2325̄ | 9,9360 | 39 | |
| 22 | 9,6905̇ | 9,7503 | 0,2497 | 9,9403· | 9,7037 | 9,7678 | 0,2322 | 9,9359 | 38 | |
| 23 | 9,6908 | 9,7506 | 0,2494 | 9,9402 | 9,7040 | 9,7681 | 0,2319 | 9,9358 | 37 | |
| 24 | 9,6910 | 9,7509 | 0,2491 | 9,9401· | 9,7042 | 9,7684 | 0,2316 | 9,9358· | 36 | |
| 25 | 9,6912 | 9,7512 | 0,2488 | 9,9401 | 9,7044 | 9,7687 | 0,2313 | 9,9357 | 35 | |
| 26 | 9,6914 | 9,7515̄ | 0,2485̇ | 9,9400 | 9,7046 | 9,7690 | 0,2310 | 9,9356 | 34 | |
| 27 | 9,6917 | 9,7518 | 0,2482 | 9,9399 | 9,7048 | 9,7693 | 0,2307 | 9,9355̇ | 33 | |
| 28 | 9,6919 | 9,7521 | 0,2479 | 9,9398 | 9,705̇0 | 9,7696 | 0,2304 | 9,9355̄· | 32 | |
| 29 | 9,6921 | 9,7523 | 0,2477 | 9,9398· | 9,7053 | 9,7699 | 0,2301 | 9,9354 | 31 | |
| **30** | 9,6923 | 9,7526 | 0,2474 | 9,9397 | 9,7055̄ | 9,7701 | 0,2299 | 9,9353 | **30** | |
| 31 | 9,6926 | 9,7529 | 0,2471 | 9,9396· | 9,7057 | 9,7704 | 0,2296 | 9,9352 | 29 | |
| 32 | 9,6928 | 9,7532 | 0,2468 | 9,9396 | 9,7059 | 9,7707 | 0,2293 | 9,9352· | 28 | |
| 33 | 9,6930 | 9,7535̇ | 0,2465̄ | 9,9395̄ | 9,7061 | 9,7710 | 0,2290 | 9,9351 | 27 | |
| 34 | 9,6932 | 9,7538 | 0,2462 | 9,9394 | 9,7063 | 9,7713 | 0,2287 | 9,935̇0 | 26 | |
| 35 | 9,6935̄ | 9,7541 | 0,2459 | 9,9393 | 9,7065̇ | 9,7716 | 0,2284 | 9,9349 | 25 | |
| 36 | 9,6937 | 9,7544 | 0,2456 | 9,9393· | 9,7068 | 9,7719 | 0,2281 | 9,9349· | 24 | 2 |
| 37 | 9,6939 | 9,7547 | 0,2453 | 9,9392 | 9,7070 | 9,7722 | 0,2278 | 9,9348 | 23 | 1 \| 0,2 |
| 38 | 9,6941 | 9,755̇0 | 0,245̇0 | 9,9391· | 9,7072 | 9,7725̄ | 0,2275̇ | 9,9347 | 22 | 2 \| 0,4 |
| 39 | 9,6943 | 9,7553 | 0,2447 | 9,9391 | 9,7074 | 9,7727 | 0,2273 | 9,9346 | 21 | 3 \| 0,6 |
| **40** | 9,6946 | 9,7556 | 0,2444 | 9,9390 | 9,7076 | 9,7730 | 0,2270 | 9,9346· | **20** | 4 \| 0,8 |
| 41 | 9,6948 | 9,7559 | 0,2441 | 9,9389 | 9,7078 | 9,7733 | 0,2267 | 9,9345̄ | 19 | 5 \| 1,0 |
| 42 | 9,695̇0 | 9,7562 | 0,2438 | 9,9388· | 9,7080 | 9,7736 | 0,2264 | 9,9344 | 18 | 6 \| 1,2 |
| 43 | 9,6952 | 9,7565̄ | 0,2435̇ | 9,9388 | 9,7082 | 9,7739 | 0,2261 | 9,9343 | 17 | 7 \| 1,4 |
| 44 | 9,6955̄ | 9,7568 | 0,2432 | 9,9387 | 9,7085̄ | 9,7742 | 0,2258 | 9,9343· | 16 | 8 \| 1,6 |
| 45 | 9,6957 | 9,7571 | 0,2429 | 9,9386 | 9,7087 | 9,7745̄ | 0,2255̇ | 9,9342 | 15 | 9 \| 1,8 |
| 46 | 9,6959 | 9,7573 | 0,2427 | 9,9385̇ | 9,7089 | 9,7748 | 0,2252 | 9,9341 | 14 | |
| 47 | 9,6961 | 9,7576 | 0,2424 | 9,9385̄· | 9,7091 | 9,775̇0 | 0,225̇0 | 9,9340 | 13 | |
| 48 | 9,6963 | 9,7579 | 0,2421 | 9,9384 | 9,7093 | 9,7753 | 0,2247 | 9,9340· | 12 | |
| 49 | 9,6966 | 9,7582 | 0,2418 | 9,9383· | 9,7095̇ | 9,7756 | 0,2244 | 9,9339 | 11 | |
| **50** | 9,6968 | 9,7585̇ | 0,2415̄ | 9,9383 | 9,7097 | 9,7759 | 0,2241 | 9,9338 | **10** | |
| 51 | 9,6970 | 9,7588 | 0,2412 | 9,9382 | 9,7099 | 9,7762 | 0,2238 | 9,9337 | 9 | |
| 52 | 9,6972 | 9,7591 | 0,2409 | 9,9381 | 9,7102 | 9,7765̄ | 0,2235̇ | 9,9337· | 8 | |
| 53 | 9,6974 | 9,7594 | 0,2406 | 9,9380 | 9,7104 | 9,7768 | 0,2232 | 9,9336 | 7 | |
| 54 | 9,6977 | 9,7597 | 0,2403 | 9,9380· | 9,7106 | 9,7771 | 0,2229 | 9,9335̇ | 6 | |
| 55 | 9,6979 | 9,7600 | 0,2400 | 9,9379 | 9,7108 | 9,7773 | 0,2227 | 9,9334 | 5 | |
| 56 | 9,6981 | 9,7603 | 0,2397 | 9,9378 | 9,7110 | 9,7776 | 0,2224 | 9,9334· | 4 | |
| 57 | 9,6983 | 9,7606 | 0,2394 | 9,9377 | 9,7112 | 9,7779 | 0,2221 | 9,9333 | 3 | |
| 58 | 9,6985̇ | 9,7609 | 0,2391 | 9,9377· | 9,7114 | 9,7782 | 0,2218 | 9,9332 | 2 | |
| 59 | 9,6988 | 9,7611 | 0,2389 | 9,9376 | 9,7116 | 9,7785̄ | 0,2215̇ | 9,9331 | 1 | |
| **60** | 9,6990 | 9,7614 | 0,2386 | 9,9375̇· | 9,7118 | 9,7788 | 0,2212 | 9,9331· | **0** | |
| | lg cos | lg cot | lg tan | lg sin | lg cos | lg cot | lg tan | lg sin | ′ | P |
| | 60° | | | | 59° | | | | | |

43

| ′ | 31° lg sin | 31° lg tan | 31° lg cot | 31° lg cos | 32° lg sin | 32° lg tan | 32° lg cot | 32° lg cos | |
|---|---|---|---|---|---|---|---|---|---|
| 0 | 9,7118 | 9,7788 | 0,2212 | 9,9331· | 9,7242 | 9,7958 | 0,2042 | 9,9284 | 60 |
| 1 | 9,7120 | 9,7791 | 0,2209 | 9,9330 | 9,7244 | 9,7961 | 0,2039 | 9,9283 | 59 |
| 2 | 9,7123 | 9,7793 | 0,2207 | 9,9329 | 9,7246 | 9,7964 | 0,2036 | 9,9283· | 58 |
| 3 | 9,7125̄ | 9,7796 | 0,2204 | 9,9328· | 9,7248 | 9,7966 | 0,2034 | 9,9282 | 57 |
| 4 | 9,7127 | 9,7799 | 0,2201 | 9,9328 | 9,725̇0 | 9,7969 | 0,2031 | 9,9281 | 56 |
| 5 | 9,7129 | 9,7802 | 0,2198 | 9,9327 | 9,7252 | 9,7972 | 0,2028 | 9,9280 | 55 |
| 6 | 9,7131 | 9,7805̄ | 0,2195̇ | 9,9326 | 9,7254 | 9,7975̄ | 0,2025̇ | 9,9279 | 54 |
| 7 | 9,7133 | 9,7808 | 0,2192 | 9,9325̇· | 9,7256 | 9,7978 | 0,2022 | 9,9279· | 53 |
| 8 | 9,7135̇ | 9,7811 | 0,2189 | 9,9325̄ | 9,7258 | 9,7980 | 0,2020 | 9,9278 | 52 |
| 9 | 9,7137 | 9,7813 | 0,2187 | 9,9324 | 9,7260 | 9,7983 | 0,2017 | 9,9277 | 51 |
| 10 | 9,7139 | 9,7816 | 0,2184 | 9,9323 | 9,7262 | 9,7986 | 0,2014 | 9,9276 | 50 |
| 11 | 9,7141 | 9,7819 | 0,2181 | 9,9322· | 9,7264 | 9,7989 | 0,2011 | 9,9275̇ | 49 |
| 12 | 9,7144 | 9,7822 | 0,2178 | 9,9322 | 9,7266 | 9,7992 | 0,2008 | 9,9275̄· | 48 |
| 13 | 9,7146 | 9,7825̄ | 0,2175̇ | 9,9321 | 9,7268 | 9,7994 | 0,2006 | 9,9274 | 47 |
| 14 | 9,7148 | 9,7828 | 0,2172 | 9,9320 | 9,7270 | 9,7997 | 0,2003 | 9,9273 | 46 |
| 15 | 9,715̄0 | 9,7831 | 0,2169 | 9,9319 | 9,7272 | 9,8000 | 0,2000 | 9,9272· | 45 |
| 16 | 9,7152 | 9,7833 | 0,2167 | 9,9318 | 9,7274 | 9,8003 | 0,1997 | 9,9272 | 44 |
| 17 | 9,7154 | 9,7836 | 0,2164 | 9,9318· | 9,7276 | 9,8006 | 0,1994 | 9,9271 | 43 |
| 18 | 9,7156 | 9,7839 | 0,2161 | 9,9317 | 9,7278 | 9,8008 | 0,1992 | 9,9270 | 42 |
| 19 | 9,7158 | 9,7842 | 0,2158 | 9,9316 | 9,7280 | 9,8011 | 0,1989 | 9,9269 | 41 |
| 20 | 9,7160 | 9,7845̄ | 0,2155̇ | 9,9315̇· | 9,7282 | 9,8014 | 0,1986 | 9,9268· | 40 |
| 21 | 9,7162 | 9,7848 | 0,2152 | 9,9315̄ | 9,7284 | 9,8017 | 0,1983 | 9,9268 | 39 |
| 22 | 9,7164 | 9,785̇0 | 0,215̄0 | 9,9314 | 9,7286 | 9,8020 | 0,1980 | 9,9267 | 38 |
| 23 | 9,7166 | 9,7853 | 0,2147 | 9,9313 | 9,7288 | 9,8022 | 0,1978 | 9,9266 | 37 |
| 24 | 9,7168 | 9,7856 | 0,2144 | 9,9312· | 9,7290 | 9,8025̇ | 0,1975̇ | 9,9265̇ | 36 |
| 25 | 9,7171 | 9,7859 | 0,2141 | 9,9312 | 9,7292 | 9,8028 | 0,1972 | 9,9264· | 35 |
| 26 | 9,7173 | 9,7862 | 0,2138 | 9,9311 | 9,7294 | 9,8031 | 0,1969 | 9,9264 | 34 |
| 27 | 9,7175̄ | 9,7865̄ | 0,2135̇ | 9,9310 | 9,7296 | 9,8034 | 0,1966 | 9,9263 | 33 |
| 28 | 9,7177 | 9,7868 | 0,2132 | 9,9309 | 9,7298 | 9,8036 | 0,1964 | 9,9262 | 32 |
| 29 | 9,7179 | 9,7870 | 0,2130 | 9,9308 | 9,7300 | 9,8039 | 0,1961 | 9,9261 | 31 |
| 30 | 9,7181 | 9,7873 | 0,2127 | 9,9308· | 9,7302 | 9,8042 | 0,1958 | 9,9260 | 30 |
| 31 | 9,7183 | 9,7876 | 0,2124 | 9,9307 | 9,7304 | 9,8045̄ | 0,1955̇ | 9,9259 | 29 |
| 32 | 9,7185̄ | 9,7879 | 0,2121 | 9,9306 | 9,7306 | 9,8047 | 0,1953 | 9,9259· | 28 |
| 33 | 9,7187 | 9,7882 | 0,2118 | 9,9305̇· | 9,7308 | 9,805̇0 | 0,195̄0 | 9,9258 | 27 |
| 34 | 9,7189 | 9,7885̄ | 0,2115̇ | 9,9305̄ | 9,7310 | 9,8053 | 0,1947 | 9,9257 | 26 |
| 35 | 9,7191 | 9,7887 | 0,2113 | 9,9304 | 9,7312 | 9,8056 | 0,1944 | 9,9256 | 25 |
| 36 | 9,7193 | 9,7890 | 0,2110 | 9,9303 | 9,7314 | 9,8059 | 0,1941 | 9,9255̇ | 24 |
| 37 | 9,7195̇ | 9,7893 | 0,2107 | 9,9302 | 9,7316 | 9,8061 | 0,1939 | 9,9255̄· | 23 |
| 38 | 9,7197 | 9,7896 | 0,2104 | 9,9301 | 9,7318 | 9,8064 | 0,1936 | 9,9254 | 22 |
| 39 | 9,7199 | 9,7899 | 0,2101 | 9,9301· | 9,7320 | 9,8067 | 0,1933 | 9,9253 | 21 |
| 40 | 9,7201 | 9,7902 | 0,2098 | 9,9300 | 9,7322 | 9,8070 | 0,1930 | 9,9252 | 20 |
| 41 | 9,7203 | 9,7904 | 0,2096 | 9,9299 | 9,7324 | 9,8072 | 0,1928 | 9,9251 | 19 |
| 42 | 9,7205̇ | 9,7907 | 0,2093 | 9,9298· | 9,7326 | 9,8075̇ | 0,1925̄ | 9,9251· | 18 |
| 43 | 9,7208 | 9,7910 | 0,2090 | 9,9298 | 9,7328 | 9,8078 | 0,1922 | 9,925̄0 | 17 |
| 44 | 9,7210 | 9,7913 | 0,2087 | 9,9297 | 9,7330 | 9,8081 | 0,1919 | 9,9249 | 16 |
| 45 | 9,7212 | 9,7916 | 0,2084 | 9,9296 | 9,7332 | 9,8084 | 0,1916 | 9,9248 | 15 |
| 46 | 9,7214 | 9,7918 | 0,2082 | 9,9295̇ | 9,7334 | 9,8086 | 0,1914 | 9,9247· | 14 |
| 47 | 9,7216 | 9,7921 | 0,2079 | 9,9294 | 9,7336 | 9,8089 | 0,1911 | 9,9247 | 13 |
| 48 | 9,7218 | 9,7924 | 0,2076 | 9,9294· | 9,7338 | 9,8092 | 0,1908 | 9,9246 | 12 |
| 49 | 9,7220 | 9,7927 | 0,2073 | 9,9293 | 9,7340 | 9,8095̄ | 0,1905̇ | 9,9245̄ | 11 |
| 50 | 9,7222 | 9,7930 | 0,2070 | 9,9292 | 9,7342 | 9,8097 | 0,1903 | 9,9244 | 10 |
| 51 | 9,7224 | 9,7933 | 0,2067 | 9,9291· | 9,7344 | 9,8100 | 0,1900 | 9,9243 | 9 |
| 52 | 9,7226 | 9,7935̇ | 0,2065̄ | 9,9291 | 9,7345̇ | 9,8103 | 0,1897 | 9,9242 | 8 |
| 53 | 9,7228 | 9,7938 | 0,2062 | 9,9290 | 9,7347 | 9,8106 | 0,1894 | 9,9242· | 7 |
| 54 | 9,7230 | 9,7941 | 0,2059 | 9,9289 | 9,7349 | 9,8109 | 0,1891 | 9,9241 | 6 |
| 55 | 9,7232 | 9,7944 | 0,2056 | 9,9288 | 9,7351 | 9,8111 | 0,1889 | 9,9240 | 5 |
| 56 | 9,7234 | 9,7947 | 0,2053 | 9,9287· | 9,7353 | 9,8114 | 0,1886 | 9,9239 | 4 |
| 57 | 9,7236 | 9,7949 | 0,2051 | 9,9287 | 9,7355̇ | 9,8117 | 0,1883 | 9,9238· | 3 |
| 58 | 9,7238 | 9,7952 | 0,2048 | 9,9286 | 9,7357 | 9,8120 | 0,1880 | 9,9238 | 2 |
| 59 | 9,7240 | 9,7955̇ | 0,2045̄ | 9,9285̄ | 9,7359 | 9,8122 | 0,1878 | 9,9237 | 1 |
| 60 | 9,7242 | 9,7958 | 0,2042 | 9,9284 | 9,7361 | 9,8125̇ | 0,1875̄ | 9,9236 | 0 |
| | 58° lg cos | 58° lg cot | 58° lg tan | 58° lg sin | 57° lg cos | 57° lg cot | 57° lg tan | 57° lg sin | ′ |

P

| | 3 |
|---|---|
| 1 | 0,3 |
| 2 | 0,6 |
| 3 | 0,9 |
| 4 | 1,2 |
| 5 | 1,5 |
| 6 | 1,8 |
| 7 | 2,1 |
| 8 | 2,4 |
| 9 | 2,7 |

| | 2 |
|---|---|
| 1 | 0,2 |
| 2 | 0,4 |
| 3 | 0,6 |
| 4 | 0,8 |
| 5 | 1,0 |
| 6 | 1,2 |
| 7 | 1,4 |
| 8 | 1,6 |
| 9 | 1,8 |

P

| | 33° | | | | 34° | | | | | |
|---|---|---|---|---|---|---|---|---|---|---|
| ′ | lg sin | lg tan | lg cot | lg cos | lg sin | lg tan | lg cot | lg cos | | P |
| 0 | 9,7361 | 9,8125 | 0,1875̄ | 9,9236 | 9,7476 | 9,8290 | 0,1710 | 9,9186 | 60 | |
| 1 | 9,7363 | 9,8128 | 0,1872 | 9,9235 | 9,7477 | 9,8293 | 0,1707 | 9,9185̄ | 59 | |
| 2 | 9,7365 | 9,8131 | 0,1869 | 9,9234 | 9,7479 | 9,8295 | 0,1705 | 9,9184 | 58 | |
| 3 | 9,7367 | 9,8133 | 0,1867 | 9,9233 | 9,7481 | 9,8298 | 0,1702 | 9,9183 | 57 | |
| 4 | 9,7369 | 9,8136 | 0,1864 | 9,9233· | 9,7483 | 9,8301 | 0,1699 | 9,9182 | 56 | |
| 5 | 9,7371 | 9,8139 | 0,1861 | 9,9232 | 9,7485̄ | 9,8303 | 0,1697 | 9,9181 | 55 | |
| 6 | 9,7373 | 9,8142 | 0,1858 | 9,9231 | 9,7487 | 9,8306 | 0,1694 | 9,9181· | 54 | |
| 7 | 9,7375̄ | 9,8145̄ | 0,1855 | 9,9230 | 9,7489 | 9,8309 | 0,1691 | 9,9180 | 53 | |
| 8 | 9,7377 | 9,8147 | 0,1853 | 9,9229· | 9,7491 | 9,8312 | 0,1688 | 9,9179 | 52 | |
| 9 | 9,7379 | 9,8150 | 0,18̄50 | 9,9229 | 9,7492 | 9,8314 | 0,1686 | 9,9178 | 51 | 3 |
| 10 | 9,7380 | 9,8153 | 0,1847 | 9,9228 | 9,7494 | 9,8317 | 0,1683 | 9,9177 | 50 | 1 │ 0,3 |
| 11 | 9,7382 | 9,8156 | 0,1844 | 9,9227 | 9,7496 | 9,8320 | 0,1680 | 9,9176 | 49 | 2 │ 0,6 |
| 12 | 9,7384 | 9,8158 | 0,1842 | 9,9226 | 9,7498 | 9,8323 | 0,1677 | 9,9175̇ | 48 | 3 │ 0,9 |
| 13 | 9,7386 | 9,8161 | 0,1839 | 9,9225 | 9,75̄00 | 9,8325 | 0,1675 | 9,9175̄· | 47 | 4 │ 1,2 |
| 14 | 9,7388 | 9,8164 | 0,1836 | 9,9224· | 9,7502 | 9,8328 | 0,1672 | 9,9174 | 46 | 5 │ 1,5 |
| 15 | 9,7390 | 9,8167 | 0,1833 | 9,9224 | 9,7504 | 9,8331 | 0,1669 | 9,9173 | 45 | 6 │ 1,8 |
| 16 | 9,7392 | 9,8169 | 0,1831 | 9,9223 | 9,7505 | 9,8333 | 0,1667 | 9,9172 | 44 | 7 │ 2,1 |
| 17 | 9,7394 | 9,8172 | 0,1828 | 9,9222 | 9,7507 | 9,8336 | 0,1664 | 9,9171 | 43 | 8 │ 2,4 |
| 18 | 9,7396 | 9,8175 | 0,1825 | 9,9221 | 9,7509 | 9,8339 | 0,1661 | 9,9170 | 42 | 9 │ 2,7 |
| 19 | 9,7398 | 9,8178 | 0,1822 | 9,9220 | 9,7511 | 9,8342 | 0,1658 | 9,9169 | 41 | |
| 20 | 9,7400 | 9,8180 | 0,1820 | 9,9219· | 9,7513 | 9,8344 | 0,1656 | 9,9169· | 40 | |
| 21 | 9,7402 | 9,8183 | 0,1817 | 9,9219 | 9,7515 | 9,8347 | 0,1653 | 9,9168 | 39 | |
| 22 | 9,7404 | 9,8186 | 0,1814 | 9,9218 | 9,7517 | 9,8350 | 0,1650 | 9,9167 | 38 | |
| 23 | 9,7406 | 9,8189 | 0,1811 | 9,9217 | 9,7518 | 9,8352 | 0,1648 | 9,9166 | 37 | |
| 24 | 9,7407 | 9,8191 | 0,1809 | 9,9216 | 9,7520 | 9,8355 | 0,1645̄ | 9,9165 | 36 | |
| 25 | 9,7409 | 9,8194 | 0,1806 | 9,9215 | 9,7522 | 9,8358 | 0,1642 | 9,9164 | 35 | |
| 26 | 9,7411 | 9,8197 | 0,1803 | 9,9214· | 9,7524 | 9,8361 | 0,1639 | 9,9163· | 34 | |
| 27 | 9,7413 | 9,8200 | 0,1800 | 9,9214 | 9,7526 | 9,8363 | 0,1637 | 9,9163 | 33 | |
| 28 | 9,7415̇ | 9,8202 | 0,1798 | 9,9213 | 9,7528 | 9,8366 | 0,1634 | 9,9162 | 32 | |
| 29 | 9,7417 | 9,8205 | 0,1795̄ | 9,9212 | 9,7529 | 9,8369 | 0,1631 | 9,9161 | 31 | |
| 30 | 9,7419 | 9,8208 | 0,1792 | 9,9211 | 9,7531 | 9,8371 | 0,1629 | 9,9160 | 30 | |
| 31 | 9,7421 | 9,8211 | 0,1789 | 9,9210 | 9,7533 | 9,8374 | 0,1626 | 9,9159 | 29 | |
| 32 | 9,7423 | 9,8213 | 0,1787 | 9,9209· | 9,7535̄ | 9,8377 | 0,1623 | 9,9158 | 28 | |
| 33 | 9,7425̄ | 9,8216 | 0,1784 | 9,9209 | 9,7537 | 9,8379 | 0,1621 | 9,9157 | 27 | |
| 34 | 9,7427 | 9,8219 | 0,1781 | 9,9208 | 9,7539 | 9,8382 | 0,1618 | 9,9156 | 26 | 2 |
| 35 | 9,7428 | 9,8222 | 0,1778 | 9,9207 | 9,7540 | 9,8385̄ | 0,1615 | 9,9156· | 25 | 1 │ 0,2 |
| 36 | 9,7430 | 9,8224 | 0,1776 | 9,9206 | 9,7542 | 9,8388 | 0,1612 | 9,9155̄ | 24 | 2 │ 0,4 |
| 37 | 9,7432 | 9,8227 | 0,1773 | 9,9205 | 9,7544 | 9,8390 | 0,1610 | 9,9154 | 23 | 3 │ 0,6 |
| 38 | 9,7434 | 9,8230 | 0,1770 | 9,9204· | 9,7546 | 9,8393 | 0,1607 | 9,9153 | 22 | 4 │ 0,8 |
| 39 | 9,7436 | 9,8233 | 0,1767 | 9,9204 | 9,7548 | 9,8396 | 0,1604 | 9,9152 | 21 | 5 │ 1,0 |
| 40 | 9,7438 | 9,8235̇ | 0,1765̄ | 9,9203 | 9,75̄50 | 9,8398 | 0,1602 | 9,9151 | 20 | 6 │ 1,2 |
| 41 | 9,7440 | 9,8238 | 0,1762 | 9,9202 | 9,7551 | 9,8401 | 0,1599 | 9,9150 | 19 | 7 │ 1,4 |
| 42 | 9,7442 | 9,8241 | 0,1759 | 9,9201 | 9,7553 | 9,8404 | 0,1596 | 9,9149 | 18 | 8 │ 1,6 |
| 43 | 9,7444 | 9,8243 | 0,1757 | 9,9200 | 9,7555̇ | 9,8406 | 0,1594 | 9,9149· | 17 | 9 │ 1,8 |
| 44 | 9,7445̇ | 9,8246 | 0,1754 | 9,9199 | 9,7557 | 9,8409 | 0,1591 | 9,9148 | 16 | |
| 45 | 9,7447 | 9,8249 | 0,1751 | 9,9198 | 9,7559 | 9,8412 | 0,1588 | 9,9147 | 15 | |
| 46 | 9,7449 | 9,8252 | 0,1748 | 9,9198· | 9,7561 | 9,8415̄ | 0,1585 | 9,9146 | 14 | |
| 47 | 9,7451 | 9,8254 | 0,1746 | 9,9197 | 9,7562 | 9,8417 | 0,1583 | 9,9145̇ | 13 | |
| 48 | 9,7453 | 9,8257 | 0,1743 | 9,9196 | 9,7564 | 9,8420 | 0,1580 | 9,9144 | 12 | |
| 49 | 9,7455̄ | 9,8260 | 0,1740 | 9,9195 | 9,7566 | 9,8423 | 0,1577 | 9,9143 | 11 | |
| 50 | 9,7457 | 9,8263 | 0,1737 | 9,9194 | 9,7568 | 9,8425̇ | 0,1575 | 9,9142 | 10 | |
| 51 | 9,7459 | 9,8265̇ | 0,1735̄ | 9,9193· | 9,7570 | 9,8428 | 0,1572 | 9,9142· | 9 | |
| 52 | 9,7461 | 9,8268 | 0,1732 | 9,9193 | 9,7571 | 9,8431 | 0,1569 | 9,9141 | 8 | |
| 53 | 9,7462 | 9,8271 | 0,1729 | 9,9192 | 9,7573 | 9,8433 | 0,1567 | 9,9140 | 7 | |
| 54 | 9,7464 | 9,8274 | 0,1726 | 9,9191 | 9,7575̇ | 9,8436 | 0,1564 | 9,9139 | 6 | |
| 55 | 9,7466 | 9,8276 | 0,1724 | 9,9190 | 9,7577 | 9,8439 | 0,1561 | 9,9138 | 5 | |
| 56 | 9,7468 | 9,8279 | 0,1721 | 9,9189 | 9,7579 | 9,8442 | 0,1558 | 9,9137 | 4 | |
| 57 | 9,7470 | 9,8282 | 0,1718 | 9,9188 | 9,7580 | 9,8444 | 0,1556 | 9,9136 | 3 | |
| 58 | 9,7472 | 9,8284 | 0,1716 | 9,9187 | 9,7582 | 9,8447 | 0,1553 | 9,9135̇· | 2 | |
| 59 | 9,7474 | 9,8287 | 0,1713 | 9,9187· | 9,7584 | 9,845̄0 | 0,1550 | 9,9135̄ | 1 | |
| 60 | 9,7476 | 9,8290 | 0,1710 | 9,9186 | 9,7586 | 9,8452 | 0,1548 | 9,9134 | 0 | |
| | lg cos | lg cot | lg tan | lg sin | lg cos | lg cot | lg tan | lg sin | ′ | P |
| | 56° | | | | 55° | | | | | |

43

43

| ' | 35° lg sin | 35° lg tan | 35° lg cot | 35° lg cos | 36° lg sin | 36° lg tan | 36° lg cot | 36° lg cos | | P |
|---|---|---|---|---|---|---|---|---|---|---|
| **0** | 9,7586 | 9,8452 | 0,1548 | 9,9134 | 9,7692 | 9,8613 | 0,1387 | 9,9080· | **60** | |
| 1 | 9,7588 | 9,8455̄ | 0,1545 | 9,9133 | 9,7694 | 9,8615 | 0,1385̄ | 9,9079 | 59 | |
| 2 | 9,7590 | 9,8458 | 0,1542 | 9,9132 | 9,7696 | 9,8618 | 0,1382 | 9,9078 | 58 | |
| 3 | 9,7591 | 9,8460 | 0,1540 | 9,9131 | 9,7697 | 9,8621 | 0,1379 | 9,9077 | 57 | |
| 4 | 9,7593 | 9,8463 | 0,1537 | 9,9130 | 9,7699 | 9,8623 | 0,1377 | 9,9076 | 56 | |
| 5 | 9,7595̄ | 9,8466 | 0,1534 | 9,9129 | 9,7701 | 9,8626 | 0,1374 | 9,9075 | 55 | |
| 6 | 9,7597 | 9,8468 | 0,1532 | 9,9128 | 9,7703 | 9,8629 | 0,1371 | 9,9074 | 54 | |
| 7 | 9,7599 | 9,8471 | 0,1529 | 9,9127· | 9,7704 | 9,8631 | 0,1369 | 9,9073 | 53 | |
| 8 | 9,7600 | 9,8474 | 0,1526 | 9,9127 | 9,7706 | 9,8634 | 0,1366 | 9,9072 | 52 | |
| 9 | 9,7602 | 9,8476 | 0,1524 | 9,9126 | 9,7708 | 9,8637 | 0,1363 | 9,9071 | 51 | |
| **10** | 9,7604 | 9,8479 | 0,1521 | 9,9125̄ | 9,7710 | 9,8639 | 0,1361 | 9,9070 | **50** | 3 |
| 11 | 9,7606 | 9,8482 | 0,1518 | 9,9124 | 9,7711 | 9,8642 | 0,1358 | 9,9069· | 49 | 1 \| 0,3 |
| 12 | 9,7607 | 9,8484 | 0,1516 | 9,9123 | 9,7713 | 9,8644 | 0,1356 | 9,9069 | 48 | 2 \| 0,6 |
| 13 | 9,7609 | 9,8487 | 0,1513 | 9,9122 | 9,7715̄ | 9,8647 | 0,1353 | 9,9068 | 47 | 3 \| 0,9 |
| 14 | 9,7611 | 9,8490 | 0,1510 | 9,9121 | 9,7716 | 9,865̄0 | 0,1350 | 9,9067 | 46 | 4 \| 1,2 |
| 15 | 9,7613 | 9,8493 | 0,1507 | 9,9120 | 9,7718 | 9,8652 | 0,1348 | 9,9066 | 45 | 5 \| 1,5 |
| 16 | 9,7615̄ | 9,8495 | 0,1505̄ | 9,9119· | 9,7720 | 9,8655̇ | 0,1345̄ | 9,9065̄ | 44 | 6 \| 1,8 |
| 17 | 9,7616 | 9,8498 | 0,1502 | 9,9119 | 9,7722 | 9,8658 | 0,1342 | 9,9064 | 43 | 7 \| 2,1 |
| 18 | 9,7618 | 9,8501 | 0,1499 | 9,9118 | 9,7723 | 9,8660 | 0,1340 | 9,9063 | 42 | 8 \| 2,4 |
| 19 | 9,7620 | 9,8503 | 0,1497 | 9,9117 | 9,7725̇ | 9,8663 | 0,1337 | 9,9062 | 41 | 9 \| 2,7 |
| **20** | 9,7622 | 9,8506 | 0,1494 | 9,9116 | 9,7727 | 9,8666 | 0,1334 | 9,9061 | **40** | |
| 21 | 9,7624 | 9,8509 | 0,1491 | 9,9115̄ | 9,7728 | 9,8668 | 0,1332 | 9,9060 | 39 | |
| 22 | 9,7625 | 9,8511 | 0,1489 | 9,9114 | 9,7730 | 9,8671 | 0,1329 | 9,9059 | 38 | |
| 23 | 9,7627 | 9,8514 | 0,1486 | 9,9113 | 9,7732 | 9,8674 | 0,1326 | 9,9058 | 37 | |
| 24 | 9,7629 | 9,8517 | 0,1483 | 9,9112 | 9,7734 | 9,8676 | 0,1324 | 9,9057 | 36 | |
| 25 | 9,7631 | 9,8519 | 0,1481 | 9,9111 | 9,7735 | 9,8679 | 0,1321 | 9,9056· | 35 | |
| 26 | 9,7632 | 9,8522 | 0,1478 | 9,9110 | 9,7737 | 9,8682 | 0,1318 | 9,9056 | 34 | |
| 27 | 9,7634 | 9,8525̄ | 0,1475 | 9,9110· | 9,7739 | 9,8684 | 0,1316 | 9,9055̄ | 33 | |
| 28 | 9,7636 | 9,8527 | 0,1473 | 9,9109 | 9,7740 | 9,8687 | 0,1313 | 9,9054 | 32 | |
| 29 | 9,7638 | 9,8530 | 0,1470 | 9,9108 | 9,7742 | 9,8689 | 0,1311 | 9,9053 | 31 | |
| **30** | 9,7640 | 9,8533 | 0,1467 | 9,9107 | 9,7744 | 9,8692 | 0,1308 | 9,9052 | **30** | |
| 31 | 9,7641 | 9,8535 | 0,1465 | 9,9106 | 9,7746 | 9,8695̄ | 0,1305 | 9,9051 | 29 | |
| 32 | 9,7643 | 9,8538 | 0,1462 | 9,9105 | 9,7747 | 9,8697 | 0,1303 | 9,905̄0 | 28 | |
| 33 | 9,7645̄ | 9,8541 | 0,1459 | 9,9104 | 9,7749 | 9,8700 | 0,1300 | 9,9049 | 27 | |
| 34 | 9,7647 | 9,8543 | 0,1457 | 9,9103 | 9,7751 | 9,8703 | 0,1297 | 9,9048 | 26 | |
| 35 | 9,7648 | 9,8546 | 0,1454 | 9,9102 | 9,7752 | 9,8705 | 0,1295̄ | 9,9047 | 25 | |
| 36 | 9,7650 | 9,8549 | 0,1451 | 9,9101· | 9,7754 | 9,8708 | 0,1292 | 9,9046 | 24 | 2 |
| 37 | 9,7652 | 9,8551 | 0,1449 | 9,9101 | 9,7756 | 9,8711 | 0,1289 | 9,9045 | 23 | 1 \| 0,2 |
| 38 | 9,7654 | 9,8554 | 0,1446 | 9,9100 | 9,7758 | 9,8713 | 0,1287 | 9,9044 | 22 | 2 \| 0,4 |
| 39 | 9,7655 | 9,8557 | 0,1443 | 9,9099 | 9,7759 | 9,8716 | 0,1284 | 9,9043 | 21 | 3 \| 0,6 |
| **40** | 9,7657 | 9,8559 | 0,1441 | 9,9098 | 9,7761 | 9,8718 | 0,1282 | 9,9042 | **20** | 4 \| 0,8 |
| 41 | 9,7659 | 9,8562 | 0,1438 | 9,9097 | 9,7763 | 9,8721 | 0,1279 | 9,9041· | 19 | 5 \| 1,0 |
| 42 | 9,7661 | 9,8565̄ | 0,1435 | 9,9096 | 9,7764 | 9,8724 | 0,1276 | 9,9041 | 18 | 6 \| 1,2 |
| 43 | 9,7662 | 9,8567 | 0,1433 | 9,9095 | 9,7766 | 9,8726 | 0,1274 | 9,9040 | 17 | 7 \| 1,4 |
| 44 | 9,7664 | 9,8570 | 0,1430 | 9,9094 | 9,7768 | 9,8729 | 0,1271 | 9,9039 | 16 | 8 \| 1,6 |
| 45 | 9,7666 | 9,8573 | 0,1427 | 9,9093 | 9,7769 | 9,8732 | 0,1268 | 9,9038 | 15 | 9 \| 1,8 |
| 46 | 9,7668 | 9,8575 | 0,1425̄ | 9,9092 | 9,7771 | 9,8734 | 0,1266 | 9,9037 | 14 | |
| 47 | 9,7669 | 9,8578 | 0,1422 | 9,9091 | 9,7773 | 9,8737 | 0,1263 | 9,9036 | 13 | |
| 48 | 9,7671 | 9,8581 | 0,1419 | 9,9091· | 9,7774 | 9,8740 | 0,1260 | 9,9035̄ | 12 | |
| 49 | 9,7673 | 9,8583 | 0,1417 | 9,9090 | 9,7776 | 9,8742 | 0,1258 | 9,9034 | 11 | |
| **50** | 9,7675 | 9,8586 | 0,1414 | 9,9089 | 9,7778 | 9,8745̄ | 0,1255 | 9,9033 | **10** | |
| 51 | 9,7676 | 9,8589 | 0,1411 | 9,9088 | 9,7780 | 9,8747 | 0,1253 | 9,9032 | 9 | |
| 52 | 9,7678 | 9,8591 | 0,1409 | 9,9087 | 9,7781 | 9,875̇0 | 0,125̄0 | 9,9031 | 8 | |
| 53 | 9,7680 | 9,8594 | 0,1406 | 9,9086 | 9,7783 | 9,8753 | 0,1247 | 9,9030 | 7 | |
| 54 | 9,7682 | 9,8597 | 0,1403 | 9,9085̇ | 9,7785̄ | 9,8755 | 0,1245̄ | 9,9029 | 6 | |
| 55 | 9,7683 | 9,8599 | 0,1401 | 9,9084 | 9,7786 | 9,8758 | 0,1242 | 9,9028 | 5 | |
| 56 | 9,7685 | 9,8602 | 0,1398 | 9,9083 | 9,7788 | 9,8761 | 0,1239 | 9,9027 | 4 | |
| 57 | 9,7687 | 9,8605̄ | 0,1395 | 9,9082 | 9,7790 | 9,8763 | 0,1237 | 9,9026 | 3 | |
| 58 | 9,7689 | 9,8607 | 0,1393 | 9,9081 | 9,7791 | 9,8766 | 0,1234 | 9,9025 | 2 | |
| 59 | 9,7690 | 9,8610 | 0,1390 | 9,9080 | 9,7793 | 9,8769 | 0,1231 | 9,9024 | 1 | |
| **60** | 9,7692 | 9,8613 | 0,1387 | 9,9080· | 9,7795̄ | 9,8771 | 0,1229 | 9,9023 | **0** | |
| | 54° lg cos | 54° lg cot | 54° lg tan | 54° lg sin | 53° lg cos | 53° lg cot | 53° lg tan | 53° lg sin | ' | P |

| ′ | 37° lg sin | 37° lg tan | 37° lg cot | 37° lg cos | 38° lg sin | 38° lg tan | 38° lg cot | 38° lg cos | | P |
|---|---|---|---|---|---|---|---|---|---|---|
| 0 | 9,7795̄ | 9,8771 | 0,1229 | 9,9023 | 9,7893 | 9,8928 | 0,1072 | 9,8965̇ | 60 | |
| 1 | 9,7796 | 9,8774 | 0,1226 | 9,9023˙ | 9,7895̇ | 9,8931 | 0,1069 | 9,8964 | 59 | |
| 2 | 9,7798 | 9,8776 | 0,1224 | 9,9022 | 9,7897 | 9,8933 | 0,1067 | 9,8963 | 58 | |
| 3 | 9,7800 | 9,8779 | 0,1221 | 9,9021 | 9,7898 | 9,8936 | 0,1064 | 9,8962 | 57 | |
| 4 | 9,7801 | 9,8782 | 0,1218 | 9,9020 | 9,7900 | 9,8939 | 0,1061 | 9,8961 | 56 | |
| 5 | 9,7803 | 9,8784 | 0,1216 | 9,9019 | 9,7901 | 9,8941 | 0,1059 | 9,8960 | 55 | |
| 6 | 9,7805̄ | 9,8787 | 0,1213 | 9,9018 | 9,7903 | 9,8944 | 0,1056 | 9,8959 | 54 | |
| 7 | 9,7806 | 9,8790 | 0,1210 | 9,9017 | 9,7905̄ | 9,8946 | 0,1054 | 9,8958 | 53 | |
| 8 | 9,7808 | 9,8792 | 0,1208 | 9,9016 | 9,7906 | 9,8949 | 0,1051 | 9,8957 | 52 | |
| 9 | 9,7810 | 9,8795̄ | 0,1205̇ | 9,9015̄ | 9,7908 | 9,8952 | 0,1048 | 9,8956 | 51 | |
| 10 | 9,7811 | 9,8797 | 0,1203 | 9,9014 | 9,7910 | 9,8954 | 0,1046 | 9,8955̇ | 50 | 3 |
| 11 | 9,7813 | 9,8800 | 0,1200 | 9,9013 | 9,7911 | 9,8957 | 0,1043 | 9,8954 | 49 | 1 \| 0,3 |
| 12 | 9,7815̄ | 9,8803 | 0,1197 | 9,9012 | 9,7913 | 9,8959 | 0,1041 | 9,8953 | 48 | 2 \| 0,6 |
| 13 | 9,7816 | 9,8805̇ | 0,1195̄ | 9,9011 | 9,7914 | 9,8962 | 0,1038 | 9,8952 | 47 | 3 \| 0,9 |
| 14 | 9,7818 | 9,8808 | 0,1192 | 9,9010 | 9,7916 | 9,8965̄ | 0,1035̇ | 9,8951 | 46 | 4 \| 1,2 |
| 15 | 9,7820 | 9,8811 | 0,1189 | 9,9009 | 9,7918 | 9,8967 | 0,1033 | 9,895̇0 | 45 | 5 \| 1,5 |
| 16 | 9,7821 | 9,8813 | 0,1187 | 9,9008 | 9,7919 | 9,8970 | 0,1030 | 9,8949 | 44 | 6 \| 1,8 |
| 17 | 9,7823 | 9,8816 | 0,1184 | 9,9007 | 9,7921 | 9,8972 | 0,1028 | 9,8948 | 43 | 7 \| 2,1 |
| 18 | 9,7825̄ | 9,8818 | 0,1182 | 9,9006 | 9,7922 | 9,8975̄ | 0,1025̇ | 9,8947 | 42 | 8 \| 2,4 |
| 19 | 9,7826 | 9,8821 | 0,1179 | 9,9005̇ | 9,7924 | 9,8978 | 0,1022 | 9,8946 | 41 | 9 \| 2,7 |
| 20 | 9,7828 | 9,8824 | 0,1176 | 9,9004 | 9,7926 | 9,8980 | 0,1020 | 9,8945̇ | 40 | |
| 21 | 9,7830 | 9,8826 | 0,1174 | 9,9003 | 9,7927 | 9,8983 | 0,1017 | 9,8944 | 39 | |
| 22 | 9,7831 | 9,8829 | 0,1171 | 9,9002 | 9,7929 | 9,8985̇ | 0,1015̄ | 9,8943 | 38 | |
| 23 | 9,7833 | 9,8831 | 0,1169 | 9,9001 | 9,7930 | 9,8988 | 0,1012 | 9,8942 | 37 | |
| 24 | 9,7835̄ | 9,8834 | 0,1166 | 9,9000˙ | 9,7932 | 9,8990 | 0,1010 | 9,8941 | 36 | |
| 25 | 9,7836 | 9,8837 | 0,1163 | 9,9000 | 9,7934 | 9,8993 | 0,1007 | 9,8940 | 35 | |
| 26 | 9,7838 | 9,8839 | 0,1161 | 9,8999 | 9,7935̇ | 9,8996 | 0,1004 | 9,8939 | 34 | |
| 27 | 9,7840 | 9,8842 | 0,1158 | 9,8998 | 9,7937 | 9,8998 | 0,1002 | 9,8938 | 33 | |
| 28 | 9,7841 | 9,8845̄ | 0,1155̇ | 9,8997 | 9,7938 | 9,9001 | 0,0999 | 9,8937 | 32 | |
| 29 | 9,7843 | 9,8847 | 0,1153 | 9,8996 | 9,7940 | 9,9003 | 0,0997 | 9,8936 | 31 | |
| 30 | 9,7844 | 9,885̄0 | 0,1150 | 9,8995̄ | 9,7941 | 9,9006 | 0,0994 | 9,8935̇ | 30 | |
| 31 | 9,7846 | 9,8852 | 0,1148 | 9,8994 | 9,7943 | 9,9009 | 0,0991 | 9,8934 | 29 | |
| 32 | 9,7848 | 9,8855̇ | 0,1145̄ | 9,8993 | 9,7945̄ | 9,9011 | 0,0989 | 9,8933 | 28 | |
| 33 | 9,7849 | 9,8858 | 0,1142 | 9,8992 | 9,7946 | 9,9014 | 0,0986 | 9,8932 | 27 | |
| 34 | 9,7851 | 9,8860 | 0,1140 | 9,8991 | 9,7948 | 9,9016 | 0,0984 | 9,8931 | 26 | |
| 35 | 9,7853 | 9,8863 | 0,1137 | 9,8990 | 9,7949 | 9,9019 | 0,0981 | 9,8930 | 25 | 2 |
| 36 | 9,7854 | 9,8865̇ | 0,1135̄ | 9,8989 | 9,7951 | 9,9022 | 0,0978 | 9,8929 | 24 | 1 \| 0,2 |
| 37 | 9,7856 | 9,8868 | 0,1132 | 9,8988 | 9,7953 | 9,9024 | 0,0976 | 9,8928 | 23 | 2 \| 0,4 |
| 38 | 9,7858 | 9,8871 | 0,1129 | 9,8987 | 9,7954 | 9,9027 | 0,0973 | 9,8927 | 22 | 3 \| 0,6 |
| 39 | 9,7859 | 9,8873 | 0,1127 | 9,8986 | 9,7956 | 9,9029 | 0,0971 | 9,8926 | 21 | 4 \| 0,8 |
| 40 | 9,7861 | 9,8876 | 0,1124 | 9,8985̄ | 9,7957 | 9,9032 | 0,0968 | 9,8925̇ | 20 | 5 \| 1,0 |
| 41 | 9,7863 | 9,8879 | 0,1121 | 9,8984 | 9,7959 | 9,9035̄ | 0,0965̇ | 9,8924 | 19 | 6 \| 1,2 |
| 42 | 9,7864 | 9,8881 | 0,1119 | 9,8983 | 9,7960 | 9,9037 | 0,0963 | 9,8923 | 18 | 7 \| 1,4 |
| 43 | 9,7866 | 9,8884 | 0,1116 | 9,8982 | 9,7962 | 9,9040 | 0,0960 | 9,8922 | 17 | 8 \| 1,6 |
| 44 | 9,7867 | 9,8886 | 0,1114 | 9,8981 | 9,7964 | 9,9042 | 0,0958 | 9,8921 | 16 | 9 \| 1,8 |
| 45 | 9,7869 | 9,8889 | 0,1111 | 9,8980 | 9,7965̇ | 9,9045̄ | 0,0955̇ | 9,8920 | 15 | |
| 46 | 9,7871 | 9,8892 | 0,1108 | 9,8979 | 9,7967 | 9,9047 | 0,0953 | 9,8919 | 14 | |
| 47 | 9,7872 | 9,8894 | 0,1106 | 9,8978 | 9,7968 | 9,905̇0 | 0,095̄0 | 9,8918 | 13 | |
| 48 | 9,7874 | 9,8897 | 0,1103 | 9,8977 | 9,7970 | 9,9053 | 0,0947 | 9,8917 | 12 | |
| 49 | 9,7876 | 9,8899 | 0,1101 | 9,8976 | 9,7972 | 9,9055̇ | 0,0945̄ | 9,8916 | 11 | |
| 50 | 9,7877 | 9,8902 | 0,1098 | 9,8975̇ | 9,7973 | 9,9058 | 0,0942 | 9,8915̇ | 10 | |
| 51 | 9,7879 | 9,8905̄ | 0,1095̇ | 9,8974 | 9,7975̄ | 9,9060 | 0,0940 | 9,8914 | 9 | |
| 52 | 9,7880 | 9,8907 | 0,1093 | 9,8973 | 9,7976 | 9,9063 | 0,0937 | 9,8913 | 8 | |
| 53 | 9,7882 | 9,8910 | 0,1090 | 9,8972 | 9,7978 | 9,9066 | 0,0934 | 9,8912 | 7 | |
| 54 | 9,7884 | 9,8912 | 0,1088 | 9,8971 | 9,7979 | 9,9068 | 0,0932 | 9,8911 | 6 | |
| 55 | 9,7885̇ | 9,8915̇ | 0,1085̄ | 9,8970 | 9,7981 | 9,9071 | 0,0929 | 9,8910 | 5 | |
| 56 | 9,7887 | 9,8918 | 0,1082 | 9,8969 | 9,7982 | 9,9073 | 0,0927 | 9,8909 | 4 | |
| 57 | 9,7889 | 9,8920 | 0,1080 | 9,8968 | 9,7984 | 9,9076 | 0,0924 | 9,8908 | 3 | |
| 58 | 9,7890 | 9,8923 | 0,1077 | 9,8967 | 9,7986 | 9,9079 | 0,0921 | 9,8907 | 2 | |
| 59 | 9,7892 | 9,8925̇ | 0,1075̄ | 9,8966 | 9,7987 | 9,9081 | 0,0919 | 9,8906 | 1 | |
| 60 | 9,7893 | 9,8928 | 0,1072 | 9,8965̇ | 9,7989 | 9,9084 | 0,0916 | 9,8905̇ | 0 | |
| | 52° lg cos | 52° lg cot | 52° lg tan | 52° lg sin | 51° lg cos | 51° lg cot | 51° lg tan | 51° lg sin | ′ | P |

| ' | 39° lg sin | 39° lg tan | 39° lg cot | 39° lg cos | 40° lg sin | 40° lg tan | 40° lg cot | 40° lg cos | ' | P |
|---|---|---|---|---|---|---|---|---|---|---|
| 0 | 9,7989 | 9,9084 | 0,0916 | 9,8905̇ | 9,8081 | 9,9238 | 0,0762 | 9,8843 | 60 | |
| 1 | 9,7990 | 9,9086 | 0,0914 | 9,8904 | 9,8082 | 9,9241 | 0,0759 | 9,8841 | 59 | |
| 2 | 9,7992 | 9,9089 | 0,0911 | 9,8903 | 9,8084 | 9,9243 | 0,0757 | 9,8840 | 58 | |
| 3 | 9,7993 | 9,9091 | 0,0909 | 9,8902 | 9,8085̇ | 9,9246 | 0,0754 | 9,8839 | 57 | |
| 4 | 9,7995̄ | 9,9094 | 0,0906 | 9,8901 | 9,8087 | 9,9248 | 0,0752 | 9,8838 | 56 | |
| 5 | 9,7997 | 9,9097 | 0,0903 | 9,8900 | 9,8088 | 9,9251 | 0,0749 | 9,8837 | 55 | |
| 6 | 9,7998 | 9,9099 | 0,0901 | 9,8899 | 9,8090 | 9,9254 | 0,0746 | 9,8836 | 54 | |
| 7 | 9,8000 | 9,9102 | 0,0898 | 9,8898 | 9,8091 | 9,9256 | 0,0744 | 9,8835̇ | 53 | |
| 8 | 9,8001 | 9,9104 | 0,0896 | 9,8897 | 9,8093 | 9,9259 | 0,0741 | 9,8834 | 52 | |
| 9 | 9,8003 | 9,9107 | 0,0893 | 9,8896 | 9,8094 | 9,9261 | 0,0739 | 9,8833 | 51 | |
| 10 | 9,8004 | 9,9110 | 0,0890 | 9,8895̄ | 9,8096 | 9,9264 | 0,0736 | 9,8832 | 50 | 3 |
| 11 | 9,8006 | 9,9112 | 0,0888 | 9,8894 | 9,8097 | 9,9266 | 0,0734 | 9,8831 | 49 | 1 0,3 |
| 12 | 9,8007 | 9,9115̄ | 0,0885̇ | 9,8893 | 9,8099 | 9,9269 | 0,0731 | 9,8830 | 48 | 2 0,6 |
| 13 | 9,8009 | 9,9117 | 0,0883 | 9,8892 | 9,8100 | 9,9271 | 0,0729 | 9,8829 | 47 | 3 0,9 |
| 14 | 9,8010 | 9,9120 | 0,0880 | 9,8891 | 9,8102 | 9,9274 | 0,0726 | 9,8828 | 46 | 4 1,2 |
| 15 | 9,8012 | 9,9122 | 0,0878 | 9,8890 | 9,8103 | 9,9277 | 0,0723 | 9,8827 | 45 | 5 1,5 |
| 16 | 9,8014 | 9,9125̄ | 0,0875̇ | 9,8889 | 9,8105̄ | 9,9279 | 0,0721 | 9,8825̇ | 44 | 6 1,8 |
| 17 | 9,8015̇ | 9,9128 | 0,0872 | 9,8888 | 9,8106 | 9,9282 | 0,0718 | 9,8824 | 43 | 7 2,1 |
| 18 | 9,8017 | 9,9130 | 0,0870 | 9,8887 | 9,8108 | 9,9284 | 0,0716 | 9,8823 | 42 | 8 2,4 |
| 19 | 9,8018 | 9,9133 | 0,0867 | 9,8885̇ | 9,8109 | 9,9287 | 0,0713 | 9,8822 | 41 | 9 2,7 |
| 20 | 9,8020 | 9,9135̇ | 0,0865̄ | 9,8884 | 9,8111 | 9,9289 | 0,0711 | 9,8821 | 40 | |
| 21 | 9,8021 | 9,9138 | 0,0862 | 9,8883 | 9,8112 | 9,9292 | 0,0708 | 9,8820 | 39 | |
| 22 | 9,8023 | 9,9140 | 0,0860 | 9,8882 | 9,8114 | 9,9295̇ | 0,0705̇ | 9,8819 | 38 | |
| 23 | 9,8024 | 9,9143 | 0,0857 | 9,8881 | 9,8115̇ | 9,9297 | 0,0703 | 9,8818 | 37 | |
| 24 | 9,8026 | 9,9146 | 0,0854 | 9,8880 | 9,8117 | 9,9300 | 0,0700 | 9,8817 | 36 | |
| 25 | 9,8027 | 9,9148 | 0,0852 | 9,8879 | 9,8118 | 9,9302 | 0,0698 | 9,8816 | 35 | |
| 26 | 9,8029 | 9,9151 | 0,0849 | 9,8878 | 9,8120 | 9,9305̄ | 0,0695̇ | 9,8815̄ | 34 | |
| 27 | 9,8031 | 9,9153 | 0,0847 | 9,8877 | 9,8121 | 9,9307 | 0,0693 | 9,8814 | 33 | |
| 28 | 9,8032 | 9,9156 | 0,0844 | 9,8876 | 9,8122 | 9,9310 | 0,0690 | 9,8813 | 32 | |
| 29 | 9,8034 | 9,9158 | 0,0842 | 9,8875̇ | 9,8124 | 9,9312 | 0,0688 | 9,8812 | 31 | |
| 30 | 9,8035̇ | 9,9161 | 0,0839 | 9,8874 | 9,8125̇ | 9,9315̄ | 0,0685̇ | 9,8810 | 30 | |
| 31 | 9,8037 | 9,9164 | 0,0836 | 9,8873 | 9,8127 | 9,9318 | 0,0682 | 9,8809 | 29 | |
| 32 | 9,8038 | 9,9166 | 0,0834 | 9,8872 | 9,8128 | 9,9320 | 0,0680 | 9,8808 | 28 | |
| 33 | 9,8040 | 9,9169 | 0,0831 | 9,8871 | 9,8130 | 9,9323 | 0,0677 | 9,8807 | 27 | |
| 34 | 9,8041 | 9,9171 | 0,0829 | 9,8870 | 9,8131 | 9,9325̇ | 0,0675̄ | 9,8806 | 26 | |
| 35 | 9,8043 | 9,9174 | 0,0826 | 9,8869 | 9,8133 | 9,9328 | 0,0672 | 9,8805̇ | 25 | 2 |
| 36 | 9,8044 | 9,9176 | 0,0824 | 9,8868 | 9,8134 | 9,9330 | 0,0670 | 9,8804 | 24 | 1 0,2 |
| 37 | 9,8046 | 9,9179 | 0,0821 | 9,8867 | 9,8136 | 9,9333 | 0,0667 | 9,8803 | 23 | 2 0,4 |
| 38 | 9,8047 | 9,9182 | 0,0818 | 9,8866 | 9,8137 | 9,9335̇ | 0,0665̄ | 9,8802 | 22 | 3 0,6 |
| 39 | 9,8049 | 9,9184 | 0,0816 | 9,8865̄ | 9,8139 | 9,9338 | 0,0662 | 9,8801 | 21 | 4 0,8 |
| 40 | 9,805̇0 | 9,9187 | 0,0813 | 9,8864 | 9,8140 | 9,9341 | 0,0659 | 9,8800 | 20 | 5 1,0 |
| 41 | 9,8052 | 9,9189 | 0,0811 | 9,8863 | 9,8142 | 9,9343 | 0,0657 | 9,8799 | 19 | 6 1,2 |
| 42 | 9,8053 | 9,9192 | 0,0808 | 9,8862 | 9,8143 | 9,9346 | 0,0654 | 9,8797 | 18 | 7 1,4 |
| 43 | 9,8055̄ | 9,9194 | 0,0806 | 9,8860 | 9,8145̄ | 9,9348 | 0,0652 | 9,8796 | 17 | 8 1,6 |
| 44 | 9,8056 | 9,9197 | 0,0803 | 9,8859 | 9,8146 | 9,9351 | 0,0649 | 9,8795̇ | 16 | 9 1,8 |
| 45 | 9,8058 | 9,9200 | 0,0800 | 9,8858 | 9,8148 | 9,9353 | 0,0647 | 9,8794 | 15 | |
| 46 | 9,8060 | 9,9202 | 0,0798 | 9,8857 | 9,8149 | 9,9356 | 0,0644 | 9,8793 | 14 | |
| 47 | 9,8061 | 9,9205̄ | 0,0795̇ | 9,8856 | 9,815̇0 | 9,9358 | 0,0642 | 9,8792 | 13 | |
| 48 | 9,8063 | 9,9207 | 0,0793 | 9,8855̇ | 9,8152 | 9,9361 | 0,0639 | 9,8791 | 12 | |
| 49 | 9,8064 | 9,9210 | 0,0790 | 9,8854 | 9,8153 | 9,9364 | 0,0636 | 9,8790 | 11 | |
| 50 | 9,8066 | 9,9212 | 0,0788 | 9,8853 | 9,8155̄ | 9,9366 | 0,0634 | 9,8789 | 10 | |
| 51 | 9,8067 | 9,9215̇ | 0,0785̄ | 9,8852 | 9,8156 | 9,9369 | 0,0631 | 9,8788 | 9 | |
| 52 | 9,8069 | 9,9218 | 0,0782 | 9,8851 | 9,8158 | 9,9371 | 0,0629 | 9,8787 | 8 | |
| 53 | 9,8070 | 9,9220 | 0,0780 | 9,885̄0 | 9,8159 | 9,9374 | 0,0626 | 9,8785̇ | 7 | |
| 54 | 9,8072 | 9,9223 | 0,0777 | 9,8849 | 9,8161 | 9,9376 | 0,0624 | 9,8784 | 6 | |
| 55 | 9,8073 | 9,9225̇ | 0,0775̄ | 9,8848 | 9,8162 | 9,9379 | 0,0621 | 9,8783 | 5 | |
| 56 | 9,8075̄ | 9,9228 | 0,0772 | 9,8847 | 9,8164 | 9,9381 | 0,0619 | 9,8782 | 4 | |
| 57 | 9,8076 | 9,9230 | 0,0770 | 9,8846 | 9,8165̇ | 9,9384 | 0,0616 | 9,8781 | 3 | |
| 58 | 9,8078 | 9,9233 | 0,0767 | 9,8845̄ | 9,8167 | 9,9387 | 0,0613 | 9,8780 | 2 | |
| 59 | 9,8079 | 9,9236 | 0,0764 | 9,8844 | 9,8168 | 9,9389 | 0,0611 | 9,8779 | 1 | |
| 60 | 9,8081 | 9,9238 | 0,0762 | 9,8843 | 9,8169 | 9,9392 | 0,0608 | 9,8778 | 0 | |
| | 50° lg cos | 50° lg cot | 50° lg tan | 50° lg sin | 49° lg cos | 49° lg cot | 49° lg tan | 49° lg sin | ' | P |

| | 41° | | | | 42° | | | | |
|---|---|---|---|---|---|---|---|---|---|
| ′ | lg sin | lg tan | lg cot | lg cos | lg sin | lg tan | lg cot | lg cos | |
| 0 | 9,8169 | 9,9392 | 0,0608 | 9,8778 | 9,8255 | 9,9544 | 0,0456 | 9,8711 | 60 |
| 1 | 9,8171 | 9,9394 | 0,0606 | 9,8777 | 9,8257 | 9,9547 | 0,0453 | 9,8710 | 59 |
| 2 | 9,8172 | 9,9397 | 0,0603 | 9,8776 | 9,8258 | 9,9549 | 0,0451 | 9,8708 | 58 |
| 3 | 9,8174 | 9,9399 | 0,0601 | 9,8775 | 9,8259 | 9,9552 | 0,0448 | 9,8707 | 57 |
| 4 | 9,8175 | 9,9402 | 0,0598 | 9,8773 | 9,8261 | 9,9555 | 0,0445 | 9,8706 | 56 |
| 5 | 9,8177 | 9,9404 | 0,0596 | 9,8772 | 9,8262 | 9,9557 | 0,0443 | 9,8705 | 55 |
| 6 | 9,8178 | 9,9407 | 0,0593 | 9,8771 | 9,8264 | 9,9560 | 0,0440 | 9,8704 | 54 |
| 7 | 9,8180 | 9,9409 | 0,0591 | 9,8770 | 9,8265 | 9,9562 | 0,0438 | 9,8703 | 53 |
| 8 | 9,8181 | 9,9412 | 0,0588 | 9,8769 | 9,8266 | 9,9565 | 0,0435 | 9,8702 | 52 |
| 9 | 9,8182 | 9,9415 | 0,0585 | 9,8768 | 9,8268 | 9,9567 | 0,0433 | 9,8700 | 51 |
| 10 | 9,8184 | 9,9417 | 0,0583 | 9,8767 | 9,8269 | 9,9570 | 0,0430 | 9,8699 | 50 |
| 11 | 9,8185 | 9,9420 | 0,0580 | 9,8766 | 9,8270 | 9,9572 | 0,0428 | 9,8698 | 49 |
| 12 | 9,8187 | 9,9422 | 0,0578 | 9,8765 | 9,8272 | 9,9575 | 0,0425 | 9,8697 | 48 |
| 13 | 9,8188 | 9,9425 | 0,0575 | 9,8763 | 9,8273 | 9,9577 | 0,0423 | 9,8696 | 47 |
| 14 | 9,8190 | 9,9427 | 0,0573 | 9,8762 | 9,8275 | 9,9580 | 0,0420 | 9,8695 | 46 |
| 15 | 9,8191 | 9,9430 | 0,0570 | 9,8761 | 9,8276 | 9,9582 | 0,0418 | 9,8694 | 45 |
| 16 | 9,8193 | 9,9432 | 0,0568 | 9,8760 | 9,8277 | 9,9585 | 0,0415 | 9,8692 | 44 |
| 17 | 9,8194 | 9,9435 | 0,0565 | 9,8759 | 9,8279 | 9,9588 | 0,0412 | 9,8691 | 43 |
| 18 | 9,8195 | 9,9438 | 0,0562 | 9,8758 | 9,8280 | 9,9590 | 0,0410 | 9,8690 | 42 |
| 19 | 9,8197 | 9,9440 | 0,0560 | 9,8757 | 9,8282 | 9,9593 | 0,0407 | 9,8689 | 41 |
| 20 | 9,8198 | 9,9443 | 0,0557 | 9,8756 | 9,8283 | 9,9595 | 0,0405 | 9,8688 | 40 |
| 21 | 9,8200 | 9,9445 | 0,0555 | 9,8755 | 9,8284 | 9,9598 | 0,0402 | 9,8687 | 39 |
| 22 | 9,8201 | 9,9448 | 0,0552 | 9,8753 | 9,8286 | 9,9600 | 0,0400 | 9,8686 | 38 |
| 23 | 9,8203 | 9,9450 | 0,0550 | 9,8752 | 9,8287 | 9,9603 | 0,0397 | 9,8684 | 37 |
| 24 | 9,8204 | 9,9453 | 0,0547 | 9,8751 | 9,8289 | 9,9605 | 0,0395 | 9,8683 | 36 |
| 25 | 9,8205 | 9,9455 | 0,0545 | 9,8750 | 9,8290 | 9,9608 | 0,0392 | 9,8682 | 35 |
| 26 | 9,8207 | 9,9458 | 0,0542 | 9,8749 | 9,8291 | 9,9610 | 0,0390 | 9,8681 | 34 |
| 27 | 9,8208 | 9,9460 | 0,0540 | 9,8748 | 9,8293 | 9,9613 | 0,0387 | 9,8680 | 33 |
| 28 | 9,8210 | 9,9463 | 0,0537 | 9,8747 | 9,8294 | 9,9615 | 0,0385 | 9,8679 | 32 |
| 29 | 9,8211 | 9,9466 | 0,0534 | 9,8746 | 9,8295 | 9,9618 | 0,0382 | 9,8677 | 31 |
| 30 | 9,8213 | 9,9468 | 0,0532 | 9,8745 | 9,8297 | 9,9621 | 0,0379 | 9,8676 | 30 |
| 31 | 9,8214 | 9,9471 | 0,0529 | 9,8743 | 9,8298 | 9,9623 | 0,0377 | 9,8675 | 29 |
| 32 | 9,8215 | 9,9473 | 0,0527 | 9,8742 | 9,8300 | 9,9626 | 0,0374 | 9,8674 | 28 |
| 33 | 9,8217 | 9,9476 | 0,0524 | 9,8741 | 9,8301 | 9,9628 | 0,0372 | 9,8673 | 27 |
| 34 | 9,8218 | 9,9478 | 0,0522 | 9,8740 | 9,8302 | 9,9631 | 0,0369 | 9,8672 | 26 |
| 35 | 9,8220 | 9,9481 | 0,0519 | 9,8739 | 9,8304 | 9,9633 | 0,0367 | 9,8671 | 25 |
| 36 | 9,8221 | 9,9483 | 0,0517 | 9,8738 | 9,8305 | 9,9636 | 0,0364 | 9,8669 | 24 |
| 37 | 9,8223 | 9,9486 | 0,0514 | 9,8737 | 9,8306 | 9,9638 | 0,0362 | 9,8668 | 23 |
| 38 | 9,8224 | 9,9488 | 0,0512 | 9,8736 | 9,8308 | 9,9641 | 0,0359 | 9,8667 | 22 |
| 39 | 9,8225 | 9,9491 | 0,0509 | 9,8734 | 9,8309 | 9,9643 | 0,0357 | 9,8666 | 21 |
| 40 | 9,8227 | 9,9494 | 0,0506 | 9,8733 | 9,8311 | 9,9646 | 0,0354 | 9,8665 | 20 |
| 41 | 9,8228 | 9,9496 | 0,0504 | 9,8732 | 9,8312 | 9,9648 | 0,0352 | 9,8664 | 19 |
| 42 | 9,8230 | 9,9499 | 0,0501 | 9,8731 | 9,8313 | 9,9651 | 0,0349 | 9,8662 | 18 |
| 43 | 9,8231 | 9,9501 | 0,0499 | 9,8730 | 9,8315 | 9,9653 | 0,0347 | 9,8661 | 17 |
| 44 | 9,8233 | 9,9504 | 0,0496 | 9,8729 | 9,8316 | 9,9656 | 0,0344 | 9,8660 | 16 |
| 45 | 9,8234 | 9,9506 | 0,0494 | 9,8728 | 9,8317 | 9,9659 | 0,0341 | 9,8659 | 15 |
| 46 | 9,8235 | 9,9509 | 0,0491 | 9,8727 | 9,8319 | 9,9661 | 0,0339 | 9,8658 | 14 |
| 47 | 9,8237 | 9,9511 | 0,0489 | 9,8725 | 9,8320 | 9,9664 | 0,0336 | 9,8657 | 13 |
| 48 | 9,8238 | 9,9514 | 0,0486 | 9,8724 | 9,8322 | 9,9666 | 0,0334 | 9,8655 | 12 |
| 49 | 9,8240 | 9,9516 | 0,0484 | 9,8723 | 9,8323 | 9,9669 | 0,0331 | 9,8654 | 11 |
| 50 | 9,8241 | 9,9519 | 0,0481 | 9,8722 | 9,8324 | 9,9671 | 0,0329 | 9,8653 | 10 |
| 51 | 9,8242 | 9,9522 | 0,0478 | 9,8721 | 9,8326 | 9,9674 | 0,0326 | 9,8652 | 9 |
| 52 | 9,8244 | 9,9524 | 0,0476 | 9,8720 | 9,8327 | 9,9676 | 0,0324 | 9,8651 | 8 |
| 53 | 9,8245 | 9,9527 | 0,0473 | 9,8719 | 9,8328 | 9,9679 | 0,0321 | 9,8650 | 7 |
| 54 | 9,8247 | 9,9529 | 0,0471 | 9,8718 | 9,8330 | 9,9681 | 0,0319 | 9,8648 | 6 |
| 55 | 9,8248 | 9,9532 | 0,0468 | 9,8716 | 9,8331 | 9,9684 | 0,0316 | 9,8647 | 5 |
| 56 | 9,8249 | 9,9534 | 0,0466 | 9,8715 | 9,8332 | 9,9686 | 0,0314 | 9,8646 | 4 |
| 57 | 9,8251 | 9,9537 | 0,0463 | 9,8714 | 9,8334 | 9,9689 | 0,0311 | 9,8645 | 3 |
| 58 | 9,8252 | 9,9539 | 0,0461 | 9,8713 | 9,8335 | 9,9691 | 0,0309 | 9,8644 | 2 |
| 59 | 9,8254 | 9,9542 | 0,0458 | 9,8712 | 9,8336 | 9,9694 | 0,0306 | 9,8642 | 1 |
| 60 | 9,8255 | 9,9544 | 0,0456 | 9,8711 | 9,8338 | 9,9697 | 0,0303 | 9,8641 | 0 |
| | lg cos | lg cot | lg tan | lg sin | lg cos | lg cot | lg tan | lg sin | ′ |
| | 48° | | | | 47° | | | | |

P

| | 3 |
|---|---|
| 1 | 0,3 |
| 2 | 0,6 |
| 3 | 0,9 |
| 4 | 1,2 |
| 5 | 1,5 |
| 6 | 1,8 |
| 7 | 2,1 |
| 8 | 2,4 |
| 9 | 2,7 |

| | 2 |
|---|---|
| 1 | 0,2 |
| 2 | 0,4 |
| 3 | 0,6 |
| 4 | 0,8 |
| 5 | 1,0 |
| 6 | 1,2 |
| 7 | 1,4 |
| 8 | 1,6 |
| 9 | 1,8 |

P

| ′ | 43° lg sin | 43° lg tan | 43° lg cot | 43° lg cos | 44° lg sin | 44° lg tan | 44° lg cot | 44° lg cos | ′ | P |
|---|---|---|---|---|---|---|---|---|---|---|
| 0 | 9,8338 | 9,9697 | 0,0303 | 9,8641 | 9,8418 | 9,9848 | 0,0152 | 9,8569 | 60 | |
| 1 | 9,8339 | 9,9699 | 0,0301 | 9,8640 | 9,8419 | 9,9851 | 0,0149 | 9,8568 | 59 | |
| 2 | 9,8341 | 9,9702 | 0,0298 | 9,8639 | 9,8420 | 9,9853 | 0,0147 | 9,8567 | 58 | |
| 3 | 9,8342 | 9,9704 | 0,0296 | 9,8638 | 9,8422 | 9,9856 | 0,0144 | 9,8566 | 57 | |
| 4 | 9,8343 | 9,9707 | 0,0293 | 9,8637 | 9,8423 | 9,9858 | 0,0142 | 9,8564 | 56 | |
| 5 | 9,8345 | 9,9709 | 0,0291 | 9,8635 | 9,8424 | 9,9861 | 0,0139 | 9,8563 | 55 | |
| 6 | 9,8346 | 9,9712 | 0,0288 | 9,8634 | 9,8426 | 9,9864 | 0,0136 | 9,8562 | 54 | |
| 7 | 9,8347 | 9,9714 | 0,0286 | 9,8633 | 9,8427 | 9,9866 | 0,0134 | 9,8561 | 53 | |
| 8 | 9,8349 | 9,9717 | 0,0283 | 9,8632 | 9,8428 | 9,9869 | 0,0131 | 9,8560 | 52 | |
| 9 | 9,8350 | 9,9719 | 0,0281 | 9,8631 | 9,8429 | 9,9871 | 0,0129 | 9,8558 | 51 | |
| 10 | 9,8351 | 9,9722 | 0,0278 | 9,8629 | 9,8431 | 9,9874 | 0,0126 | 9,8557 | 50 | 3 |
| 11 | 9,8353 | 9,9724 | 0,0276 | 9,8628 | 9,8432 | 9,9876 | 0,0124 | 9,8556 | 49 | 1 \| 0,3 |
| 12 | 9,8354 | 9,9727 | 0,0273 | 9,8627 | 9,8433 | 9,9879 | 0,0121 | 9,8555 | 48 | 2 \| 0,6 |
| 13 | 9,8355 | 9,9729 | 0,0271 | 9,8626 | 9,8435 | 9,9881 | 0,0119 | 9,8553 | 47 | 3 \| 0,9 |
| 14 | 9,8357 | 9,9732 | 0,0268 | 9,8625 | 9,8436 | 9,9884 | 0,0116 | 9,8552 | 46 | 4 \| 1,2 |
| 15 | 9,8358 | 9,9735 | 0,0265 | 9,8624 | 9,8437 | 9,9886 | 0,0114 | 9,8551 | 45 | 5 \| 1,5 |
| 16 | 9,8359 | 9,9737 | 0,0263 | 9,8622 | 9,8439 | 9,9889 | 0,0111 | 9,8550 | 44 | 6 \| 1,8 |
| 17 | 9,8361 | 9,9740 | 0,0260 | 9,8621 | 9,8440 | 9,9891 | 0,0109 | 9,8548 | 43 | 7 \| 2,1 |
| 18 | 9,8362 | 9,9742 | 0,0258 | 9,8620 | 9,8441 | 9,9894 | 0,0106 | 9,8547 | 42 | 8 \| 2,4 |
| 19 | 9,8363 | 9,9745 | 0,0255 | 9,8619 | 9,8442 | 9,9896 | 0,0104 | 9,8546 | 41 | 9 \| 2,7 |
| 20 | 9,8365 | 9,9747 | 0,0253 | 9,8618 | 9,8444 | 9,9899 | 0,0101 | 9,8545 | 40 | |
| 21 | 9,8366 | 9,9750 | 0,0250 | 9,8616 | 9,8445 | 9,9901 | 0,0099 | 9,8544 | 39 | |
| 22 | 9,8367 | 9,9752 | 0,0248 | 9,8615 | 9,8446 | 9,9904 | 0,0096 | 9,8542 | 38 | |
| 23 | 9,8369 | 9,9755 | 0,0245 | 9,8614 | 9,8448 | 9,9907 | 0,0093 | 9,8541 | 37 | |
| 24 | 9,8370 | 9,9757 | 0,0243 | 9,8613 | 9,8449 | 9,9909 | 0,0091 | 9,8540 | 36 | |
| 25 | 9,8371 | 9,9760 | 0,0240 | 9,8612 | 9,8450 | 9,9912 | 0,0088 | 9,8539 | 35 | |
| 26 | 9,8373 | 9,9762 | 0,0238 | 9,8610 | 9,8451 | 9,9914 | 0,0086 | 9,8537 | 34 | |
| 27 | 9,8374 | 9,9765 | 0,0235 | 9,8609 | 9,8453 | 9,9917 | 0,0083 | 9,8536 | 33 | |
| 28 | 9,8375 | 9,9767 | 0,0233 | 9,8608 | 9,8454 | 9,9919 | 0,0081 | 9,8535 | 32 | |
| 29 | 9,8377 | 9,9770 | 0,0230 | 9,8607 | 9,8455 | 9,9922 | 0,0078 | 9,8534 | 31 | |
| 30 | 9,8378 | 9,9772 | 0,0228 | 9,8606 | 9,8457 | 9,9924 | 0,0076 | 9,8532 | 30 | |
| 31 | 9,8379 | 9,9775 | 0,0225 | 9,8604 | 9,8458 | 9,9927 | 0,0073 | 9,8531 | 29 | |
| 32 | 9,8381 | 9,9778 | 0,0222 | 9,8603 | 9,8459 | 9,9929 | 0,0071 | 9,8530 | 28 | |
| 33 | 9,8382 | 9,9780 | 0,0220 | 9,8602 | 9,8460 | 9,9932 | 0,0068 | 9,8529 | 27 | |
| 34 | 9,8383 | 9,9783 | 0,0217 | 9,8601 | 9,8462 | 9,9934 | 0,0066 | 9,8527 | 26 | |
| 35 | 9,8385 | 9,9785 | 0,0215 | 9,8600 | 9,8463 | 9,9937 | 0,0063 | 9,8526 | 25 | |
| 36 | 9,8386 | 9,9788 | 0,0212 | 9,8598 | 9,8464 | 9,9939 | 0,0061 | 9,8525 | 24 | 2 |
| 37 | 9,8387 | 9,9790 | 0,0210 | 9,8597 | 9,8466 | 9,9942 | 0,0058 | 9,8524 | 23 | 1 \| 0,2 |
| 38 | 9,8389 | 9,9793 | 0,0207 | 9,8596 | 9,8467 | 9,9944 | 0,0056 | 9,8522 | 22 | 2 \| 0,4 |
| 39 | 9,8390 | 9,9795 | 0,0205 | 9,8595 | 9,8468 | 9,9947 | 0,0053 | 9,8521 | 21 | 3 \| 0,6 |
| 40 | 9,8391 | 9,9798 | 0,0202 | 9,8594 | 9,8469 | 9,9949 | 0,0051 | 9,8520 | 20 | 4 \| 0,8 |
| 41 | 9,8393 | 9,9800 | 0,0200 | 9,8592 | 9,8471 | 9,9952 | 0,0048 | 9,8519 | 19 | 5 \| 1,0 |
| 42 | 9,8394 | 9,9803 | 0,0197 | 9,8591 | 9,8472 | 9,9955 | 0,0045 | 9,8517 | 18 | 6 \| 1,2 |
| 43 | 9,8395 | 9,9805 | 0,0195 | 9,8590 | 9,8473 | 9,9957 | 0,0043 | 9,8516 | 17 | 7 \| 1,4 |
| 44 | 9,8397 | 9,9808 | 0,0192 | 9,8589 | 9,8475 | 9,9960 | 0,0040 | 9,8515 | 16 | 8 \| 1,6 |
| 45 | 9,8398 | 9,9810 | 0,0190 | 9,8588 | 9,8476 | 9,9962 | 0,0038 | 9,8514 | 15 | 9 \| 1,8 |
| 46 | 9,8399 | 9,9813 | 0,0187 | 9,8586 | 9,8477 | 9,9965 | 0,0035 | 9,8512 | 14 | |
| 47 | 9,8401 | 9,9816 | 0,0184 | 9,8585 | 9,8478 | 9,9967 | 0,0033 | 9,8511 | 13 | |
| 48 | 9,8402 | 9,9818 | 0,0182 | 9,8584 | 9,8480 | 9,9970 | 0,0030 | 9,8510 | 12 | |
| 49 | 9,8403 | 9,9821 | 0,0179 | 9,8583 | 9,8481 | 9,9972 | 0,0028 | 9,8509 | 11 | |
| 50 | 9,8405 | 9,9823 | 0,0177 | 9,8582 | 9,8482 | 9,9975 | 0,0025 | 9,8507 | 10 | |
| 51 | 9,8406 | 9,9826 | 0,0174 | 9,8580 | 9,8483 | 9,9977 | 0,0023 | 9,8506 | 9 | |
| 52 | 9,8407 | 9,9828 | 0,0172 | 9,8579 | 9,8485 | 9,9980 | 0,0020 | 9,8505 | 8 | |
| 53 | 9,8409 | 9,9831 | 0,0169 | 9,8578 | 9,8486 | 9,9982 | 0,0018 | 9,8504 | 7 | |
| 54 | 9,8410 | 9,9833 | 0,0167 | 9,8577 | 9,8487 | 9,9985 | 0,0015 | 9,8502 | 6 | |
| 55 | 9,8411 | 9,9836 | 0,0164 | 9,8575 | 9,8489 | 9,9987 | 0,0013 | 9,8501 | 5 | |
| 56 | 9,8412 | 9,9838 | 0,0162 | 9,8574 | 9,8490 | 9,9990 | 0,0010 | 9,8500 | 4 | |
| 57 | 9,8414 | 9,9841 | 0,0159 | 9,8573 | 9,8491 | 9,9992 | 0,0008 | 9,8499 | 3 | |
| 58 | 9,8415 | 9,9843 | 0,0157 | 9,8572 | 9,8492 | 9,9995 | 0,0005 | 9,8497 | 2 | |
| 59 | 9,8416 | 9,9846 | 0,0154 | 9,8571 | 9,8494 | 9,9997 | 0,0003 | 9,8496 | 1 | |
| 60 | 9,8418 | 9,9848 | 0,0152 | 9,8569 | 9,8495 | 0,0000 | 0,0000 | 9,8495 | 0 | |
| | 46° lg cos | 46° lg cot | 46° lg tan | 46° lg sin | 45° lg cos | 45° lg cot | 45° lg tan | 45° lg sin | ′ | P |

## Natürliche goniometrische Werte

**69.**

| ° | ′ | sin | D | tan | D | cot | D | cos | D | | |
|---|---|---|---|---|---|---|---|---|---|---|---|
| **0** | 0 | 0,0000 | | 0,0000 | | ∞ | | 1,0000· | | 0 | 90 |
| | 10 | 0,0029 | 29 | 0,0029 | 29 | 343,774 | | 1,0000 | 0 | 50 | |
| | 20 | 0,0058 | 29 | 0,0058 | 29 | 171,885̇ | 171,889 | 1,0000 | 0 | 40 | |
| | 30 | 0,0087 | 29 | 0,0087 | 29 | 114,589 | 57,296 | 1,0000 | 0 | 30 | |
| | 40 | 0,0116 | 29 | 0,0116 | 29 | 85,940 | 28,649 | 0,9999 | 1 | 20 | |
| | 50 | 0,0145̇ | 29 | 0,0145̇ | 29 | 68,75̇0 | 17,190 | 0,9999· | 0 | 10 | |
| **1** | 0 | 0,0175̄ | 30 | 0,0175̄ | 30 | 57,290 | 11,460 | 0,9998 | 1 | 0 | 89 |
| | 10 | 0,0204 | 29 | 0,0204 | 29 | 49,104 | 8,186 | 0,9998· | 0 | 50 | |
| | 20 | 0,0233 | 29 | 0,0233 | 29 | 42,964 | 6,140 | 0,9997· | 1 | 40 | |
| | 30 | 0,0262 | 29 | 0,0262 | 29 | 38,188 | 4,776 | 0,9997 | 0 | 30 | |
| | 40 | 0,0291 | 29 | 0,0291 | 29 | 34,368 | 3,820 | 0,9996 | 1 | 20 | |
| | 50 | 0,0320 | 29 | 0,0320 | 29 | 31,242 | 3,126 | 0,9995̄ | 1 | 10 | |
| **2** | 0 | 0,0349 | 29 | 0,0349 | 29 | 28,636 | 2,606 | 0,9994 | 1 | 0 | 88 |
| | 10 | 0,0378 | 29 | 0,0378 | 29 | 26,432 | 2,204 | 0,9993 | 1 | 50 | |
| | 20 | 0,0407 | 29 | 0,0407 | 29 | 24,542 | 1,890 | 0,9992 | 1 | 40 | |
| | 30 | 0,0436 | 29 | 0,0437 | 30 | 22,904 | 1,638 | 0,9990 | 2 | 30 | |
| | 40 | 0,0465̇ | 29 | 0,0466 | 29 | 21,470 | 1,434 | 0,9989 | 1 | 20 | |
| | 50 | 0,0494 | 29 | 0,0495̄ | 29 | 20,206 | 1,264 | 0,9988 | 1 | 10 | |
| **3** | 0 | 0,0523 | 29 | 0,0524 | 29 | 19,081 | 1,125 | 0,9986 | 2 | 0 | 87 |
| | 10 | 0,0552 | 29 | 0,0553 | 29 | 18,075̄ | 1,006 | 0,9985̄ | 1 | 50 | |
| | 20 | 0,0581 | 29 | 0,0582 | 29 | 17,169 | 906 | 0,9983 | 2 | 40 | |
| | 30 | 0,0610 | 29 | 0,0612 | 30 | 16,35̄0 | 819 | 0,9981 | 2 | 30 | |
| | 40 | 0,0640 | 30 | 0,0641 | 29 | 15,605̄ | 745 | 0,9980 | 1 | 20 | |
| | 50 | 0,0669 | 29 | 0,0670 | 29 | 14,924 | 681 | 0,9978 | 2 | 10 | |
| **4** | 0 | 0,0698 | 29 | 0,0699 | 29 | 14,301 | 623 | 0,9976 | 2 | 0 | 86 |
| | 10 | 0,0727 | 29 | 0,0729 | 30 | 13,727 | 574 | 0,9974 | 2 | 50 | |
| | 20 | 0,0756 | 29 | 0,0758 | 29 | 13,197 | 530 | 0,9971 | 3 | 40 | |
| | 30 | 0,0785̄ | 29 | 0,0787 | 29 | 12,706 | 491 | 0,9969 | 2 | 30 | |
| | 40 | 0,0814 | 29 | 0,0816 | 29 | 12,251 | 455 | 0,9967 | 2 | 20 | |
| | 50 | 0,0843 | 29 | 0,0846 | 30 | 11,826 | 425 | 0,9964 | 3 | 10 | |
| **5** | 0 | 0,0872 | 29 | 0,0875̄ | 29 | 11,430 | 396 | 0,9962 | 2 | 0 | 85 |
| | 10 | 0,0901 | 29 | 0,0904 | 29 | 11,059 | 371 | 0,9959 | 3 | 50 | |
| | 20 | 0,0929 | 28 | 0,0934 | 30 | 10,712 | 347 | 0,9957 | 2 | 40 | |
| | 30 | 0,0958 | 29 | 0,0963 | 29 | 10,385̇ | 327 | 0,9954 | 3 | 30 | |
| | 40 | 0,0987 | 29 | 0,0992 | 29 | 10,078 | 307 | 0,9951 | 3 | 20 | |
| | 50 | 0,1016 | 29 | 0,1022 | 30 | 9,788 | 290 | 0,9948 | 3 | 10 | |
| **6** | 0 | 0,1045̇ | 29 | 0,1051 | 29 | 9,514 | 274 | 0,9945̇ | 3 | 0 | 84 |
| | 10 | 0,1074 | 29 | 0,1080 | 29 | 9,255̇ | 259 | 0,9942 | 3 | 50 | |
| | 20 | 0,1103 | 29 | 0,1110 | 30 | 9,010 | 245 | 0,9939 | 3 | 40 | |
| | 30 | 0,1132 | 29 | 0,1139 | 29 | 8,777 | 233 | 0,9936 | 3 | 30 | |
| | 40 | 0,1161 | 29 | 0,1169 | 30 | 8,556 | 221 | 0,9932 | 4 | 20 | |
| | 50 | 0,1190 | 29 | 0,1198 | 29 | 8,345̄ | 211 | 0,9929 | 3 | 10 | |
| **7** | 0 | 0,1219 | 29 | 0,1228 | 30 | 8,144 | 201 | 0,9925̇ | 4 | 0 | 83 |
| | 10 | 0,1248 | 29 | 0,1257 | 29 | 7,953 | 191 | 0,9922 | 3 | 50 | |
| | 20 | 0,1276 | 28 | 0,1287 | 30 | 7,770 | 183 | 0,9918 | 4 | 40 | |
| | 30 | 0,1305̇ | 29 | 0,1317 | 30 | 7,596 | 174 | 0,9914 | 4 | 30 | |
| | 40 | 0,1334 | 29 | 0,1346 | 29 | 7,429 | 167 | 0,9911 | 3 | 20 | |
| | 50 | 0,1363 | 29 | 0,1376 | 30 | 7,269 | 160 | 0,9907 | 4 | 10 | |
| **8** | 0 | 0,1392 | 29 | 0,1405̇ | 29 | 7,115̇ | 154 | 0,9903 | 4 | 0 | 82 |
| | 10 | 0,1421 | 29 | 0,1435̇ | 30 | 6,968 | 147 | 0,9899 | 4 | 50 | |
| | 20 | 0,1449 | 28 | 0,1465̄ | 30 | 6,827 | 141 | 0,9894 | 5 | 40 | |
| | 30 | 0,1478 | 29 | 0,1495̄ | 30 | 6,691 | 136 | 0,9890 | 4 | 30 | |
| | 40 | 0,1507 | 29 | 0,1524 | 29 | 6,561 | 130 | 0,9886 | 4 | 20 | |
| | 50 | 0,1536 | 29 | 0,1554 | 30 | 6,435̄ | 126 | 0,9881 | 5 | 10 | |
| **9** | 0 | 0,1564 | 28 | 0,1584 | 30 | 6,314 | 121 | 0,9877 | 4 | 0 | 81 |
| | 10 | 0,1593 | 29 | 0,1614 | 30 | 6,197 | 117 | 0,9872 | 5 | 50 | |
| | 20 | 0,1622 | 29 | 0,1644 | 30 | 6,084 | 113 | 0,9868 | 4 | 40 | |
| | 30 | 0,165̇0 | 28 | 0,1673 | 29 | 5,976 | 108 | 0,9863 | 5 | 30 | |
| | 40 | 0,1679 | 29 | 0,1703 | 30 | 5,871 | 105 | 0,9858 | 5 | 20 | |
| | 50 | 0,1708 | 29 | 0,1733 | 30 | 5,769 | 102 | 0,9853 | 5 | 10 | |
| **10** | 0 | 0,1736 | 28 | 0,1763 | 30 | 5,671 | 98 | 0,9848 | 5 | 0 | 80 |
| | | cos | D | cot | D | tan | D | sin | D | ′ | ° |

P

| | 2 | 3 | 4 |
|---|---|---|---|
| 1 | 0,2 | 0,3 | 0,4 |
| 2 | 0,4 | 0,6 | 0,8 |
| 3 | 0,6 | 0,9 | 1,2 |
| 4 | 0,8 | 1,2 | 1,6 |
| 5 | 1,0 | 1,5 | 2,0 |
| 6 | 1,2 | 1,8 | 2,4 |
| 7 | 1,4 | 2,1 | 2,8 |
| 8 | 1,6 | 2,4 | 3,2 |
| 9 | 1,8 | 2,7 | 3,6 |

| | 5 | 6 | 7 |
|---|---|---|---|
| 1 | 0,5 | 0,6 | 0,7 |
| 2 | 1,0 | 1,2 | 1,4 |
| 3 | 1,5 | 1,8 | 2,1 |
| 4 | 2,0 | 2,4 | 2,8 |
| 5 | 2,5 | 3,0 | 3,5 |
| 6 | 3,0 | 3,6 | 4,2 |
| 7 | 3,5 | 4,2 | 4,9 |
| 8 | 4,0 | 4,8 | 5,6 |
| 9 | 4,5 | 5,4 | 6,3 |

| | 8 | 9 | 10 |
|---|---|---|---|
| 1 | 0,8 | 0,9 | 1,0 |
| 2 | 1,6 | 1,8 | 2,0 |
| 3 | 2,4 | 2,7 | 3,0 |
| 4 | 3,2 | 3,6 | 4,0 |
| 5 | 4,0 | 4,5 | 5,0 |
| 6 | 4,8 | 5,4 | 6,0 |
| 7 | 5,6 | 6,3 | 7,0 |
| 8 | 6,4 | 7,2 | 8,0 |
| 9 | 7,2 | 8,1 | 9,0 |

| | 25 | 26 | 27 |
|---|---|---|---|
| 1 | 2,5 | 2,6 | 2,7 |
| 2 | 5,0 | 5,2 | 5,4 |
| 3 | 7,5 | 7,8 | 8,1 |
| 4 | 10,0 | 10,4 | 10,8 |
| 5 | 12,5 | 13,0 | 13,5 |
| 6 | 15,0 | 15,6 | 16,2 |
| 7 | 17,5 | 18,2 | 18,9 |
| 8 | 20,0 | 20,8 | 21,6 |
| 9 | 22,5 | 23,4 | 24,3 |

| | 28 | 29 | 30 |
|---|---|---|---|
| 1 | 2,8 | 2,9 | 3,0 |
| 2 | 5,6 | 5,8 | 6,0 |
| 3 | 8,4 | 8,7 | 9,0 |
| 4 | 11,2 | 11,6 | 12,0 |
| 5 | 14,0 | 14,5 | 15,0 |
| 6 | 16,8 | 17,4 | 18,0 |
| 7 | 19,6 | 20,3 | 21,0 |
| 8 | 22,4 | 23,2 | 24,0 |
| 9 | 25,2 | 26,1 | 27,0 |

P

80° ... 90°

| ° | ′ | sin | D | tan | D | cot | D | cos | D | | | P |
|---|---|---|---|---|---|---|---|---|---|---|---|---|
| 10 | 0 | 0,1736 | 29 | 0,1763 | 30 | 5,671 | 95 | 0,9848 | 5 | 0 | 80 | |
| | 10 | 0,1765̇ | 29 | 0,1793 | 30 | 5,576 | 91 | 0,9843 | 5 | 50 | | |
| | 20 | 0,1794 | 28 | 0,1823 | 30 | 5,485̄ | 89 | 0,9838 | 5 | 40 | | |
| | 30 | 0,1822 | 29 | 0,1853 | 30 | 5,396 | 87 | 0,9833 | 6 | 30 | | |
| | 40 | 0,1851 | 29 | 0,1883 | 31 | 5,309 | 83 | 0,9827 | 5 | 20 | | |
| | 50 | 0,1880 | 28 | 0,1914 | 30 | 5,226 | 81 | 0,9822 | 6 | 10 | | |
| 11 | 0 | 0,1908 | 29 | 0,1944 | 30 | 5,145̄ | 79 | 0,9816 | 5 | 0 | 79 | |
| | 10 | 0,1937 | 28 | 0,1974 | 30 | 5,066 | 77 | 0,9811 | 6 | 50 | | |
| | 20 | 0,1965̇ | 29 | 0,2004 | 31 | 4,989 | 74 | 0,9805̇ | 6 | 40 | | |
| | 30 | 0,1994 | 28 | 0,2035̄ | 30 | 4,915̇ | 72 | 0,9799 | 6 | 30 | | |
| | 40 | 0,2022 | 29 | 0,2065̄ | 30 | 4,843 | 70 | 0,9793 | 6 | 20 | | |
| | 50 | 0,2051 | 28 | 0,2095̇ | 31 | 4,773 | 68 | 0,9787 | 6 | 10 | | |
| 12 | 0 | 0,2079 | 29 | 0,2126 | 30 | 4,705̄ | 67 | 0,9781 | 6 | 0 | 78 | |
| | 10 | 0,2108 | 28 | 0,2156 | 30 | 4,638 | 64 | 0,9775̇ | 6 | 50 | | |
| | 20 | 0,2136 | 28 | 0,2186 | 31 | 4,574 | 63 | 0,9769 | 6 | 40 | | |
| | 30 | 0,2164 | 29 | 0,2217 | 30 | 4,511 | 62 | 0,9763 | 6 | 30 | | |
| | 40 | 0,2193 | 28 | 0,2247 | 31 | 4,449 | 59 | 0,9757 | 7 | 20 | | |
| | 50 | 0,2221 | 29 | 0,2278 | 31 | 4,390 | 59 | 0,975̇0 | 6 | 10 | | |
| 13 | 0 | 0,225̄0 | 28 | 0,2309 | 30 | 4,331 | 56 | 0,9744 | 7 | 0 | 77 | |
| | 10 | 0,2278 | 28 | 0,2339 | 31 | 4,275̄ | 56 | 0,9737 | 7 | 50 | | |
| | 20 | 0,2306 | 28 | 0,2370 | 31 | 4,219 | 54 | 0,9730 | 6 | 40 | | |
| | 30 | 0,2334 | 29 | 0,2401 | 31 | 4,165̇ | 52 | 0,9724 | 7 | 30 | | |
| | 40 | 0,2363 | 28 | 0,2432 | 30 | 4,113 | 52 | 0,9717 | 7 | 20 | | |
| | 50 | 0,2391 | 28 | 0,2462 | 31 | 4,061 | 50 | 0,9710 | 7 | 10 | | |
| 14 | 0 | 0,2419 | 28 | 0,2493 | 31 | 4,011 | 49 | 0,9703 | 7 | 0 | 76 | |
| | 10 | 0,2447 | 29 | 0,2524 | 31 | 3,962 | 48 | 0,9696 | 7 | 50 | | |
| | 20 | 0,2476 | 28 | 0,2555̇ | 31 | 3,914 | 47 | 0,9689 | 8 | 40 | | |
| | 30 | 0,2504 | 28 | 0,2586 | 31 | 3,867 | 46 | 0,9681 | 7 | 30 | | |
| | 40 | 0,2532 | 28 | 0,2617 | 31 | 3,821 | 45 | 0,9674 | 7 | 20 | | |
| | 50 | 0,2560 | 28 | 0,2648 | 31 | 3,776 | 44 | 0,9667 | 8 | 10 | | |
| 15 | 0 | 0,2588 | 28 | 0,2679 | 32 | 3,732 | 43 | 0,9659 | 7 | 0 | 75 | |
| | 10 | 0,2616 | 28 | 0,2711 | 31 | 3,689 | 42 | 0,9652 | 8 | 50 | | |
| | 20 | 0,2644 | 28 | 0,2742 | 31 | 3,647 | 41 | 0,9644 | 8 | 40 | | |
| | 30 | 0,2672 | 28 | 0,2773 | 32 | 3,606 | 40 | 0,9636 | 8 | 30 | | |
| | 40 | 0,2700 | 28 | 0,2805̄ | 31 | 3,566 | 40 | 0,9628 | 7 | 20 | | |
| | 50 | 0,2728 | 28 | 0,2836 | 31 | 3,526 | 39 | 0,9621 | 8 | 10 | | |
| 16 | 0 | 0,2756 | 28 | 0,2867 | 32 | 3,487 | 37 | 0,9613 | 8 | 0 | 74 | |
| | 10 | 0,2784 | 28 | 0,2899 | 32 | 3,45̄0 | 38 | 0,9605̄ | 9 | 50 | | |
| | 20 | 0,2812 | 28 | 0,2931 | 31 | 3,412 | 36 | 0,9596 | 8 | 40 | | |
| | 30 | 0,2840 | 28 | 0,2962 | 32 | 3,376 | 36 | 0,9588 | 8 | 30 | | |
| | 40 | 0,2868 | 28 | 0,2994 | 32 | 3,340 | 35 | 0,9580 | 8 | 20 | | |
| | 50 | 0,2896 | 28 | 0,3026 | 31 | 3,305̇ | 34 | 0,9572 | 9 | 10 | | |
| 17 | 0 | 0,2924 | 28 | 0,3057 | 32 | 3,271 | 34 | 0,9563 | 8 | 0 | 73 | |
| | 10 | 0,2952 | 27 | 0,3089 | 32 | 3,237 | 33 | 0,9555̄ | 9 | 50 | | |
| | 20 | 0,2979 | 28 | 0,3121 | 32 | 3,204 | 32 | 0,9546 | 9 | 40 | | |
| | 30 | 0,3007 | 28 | 0,3153 | 32 | 3,172 | 32 | 0,9537 | 9 | 30 | | |
| | 40 | 0,3035̄ | 27 | 0,3185̄ | 32 | 3,140 | 32 | 0,9528 | 8 | 20 | | |
| | 50 | 0,3062 | 28 | 0,3217 | 32 | 3,108 | 30 | 0,9520 | 9 | 10 | | |
| 18 | 0 | 0,3090 | 28 | 0,3249 | 32 | 3,078 | 31 | 0,9511 | 9 | 0 | 72 | |
| | 10 | 0,3118 | 27 | 0,3281 | 33 | 3,047 | 29 | 0,9502 | 10 | 50 | | |
| | 20 | 0,3145̇ | 28 | 0,3314 | 32 | 3,018 | 29 | 0,9492 | 9 | 40 | | |
| | 30 | 0,3173 | 28 | 0,3346 | 32 | 2,989 | 29 | 0,9483 | 9 | 30 | | |
| | 40 | 0,3201 | 27 | 0,3378 | 33 | 2,960 | 28 | 0,9474 | 9 | 20 | | |
| | 50 | 0,3228 | 28 | 0,3411 | 32 | 2,932 | 28 | 0,9465̄ | 10 | 10 | | |
| 19 | 0 | 0,3256 | 27 | 0,3443 | 33 | 2,904 | 27 | 0,9455̇ | 9 | 0 | 71 | |
| | 10 | 0,3283 | 28 | 0,3476 | 32 | 2,877 | 27 | 0,9446 | 10 | 50 | | |
| | 20 | 0,3311 | 27 | 0,3508 | 33 | 2,85̇0 | 26 | 0,9436 | 10 | 40 | | |
| | 30 | 0,3338 | 27 | 0,3541 | 33 | 2,824 | 26 | 0,9426 | 9 | 30 | | |
| | 40 | 0,3365̇ | 28 | 0,3574 | 33 | 2,798 | 25 | 0,9417 | 10 | 20 | | |
| | 50 | 0,3393 | 27 | 0,3607 | 33 | 2,773 | 26 | 0,9407 | 10 | 10 | | |
| 20 | 0 | 0,3420 | | 0,3640 | | 2,747 | | 0,9397 | | 0 | 70 | |
| | | cos | D | cot | D | tan | D | sin | D | ′ | ° | P |

P

| | 31 | 32 | 33 | 34 |
|---|---|---|---|---|
| 1 | 3,1 | 3,2 | 3,3 | 3,4 |
| 2 | 6,2 | 6,4 | 6,6 | 6,8 |
| 3 | 9,3 | 9,6 | 9,9 | 10,2 |
| 4 | 12,4 | 12,8 | 13,2 | 13,6 |
| 5 | 15,5 | 16,0 | 16,5 | 17,0 |
| 6 | 18,6 | 19,2 | 19,8 | 20,4 |
| 7 | 21,7 | 22,4 | 23,1 | 23,8 |
| 8 | 24,8 | 25,6 | 26,4 | 27,2 |
| 9 | 27,9 | 28,8 | 29,7 | 30,6 |

| | 35 | 36 | 37 | 38 |
|---|---|---|---|---|
| 1 | 3,5 | 3,6 | 3,7 | 3,8 |
| 2 | 7,0 | 7,2 | 7,4 | 7,6 |
| 3 | 10,5 | 10,8 | 11,1 | 11,4 |
| 4 | 14,0 | 14,4 | 14,8 | 15,2 |
| 5 | 17,5 | 18,0 | 18,5 | 19,0 |
| 6 | 21,0 | 21,6 | 22,2 | 22,8 |
| 7 | 24,5 | 25,2 | 25,9 | 26,6 |
| 8 | 28,0 | 28,8 | 29,6 | 30,4 |
| 9 | 31,5 | 32,4 | 33,3 | 34,2 |

| | 39 | 40 | 41 | 42 |
|---|---|---|---|---|
| 1 | 3,9 | 4,0 | 4,1 | 4,2 |
| 2 | 7,8 | 8,0 | 8,2 | 8,4 |
| 3 | 11,7 | 12,0 | 12,3 | 12,6 |
| 4 | 15,6 | 16,0 | 16,4 | 16,8 |
| 5 | 19,5 | 20,0 | 20,5 | 21,0 |
| 6 | 23,4 | 24,0 | 24,6 | 25,2 |
| 7 | 27,3 | 28,0 | 28,7 | 29,4 |
| 8 | 31,2 | 32,0 | 32,8 | 33,6 |
| 9 | 35,1 | 36,0 | 36,9 | 37,8 |

| | 43 | 44 | 45 | 46 |
|---|---|---|---|---|
| 1 | 4,3 | 4,4 | 4,5 | 4,6 |
| 2 | 8,6 | 8,8 | 9,0 | 9,2 |
| 3 | 12,9 | 13,2 | 13,5 | 13,8 |
| 4 | 17,2 | 17,6 | 18,0 | 18,4 |
| 5 | 21,5 | 22,0 | 22,5 | 23,0 |
| 6 | 25,8 | 26,4 | 27,0 | 27,6 |
| 7 | 30,1 | 30,8 | 31,5 | 32,2 |
| 8 | 34,4 | 35,2 | 36,0 | 36,8 |
| 9 | 38,7 | 39,6 | 40,5 | 41,4 |

| | 47 | 48 | 49 | 50 |
|---|---|---|---|---|
| 1 | 4,7 | 4,8 | 4,9 | 5,0 |
| 2 | 9,4 | 9,6 | 9,8 | 10,0 |
| 3 | 14,1 | 14,4 | 14,7 | 15,0 |
| 4 | 18,8 | 19,2 | 19,6 | 20,0 |
| 5 | 23,5 | 24,0 | 24,5 | 25,0 |
| 6 | 28,2 | 28,8 | 29,4 | 30,0 |
| 7 | 32,9 | 33,6 | 34,3 | 35,0 |
| 8 | 37,6 | 38,4 | 39,2 | 40,0 |
| 9 | 42,3 | 43,2 | 44,1 | 45,0 |

P





69

| ° | ′ | sin | D | tan | D | cot | D | cos | D | ′ | ° |
|---|---|---|---|---|---|---|---|---|---|---|---|
| 20 | 0 | 0,3420 | | 0,3640 | | 2,747 | | 0,9397 | | 0 | 70 |
| | 10 | 0,3448 | 28 | 0,3673 | 33 | 2,723 | 24 | 0,9387 | 10 | 50 | |
| | 20 | 0,3475̄ | 27 | 0,3706 | 33 | 2,699 | 24 | 0,9377 | 10 | 40 | |
| | 30 | 0,3502 | 27 | 0,3739 | 33 | 2,675̄ | 24 | 0,9367 | 10 | 30 | |
| | 40 | 0,3529 | 27 | 0,3772 | 33 | 2,651 | 24 | 0,9356 | 11 | 20 | |
| | 50 | 0,3557 | 28 | 0,3805̇ | 33 | 2,628 | 23 | 0,9346 | 10 | 10 | |
| 21 | 0 | 0,3584 | 27 | 0,3839 | 34 | 2,605̇ | 23 | 0,9336 | 10 | 0 | 69 |
| | 10 | 0,3611 | 27 | 0,3872 | 33 | 2,583 | 22 | 0,9325̇ | 11 | 50 | |
| | 20 | 0,3638 | 27 | 0,3906 | 34 | 2,560 | 23 | 0,9315̄ | 10 | 40 | |
| | 30 | 0,3665̇ | 27 | 0,3939 | 33 | 2,539 | 21 | 0,9304 | 11 | 30 | |
| | 40 | 0,3692 | 27 | 0,3973 | 34 | 2,517 | 22 | 0,9293 | 11 | 20 | |
| | 50 | 0,3719 | 27 | 0,4006 | 33 | 2,496 | 21 | 0,9283 | 10 | 10 | |
| 22 | 0 | 0,3746 | 27 | 0,4040 | 34 | 2,475̇ | 21 | 0,9272 | 11 | 0 | 68 |
| | 10 | 0,3773 | 27 | 0,4074 | 34 | 2,455̄ | 20 | 0,9261 | 11 | 50 | |
| | 20 | 0,3800 | 27 | 0,4108 | 34 | 2,434 | 21 | 0,9250̄ | 11 | 40 | |
| | 30 | 0,3827 | 27 | 0,4142 | 34 | 2,414 | 20 | 0,9239 | 11 | 30 | |
| | 40 | 0,3854 | 27 | 0,4176 | 34 | 2,394 | 20 | 0,9228 | 11 | 20 | |
| | 50 | 0,3881 | 27 | 0,4210 | 34 | 2,375̇ | 19 | 0,9216 | 12 | 10 | |
| 23 | 0 | 0,3907 | 26 | 0,4245̄ | 35 | 2,356 | 19 | 0,9205̇ | 11 | 0 | 67 |
| | 10 | 0,3934 | 27 | 0,4279 | 34 | 2,337 | 19 | 0,9194 | 11 | 50 | |
| | 20 | 0,3961 | 27 | 0,4314 | 35 | 2,318 | 19 | 0,9182 | 12 | 40 | |
| | 30 | 0,3987 | 26 | 0,4348 | 34 | 2,300 | 18 | 0,9171 | 11 | 30 | |
| | 40 | 0,4014 | 27 | 0,4383 | 35 | 2,282 | 18 | 0,9159 | 12 | 20 | |
| | 50 | 0,4041 | 27 | 0,4417 | 34 | 2,264 | 18 | 0,9147 | 12 | 10 | |
| 24 | 0 | 0,4067 | 26 | 0,4452 | 35 | 2,246 | 18 | 0,9135̇ | 12 | 0 | 66 |
| | 10 | 0,4094 | 27 | 0,4487 | 35 | 2,229 | 17 | 0,9124 | 11 | 50 | |
| | 20 | 0,4120 | 26 | 0,4522 | 35 | 2,211 | 18 | 0,9112 | 12 | 40 | |
| | 30 | 0,4147 | 27 | 0,4557 | 35 | 2,194 | 17 | 0,9100 | 12 | 30 | |
| | 40 | 0,4173 | 26 | 0,4592 | 35 | 2,177 | 17 | 0,9088 | 12 | 20 | |
| | 50 | 0,4200 | 27 | 0,4628 | 36 | 2,161 | 16 | 0,9075̄ | 13 | 10 | |
| 25 | 0 | 0,4226 | 26 | 0,4663 | 35 | 2,145̄ | 16 | 0,9063 | 12 | 0 | 65 |
| | 10 | 0,4253 | 27 | 0,4699 | 36 | 2,128 | 17 | 0,9051 | 12 | 50 | |
| | 20 | 0,4279 | 26 | 0,4734 | 35 | 2,112 | 16 | 0,9038 | 13 | 40 | |
| | 30 | 0,4305̇ | 26 | 0,4770 | 36 | 2,097 | 15 | 0,9026 | 12 | 30 | |
| | 40 | 0,4331 | 26 | 0,4806 | 36 | 2,081 | 16 | 0,9013 | 13 | 20 | |
| | 50 | 0,4358 | 27 | 0,4841 | 35 | 2,066 | 15 | 0,9001 | 12 | 10 | |
| 26 | 0 | 0,4384 | 26 | 0,4877 | 36 | 2,050̇ | 16 | 0,8988 | 13 | 0 | 64 |
| | 10 | 0,4410 | 26 | 0,4913 | 36 | 2,035̇ | 15 | 0,8975̇ | 13 | 50 | |
| | 20 | 0,4436 | 26 | 0,4950̄ | 37 | 2,020 | 15 | 0,8962 | 13 | 40 | |
| | 30 | 0,4462 | 26 | 0,4986 | 36 | 2,006 | 14 | 0,8949 | 13 | 30 | |
| | 40 | 0,4488 | 26 | 0,5022 | 36 | 1,991 | 15 | 0,8936 | 13 | 20 | |
| | 50 | 0,4514 | 26 | 0,5059 | 37 | 1,977 | 14 | 0,8923 | 13 | 10 | |
| 27 | 0 | 0,4540 | 26 | 0,5095̇ | 36 | 1,963 | 14 | 0,8910 | 13 | 0 | 63 |
| | 10 | 0,4566 | 26 | 0,5132 | 37 | 1,949 | 14 | 0,8897 | 13 | 50 | |
| | 20 | 0,4592 | 26 | 0,5169 | 37 | 1,935̄ | 14 | 0,8884 | 13 | 40 | |
| | 30 | 0,4617 | 25 | 0,5206 | 37 | 1,921 | 14 | 0,8870 | 14 | 30 | |
| | 40 | 0,4643 | 26 | 0,5243 | 37 | 1,907 | 14 | 0,8857 | 13 | 20 | |
| | 50 | 0,4669 | 26 | 0,5280 | 37 | 1,894 | 13 | 0,8843 | 14 | 10 | |
| 28 | 0 | 0,4695̄ | 26 | 0,5317 | 37 | 1,881 | 13 | 0,8829 | 14 | 0 | 62 |
| | 10 | 0,4720 | 25 | 0,5354 | 37 | 1,868 | 13 | 0,8816 | 13 | 50 | |
| | 20 | 0,4746 | 26 | 0,5392 | 38 | 1,855̄ | 13 | 0,8802 | 14 | 40 | |
| | 30 | 0,4772 | 26 | 0,5430 | 38 | 1,842 | 13 | 0,8788 | 14 | 30 | |
| | 40 | 0,4797 | 25 | 0,5467 | 37 | 1,829 | 13 | 0,8774 | 14 | 20 | |
| | 50 | 0,4823 | 26 | 0,5505̇ | 38 | 1,816 | 13 | 0,8760 | 14 | 10 | |
| 29 | 0 | 0,4848 | 25 | 0,5543 | 38 | 1,804 | 12 | 0,8746 | 14 | 0 | 61 |
| | 10 | 0,4874 | 26 | 0,5581 | 38 | 1,792 | 12 | 0,8732 | 14 | 50 | |
| | 20 | 0,4899 | 25 | 0,5619 | 38 | 1,780 | 12 | 0,8718 | 14 | 40 | |
| | 30 | 0,4924 | 25 | 0,5658 | 39 | 1,767 | 13 | 0,8704 | 14 | 30 | |
| | 40 | 0,4950̄ | 26 | 0,5696 | 38 | 1,756 | 11 | 0,8689 | 15 | 20 | |
| | 50 | 0,4975̄ | 25 | 0,5735̄ | 39 | 1,744 | 12 | 0,8675̄ | 14 | 10 | |
| 30 | 0 | 0,5000 | 25 | 0,5774 | 39 | 1,732 | 12 | 0,8660 | 15 | 0 | 60 |
| | | cos | D | cot | D | tan | D | sin | D | ′ | ° |

P

| | 7 | 8 | 9 | 10 |
|---|---|---|---|---|
| 1 | 0,7 | 0,8 | 0,9 | 1,0 |
| 2 | 1,4 | 1,6 | 1,8 | 2,0 |
| 3 | 2,1 | 2,4 | 2,7 | 3,0 |
| 4 | 2,8 | 3,2 | 3,6 | 4,0 |
| 5 | 3,5 | 4,0 | 4,5 | 5,0 |
| 6 | 4,2 | 4,8 | 5,4 | 6,0 |
| 7 | 4,9 | 5,6 | 6,3 | 7,0 |
| 8 | 5,6 | 6,4 | 7,2 | 8,0 |
| 9 | 6,3 | 7,2 | 8,1 | 9,0 |

| | 11 | 12 | 13 | 14 |
|---|---|---|---|---|
| 1 | 1,1 | 1,2 | 1,3 | 1,4 |
| 2 | 2,2 | 2,4 | 2,6 | 2,8 |
| 3 | 3,3 | 3,6 | 3,9 | 4,2 |
| 4 | 4,4 | 4,8 | 5,2 | 5,6 |
| 5 | 5,5 | 6,0 | 6,5 | 7,0 |
| 6 | 6,6 | 7,2 | 7,8 | 8,4 |
| 7 | 7,7 | 8,4 | 9,1 | 9,8 |
| 8 | 8,8 | 9,6 | 10,4 | 11,2 |
| 9 | 9,9 | 10,8 | 11,7 | 12,6 |

| | 15 | 16 | 17 | 18 |
|---|---|---|---|---|
| 1 | 1,5 | 1,6 | 1,7 | 1,8 |
| 2 | 3,0 | 3,2 | 3,4 | 3,6 |
| 3 | 4,5 | 4,8 | 5,1 | 5,4 |
| 4 | 6,0 | 6,4 | 6,8 | 7,2 |
| 5 | 7,5 | 8,0 | 8,5 | 9,0 |
| 6 | 9,0 | 9,6 | 10,2 | 10,8 |
| 7 | 10,5 | 11,2 | 11,9 | 12,6 |
| 8 | 12,0 | 12,8 | 13,6 | 14,4 |
| 9 | 13,5 | 14,4 | 15,3 | 16,2 |

| | 19 | 20 | 21 | 22 |
|---|---|---|---|---|
| 1 | 1,9 | 2,0 | 2,1 | 2,2 |
| 2 | 3,8 | 4,0 | 4,2 | 4,4 |
| 3 | 5,7 | 6,0 | 6,3 | 6,6 |
| 4 | 7,6 | 8,0 | 8,4 | 8,8 |
| 5 | 9,5 | 10,0 | 10,5 | 11,0 |
| 6 | 11,4 | 12,0 | 12,6 | 13,2 |
| 7 | 13,3 | 14,0 | 14,7 | 15,4 |
| 8 | 15,2 | 16,0 | 16,8 | 17,6 |
| 9 | 17,1 | 18,0 | 18,9 | 19,8 |

| | 23 | 24 | 25 | 26 |
|---|---|---|---|---|
| 1 | 2,3 | 2,4 | 2,5 | 2,6 |
| 2 | 4,6 | 4,8 | 5,0 | 5,2 |
| 3 | 6,9 | 7,2 | 7,5 | 7,8 |
| 4 | 9,2 | 9,6 | 10,0 | 10,4 |
| 5 | 11,5 | 12,0 | 12,5 | 13,0 |
| 6 | 13,8 | 14,4 | 15,0 | 15,6 |
| 7 | 16,1 | 16,8 | 17,5 | 18,2 |
| 8 | 18,4 | 19,2 | 20,0 | 20,8 |
| 9 | 20,7 | 21,6 | 22,5 | 23,4 |

P

| ° | ′ | sin | D | tan | D | cot | D | cos | D | | |
|---|---|---|---|---|---|---|---|---|---|---|---|
| 30 | 0 | 0,5000 | 25 | 0,5774 | 38 | 1,732 | 12 | 0,8660 | 14 | 0 | 60 |
| | 10 | 0,5025̇ | 25 | 0,5812 | 39 | 1,720 | 11 | 0,8646 | 15 | 50 | |
| | 20 | 0,505̇0 | 25 | 0,5851 | 39 | 1,709 | 11 | 0,8631 | 15 | 40 | |
| | 30 | 0,5075̇ | 25 | 0,5890 | 40 | 1,698 | 12 | 0,8616 | 15 | 30 | |
| | 40 | 0,5100 | 25 | 0,5930 | 39 | 1,686 | 11 | 0,8601 | 14 | 20 | |
| | 50 | 0,5125̇ | 25 | 0,5969 | 40 | 1,675̇ | 11 | 0,8587 | 15 | 10 | |
| 31 | 0 | 0,515̇0 | 25 | 0,6009 | 39 | 1,664 | 11 | 0,8572 | 15 | 0 | 59 |
| | 10 | 0,5175̇ | 25 | 0,6048 | 40 | 1,653 | 10 | 0,8557 | 15 | 50 | |
| | 20 | 0,5200 | 25 | 0,6088 | 40 | 1,643 | 11 | 0,8542 | 16 | 40 | |
| | 30 | 0,5225̄ | 25 | 0,6128 | 40 | 1,632 | 11 | 0,8526 | 15 | 30 | |
| | 40 | 0,525̄0 | 25 | 0,6168 | 40 | 1,621 | 10 | 0,8511 | 15 | 20 | |
| | 50 | 0,5275̄ | 24 | 0,6208 | 41 | 1,611 | 11 | 0,8496 | 16 | 10 | |
| 32 | 0 | 0,5299 | 25 | 0,6249 | 40 | 1,600 | 10 | 0,8480 | 15 | 0 | 58 |
| | 10 | 0,5324 | 24 | 0,6289 | 41 | 1,590 | 10 | 0,8465̇ | 15 | 50 | |
| | 20 | 0,5348 | 25 | 0,6330 | 41 | 1,580 | 10 | 0,845̄0 | 16 | 40 | |
| | 30 | 0,5373 | 25 | 0,6371 | 41 | 1,570 | 10 | 0,8434 | 16 | 30 | |
| | 40 | 0,5398 | 24 | 0,6412 | 41 | 1,560 | 10 | 0,8418 | 15 | 20 | |
| | 50 | 0,5422 | 24 | 0,6453 | 41 | 1,55̄0 | 10 | 0,8403 | 16 | 10 | |
| 33 | 0 | 0,5446 | 25 | 0,6494 | 42 | 1,540 | 10 | 0,8387 | 16 | 0 | 57 |
| | 10 | 0,5471́ | 24 | 0,6536 | 41 | 1,530 | 10 | 0,8371 | 16 | 50 | |
| | 20 | 0,5495̇ | 24 | 0,6577 | 42 | 1,520 | 9 | 0,8355̄ | 16 | 40 | |
| | 30 | 0,5519 | 25 | 0,6619 | 42 | 1,511 | 10 | 0,8339 | 16 | 30 | |
| | 40 | 0,5544 | 24 | 0,6661 | 42 | 1,501 | 9 | 0,8323 | 16 | 20 | |
| | 50 | 0,5568 | 24 | 0,6703 | 42 | 1,492 | 9 | 0,8307 | 17 | 10 | |
| 34 | 0 | 0,5592 | 24 | 0,6745̇ | 42 | 1,483 | 10 | 0,8290 | 16 | 0 | 56 |
| | 10 | 0,5616 | 24 | 0,6787 | 43 | 1,473 | 9 | 0,8274 | 16 | 50 | |
| | 20 | 0,5640 | 24 | 0,6830 | 43 | 1,464 | 9 | 0,8258 | 17 | 40 | |
| | 30 | 0,5664 | 24 | 0,6873 | 43 | 1,455̇ | 9 | 0,8241 | 16 | 30 | |
| | 40 | 0,5688 | 24 | 0,6916 | 43 | 1,446 | 9 | 0,8225̄ | 17 | 20 | |
| | 50 | 0,5712 | 24 | 0,6959 | 43 | 1,437 | 9 | 0,8208 | 16 | 10 | |
| 35 | 0 | 0,5736 | 24 | 0,7002 | 44 | 1,428 | 9 | 0,8192 | 17 | 0 | 55 |
| | 10 | 0,5760 | 23 | 0,7046 | 43 | 1,419 | 8 | 0,8175̄ | 17 | 50 | |
| | 20 | 0,5783 | 24 | 0,7089 | 44 | 1,411 | 9 | 0,8158 | 17 | 40 | |
| | 30 | 0,5807 | 24 | 0,7133 | 44 | 1,402 | 9 | 0,8141 | 17 | 30 | |
| | 40 | 0,5831 | 23 | 0,7177 | 44 | 1,393 | 8 | 0,8124 | 17 | 20 | |
| | 50 | 0,5854 | 24 | 0,7221 | 44 | 1,385̄ | 9 | 0,8107 | 17 | 10 | |
| 36 | 0 | 0,5878 | 23 | 0,7265̇ | 45 | 1,376 | 8 | 0,8090 | 17 | 0 | 54 |
| | 10 | 0,5901 | 24 | 0,7310 | 45 | 1,368 | 8 | 0,8073 | 17 | 50 | |
| | 20 | 0,5925̄ | 23 | 0,7355̄ | 45 | 1,360 | 9 | 0,8056 | 17 | 40 | |
| | 30 | 0,5948 | 24 | 0,7400 | 45 | 1,351 | 8 | 0,8039 | 18 | 30 | |
| | 40 | 0,5972 | 23 | 0,7445̄ | 45 | 1,343 | 8 | 0,8021 | 17 | 20 | |
| | 50 | 0,5995̄ | 23 | 0,7490 | 46 | 1,335̇ | 8 | 0,8004 | 18 | 10 | |
| 37 | 0 | 0,6018 | 23 | 0,7536 | 45 | 1,327 | 8 | 0,7986 | 17 | 0 | 53 |
| | 10 | 0,6041 | 24 | 0,7581 | 46 | 1,319 | 8 | 0,7969 | 18 | 50 | |
| | 20 | 0,6065̄ | 23 | 0,7627 | 46 | 1,311 | 8 | 0,7951 | 17 | 40 | |
| | 30 | 0,6088 | 23 | 0,7673 | 47 | 1,303 | 8 | 0,7934 | 18 | 30 | |
| | 40 | 0,6111 | 23 | 0,7720 | 46 | 1,295̇ | 7 | 0,7916 | 18 | 20 | |
| | 50 | 0,6134 | 23 | 0,7766 | 47 | 1,288 | 8 | 0,7898 | 18 | 10 | |
| 38 | 0 | 0,6157 | 23 | 0,7813 | 47 | 1,280 | 8 | 0,7880 | 18 | 0 | 52 |
| | 10 | 0,6180 | 22 | 0,7860 | 47 | 1,272 | 7 | 0,7862 | 18 | 50 | |
| | 20 | 0,6202 | 23 | 0,7907 | 47 | 1,265̄ | 8 | 0,7844 | 18 | 40 | |
| | 30 | 0,6225̇ | 23 | 0,7954 | 48 | 1,25̂7 | 7 | 0,7826 | 18 | 30 | |
| | 40 | 0,6248 | 23 | 0,8002 | 48 | 1,25̄0 | 8 | 0,7808 | 18 | 20 | |
| | 50 | 0,6271 | 22 | 0,805̄0 | 48 | 1,242 | 7 | 0,7790 | 19 | 10 | |
| 39 | 0 | 0,6293 | 23 | 0,8098 | 48 | 1,235̄ | 7 | 0,7771 | 18 | 0 | 51 |
| | 10 | 0,6316 | 22 | 0,8146 | 49 | 1,228 | 8 | 0,7753 | 18 | 50 | |
| | 20 | 0,6338 | 23 | 0,8195̄ | 48 | 1,220 | 7 | 0,7735̄ | 19 | 40 | |
| | 30 | 0,6361 | 22 | 0,8243 | 49 | 1,213 | 7 | 0,7716 | 18 | 30 | |
| | 40 | 0,6383 | 23 | 0,8292 | 50 | 1,206 | 7 | 0,7698 | 19 | 20 | |
| | 50 | 0,6406 | 22 | 0,8342 | 49 | 1,199 | 7 | 0,7679 | 19 | 10 | |
| 40 | 0 | 0,6428 | | 0,8391 | | 1,192 | | 0,7660 | | 0 | 50 |
| | | cos | D | cot | D | tan | D | sin | D | ′ | ° |

P

| | 27 | 28 | 33 | 34 |
|---|---|---|---|---|
| 1 | 2,7 | 2,8 | 3,3 | 3,4 |
| 2 | 5,4 | 5,6 | 6,6 | 6,8 |
| 3 | 8,1 | 8,4 | 9,9 | 10,2 |
| 4 | 10,8 | 11,2 | 13,2 | 13,6 |
| 5 | 13,5 | 14,0 | 16,5 | 17,0 |
| 6 | 16,2 | 16,8 | 19,8 | 20,4 |
| 7 | 18,9 | 19,6 | 23,1 | 23,8 |
| 8 | 21,6 | 22,4 | 26,4 | 27,2 |
| 9 | 24,3 | 25,2 | 29,7 | 30,6 |

| | 35 | 36 | 37 | 38 |
|---|---|---|---|---|
| 1 | 3,5 | 3,6 | 3,7 | 3,8 |
| 2 | 7,0 | 7,2 | 7,4 | 7,6 |
| 3 | 10,5 | 10,8 | 11,1 | 11,4 |
| 4 | 14,0 | 14,4 | 14,8 | 15,2 |
| 5 | 17,5 | 18,0 | 18,5 | 19,0 |
| 6 | 21,0 | 21,6 | 22,2 | 22,8 |
| 7 | 24,5 | 25,2 | 25,9 | 26,6 |
| 8 | 28,0 | 28,8 | 29,6 | 30,4 |
| 9 | 31,5 | 32,4 | 33,3 | 34,2 |

| | 39 | 40 | 41 | 42 |
|---|---|---|---|---|
| 1 | 3,9 | 4,0 | 4,1 | 4,2 |
| 2 | 7,8 | 8,0 | 8,2 | 8,4 |
| 3 | 11,7 | 12,0 | 12,3 | 12,6 |
| 4 | 15,6 | 16,0 | 16,4 | 16,8 |
| 5 | 19,5 | 20,0 | 20,5 | 21,0 |
| 6 | 23,4 | 24,0 | 24,6 | 25,2 |
| 7 | 27,3 | 28,0 | 28,7 | 29,4 |
| 8 | 31,2 | 32,0 | 32,8 | 33,6 |
| 9 | 35,1 | 36,0 | 36,9 | 37,8 |

| | 43 | 44 | 45 | 46 |
|---|---|---|---|---|
| 1 | 4,3 | 4,4 | 4,5 | 4,6 |
| 2 | 8,6 | 8,8 | 9,0 | 9,2 |
| 3 | 12,9 | 13,2 | 13,5 | 13,8 |
| 4 | 17,2 | 17,6 | 18,0 | 18,4 |
| 5 | 21,5 | 22,0 | 22,5 | 23,0 |
| 6 | 25,8 | 26,4 | 27,0 | 27,6 |
| 7 | 30,1 | 30,8 | 31,5 | 32,2 |
| 8 | 34,4 | 35,2 | 36,0 | 36,8 |
| 9 | 38,7 | 39,6 | 40,5 | 41,4 |

| | 47 | 48 | 49 | 50 |
|---|---|---|---|---|
| 1 | 4,7 | 4,8 | 4,9 | 5,0 |
| 2 | 9,4 | 9,6 | 9,8 | 10,0 |
| 3 | 14,1 | 14,4 | 14,7 | 15,0 |
| 4 | 18,8 | 19,2 | 19,6 | 20,0 |
| 5 | 23,5 | 24,0 | 24,5 | 25,0 |
| 6 | 28,2 | 28,8 | 29,4 | 30,0 |
| 7 | 32,9 | 33,6 | 34,3 | 35,0 |
| 8 | 37,6 | 38,4 | 39,2 | 40,0 |
| 9 | 42,3 | 43,2 | 44,1 | 45,0 |

P

50° . . . 60°

| ° | ′ | sin | D | tan | D | cot | D | cos | D | | |
|---|---|---|---|---|---|---|---|---|---|---|---|
| 40 | 0 | 0,6428 | | 0,8391 | | 1,192 | | 0,7660 | | 0 | 50 |
| | 10 | 0,6450 | 22 | 0,8441 | 50 | 1,185 | 7 | 0,7642 | 18 | 50 | |
| | 20 | 0,6472 | 22 | 0,8491 | 50 | 1,178 | 7 | 0,7623 | 19 | 40 | |
| | 30 | 0,6494 | 22 | 0,8541 | 50 | 1,171 | 7 | 0,7604 | 19 | 30 | |
| | 40 | 0,6517 | 23 | 0,8591 | 50 | 1,164 | 7 | 0,7585 | 19 | 20 | |
| | 50 | 0,6539 | 22 | 0,8642 | 51 | 1,157 | 7 | 0,7566 | 19 | 10 | |
| 41 | 0 | 0,6561 | 22 | 0,8693 | 51 | 1,150 | 7 | 0,7547 | 19 | 0 | 49 |
| | 10 | 0,6583 | 22 | 0,8744 | 51 | 1,144 | 6 | 0,7528 | 19 | 50 | |
| | 20 | 0,6604 | 21 | 0,8796 | 52 | 1,137 | 7 | 0,7509 | 19 | 40 | |
| | 30 | 0,6626 | 22 | 0,8847 | 51 | 1,130 | 7 | 0,7490 | 19 | 30 | |
| | 40 | 0,6648 | 22 | 0,8899 | 52 | 1,124 | 6 | 0,7470 | 20 | 20 | |
| | 50 | 0,6670 | 22 | 0,8952 | 53 | 1,117 | 7 | 0,7451 | 19 | 10 | |
| 42 | 0 | 0,6691 | 21 | 0,9004 | 52 | 1,111 | 6 | 0,7431 | 20 | 0 | 48 |
| | 10 | 0,6713 | 22 | 0,9057 | 53 | 1,104 | 7 | 0,7412 | 19 | 50 | |
| | 20 | 0,6734 | 21 | 0,9110 | 53 | 1,098 | 6 | 0,7392 | 20 | 40 | |
| | 30 | 0,6756 | 22 | 0,9163 | 53 | 1,091 | 7 | 0,7373 | 19 | 30 | |
| | 40 | 0,6777 | 21 | 0,9217 | 54 | 1,085 | 6 | 0,7353 | 20 | 20 | |
| | 50 | 0,6799 | 22 | 0,9271 | 54 | 1,079 | 6 | 0,7333 | 20 | 10 | |
| 43 | 0 | 0,6820 | 21 | 0,9325 | 54 | 1,072 | 7 | 0,7314 | 19 | 0 | 47 |
| | 10 | 0,6841 | 21 | 0,9380 | 55 | 1,066 | 6 | 0,7294 | 20 | 50 | |
| | 20 | 0,6862 | 21 | 0,9435 | 55 | 1,060 | 6 | 0,7274 | 20 | 40 | |
| | 30 | 0,6884 | 22 | 0,9490 | 55 | 1,054 | 6 | 0,7254 | 20 | 30 | |
| | 40 | 0,6905 | 21 | 0,9545 | 55 | 1,048 | 6 | 0,7234 | 20 | 20 | |
| | 50 | 0,6926 | 21 | 0,9601 | 56 | 1,042 | 6 | 0,7214 | 20 | 10 | |
| 44 | 0 | 0,6947 | 21 | 0,9657 | 56 | 1,036 | 6 | 0,7193 | 21 | 0 | 46 |
| | 10 | 0,6967 | 20 | 0,9713 | 56 | 1,030 | 6 | 0,7173 | 20 | 50 | |
| | 20 | 0,6988 | 21 | 0,9770 | 57 | 1,024 | 6 | 0,7153 | 20 | 40 | |
| | 30 | 0,7009 | 21 | 0,9827 | 57 | 1,018 | 6 | 0,7133 | 20 | 30 | |
| | 40 | 0,7030 | 21 | 0,9884 | 57 | 1,012 | 6 | 0,7112 | 21 | 20 | |
| | 50 | 0,7050 | 20 | 0,9942 | 58 | 1,006 | 6 | 0,7092 | 20 | 10 | |
| 45 | 0 | 0,7071 | 21 | 1,0000 | 58 | 1,000 | 6 | 0,7071 | 21 | 0 | 45 |
| | | cos | D | cot | D | tan | D | sin | D | ′ | ° |

P

| | 18 | 19 | 20 | 21 | 22 |
|---|---|---|---|---|---|
| 1 | 1,8 | 1,9 | 2,0 | 2,1 | 2,2 |
| 2 | 3,6 | 3,8 | 4,0 | 4,2 | 4,4 |
| 3 | 5,4 | 5,7 | 6,0 | 6,3 | 6,6 |
| 4 | 7,2 | 7,6 | 8,0 | 8,4 | 8,8 |
| 5 | 9,0 | 9,5 | 10,0 | 10,5 | 11,0 |
| 6 | 10,8 | 11,4 | 12,0 | 12,6 | 13,2 |
| 7 | 12,6 | 13,3 | 14,0 | 14,7 | 15,4 |
| 8 | 14,4 | 15,2 | 16,0 | 16,8 | 17,6 |
| 9 | 16,2 | 17,1 | 18,0 | 18,9 | 19,8 |

| | 23 | 50 | 51 | 52 | 53 |
|---|---|---|---|---|---|
| 1 | 2,3 | 5,0 | 5,1 | 5,2 | 5,3 |
| 2 | 4,6 | 10,0 | 10,2 | 10,4 | 10,6 |
| 3 | 6,9 | 15,0 | 15,3 | 15,6 | 15,9 |
| 4 | 9,2 | 20,0 | 20,4 | 20,8 | 21,2 |
| 5 | 11,5 | 25,0 | 25,5 | 26,0 | 26,5 |
| 6 | 13,8 | 30,0 | 30,6 | 31,2 | 31,8 |
| 7 | 16,1 | 35,0 | 35,7 | 36,4 | 37,1 |
| 8 | 18,4 | 40,0 | 40,8 | 41,6 | 42,4 |
| 9 | 20,7 | 45,0 | 45,9 | 46,8 | 47,7 |

| | 54 | 55 | 56 | 57 | 58 |
|---|---|---|---|---|---|
| 1 | 5,4 | 5,5 | 5,6 | 5,7 | 5,8 |
| 2 | 10,8 | 11,0 | 11,2 | 11,4 | 11,6 |
| 3 | 16,2 | 16,5 | 16,8 | 17,1 | 17,4 |
| 4 | 21,6 | 22,0 | 22,4 | 22,8 | 23,2 |
| 5 | 27,0 | 27,5 | 28,0 | 28,5 | 29,0 |
| 6 | 32,4 | 33,0 | 33,6 | 34,2 | 34,8 |
| 7 | 37,8 | 38,5 | 39,2 | 39,9 | 40,6 |
| 8 | 43,2 | 44,0 | 44,8 | 45,6 | 46,4 |
| 9 | 48,6 | 49,5 | 50,4 | 51,3 | 52,2 |

P

45° . . . 50°



## Umwandlung von Minuten in Dezimalteile des Grades — 73.1.

| Minuten | +0′ | +1′ | +2′ | +3′ | +4′ | +5′ | +6′ | +7′ | +8′ | +9′ |
|---|---|---|---|---|---|---|---|---|---|---|
| 0′ | 0,0000 | 0167 | 0333 | 0500 | 0667 | 0833 | 1000 | 1167 | 1333 | 1500 |
| 10′ | 0,1667 | 1833 | 2000 | 2167 | 2333 | 2500 | 2667 | 2833 | 3000 | 3167 |
| 20′ | 0,3333 | 3500 | 3667 | 3833 | 4000 | 4167 | 4333 | 4500 | 4667 | 4833 |
| 30′ | 0,5000 | 5167 | 5333 | 5500 | 5667 | 5833 | 6000 | 6167 | 6333 | 6500 |
| 40′ | 0,6667 | 6833 | 7000 | 7167 | 7333 | 7500 | 7667 | 7833 | 8000 | 8167 |
| 50′ | 0,8333 | 8500 | 8667 | 8833 | 9000 | 9167 | 9333 | 9500 | 9667 | 9833 |

## Umwandlung von Sekunden in Dezimalteile des Grades — 73.2.

| Sekunden | +0″ | +1″ | +2″ | +3″ | +4″ | +5″ | +6″ | +7″ | +8″ | +9″ |
|---|---|---|---|---|---|---|---|---|---|---|
| 0″ | 0,0000 | 0003 | 0006 | 0008 | 0011 | 0014 | 0017 | 0019 | 0022 | 0025 |
| 10″ | 0,0028 | 0031 | 0033 | 0036 | 0039 | 0042 | 0044 | 0047 | 0050 | 0053 |
| 20″ | 0,0056 | 0058 | 0061 | 0064 | 0067 | 0069 | 0072 | 0075 | 0078 | 0081 |
| 30″ | 0,0083 | 0086 | 0089 | 0092 | 0094 | 0097 | 0100 | 0103 | 0106 | 0108 |
| 40″ | 0,0111 | 0114 | 0117 | 0119 | 0122 | 0125 | 0128 | 0131 | 0133 | 0136 |
| 50″ | 0,0139 | 0142 | 0144 | 0147 | 0150 | 0153 | 0156 | 0158 | 0161 | 0164 |

## Umwandlung von Dezimalteilen des Grades in Minuten und Sekunden — 73.3.

| Grad | 1 | 2 | 3 | 4 | 5 | 6 | 7 | 8 | 9 |
|---|---|---|---|---|---|---|---|---|---|
| 0, | 6′ | 12′ | 18′ | 24′ | 30′ | 36′ | 42′ | 48′ | 54′ |
| 0,0 | 36″ | 1′ 12″ | 1′ 48″ | 2′ 24″ | 3′ | 3′ 36″ | 4′ 12″ | 4′ 48″ | 5′ 24″ |
| 0,00 | 3,6″ | 7,2″ | 10,8″ | 14,4″ | 18″ | 21,6″ | 25,2″ | 28,8″ | 32,4″ |
| 0,000 | 0,4″ | 0,7″ | 1,1″ | 1,4″ | 1,8″ | 2,2″ | 2,5″ | 2,9″ | 3,2″ |

1. Beispiel: 13′ 24″ = ? Grad

*Lösung:* 13′ = 0,2167°
+24″ = 0,0067°
13′ 24″ = 0,2234°

2. Beispiel: 0,2739° = ? Minuten und Sekunden

*Lösung:* 0,2° = 12′
0,07° = 4′ 12″
0,003° = 10,8″
0,0009° = 3,2″
0,2739° = 16′ 26″

## 74.1. Umwandlung von Bogenmaß in Gradmaß

| Bogenmaß rad | Grad | Minuten | Sekunden |
|---|---|---|---|
| 1,0 | 57 | 17 | 44,80 |
| 0,9 | 51 | 33 | 58,30 |
| 0,8 | 45 | 50 | 11,80 |
| 0,7 | 40 | 6 | 25,36 |
| 0,6 | 34 | 22 | 38,88 |
| 0,5 | 28 | 38 | 52,40 |
| 0,4 | 22 | 55 | 5,90 |
| 0,3 | 17 | 11 | 19,44 |
| 0,2 | 11 | 27 | 32,96 |
| 0,1 | 5 | 43 | 46,48 |
| 0,09 | 5 | 9 | 23,83 |
| 0,08 | 4 | 35 | 1,18 |
| 0,07 | 4 | 0 | 38,54 |
| 0,06 | 3 | 26 | 15,89 |
| 0,05 | 2 | 51 | 53,24 |
| 0,04 | 2 | 17 | 30,59 |
| 0,03 | 1 | 43 | 7,94 |
| 0,02 | 1 | 8 | 45,30 |
| 0,01 | 0 | 34 | 22,65 |

| Bogenmaß rad | Grad | Minuten | Sekunden |
|---|---|---|---|
| 0,009 | 0 | 30 | 56,38 |
| 0,008 | 0 | 27 | 30,12 |
| 0,007 | 0 | 24 | 3,85 |
| 0,006 | 0 | 20 | 37,59 |
| 0,005 | 0 | 17 | 11,32 |
| 0,004 | 0 | 13 | 45,06 |
| 0,003 | 0 | 10 | 18,79 |
| 0,002 | 0 | 6 | 52,53 |
| 0,001 | 0 | 3 | 26,26 |
| 0,0009 | 0 | 3 | 5,64 |
| 0,0008 | 0 | 2 | 45,01 |
| 0,0007 | 0 | 2 | 24,39 |
| 0,0006 | 0 | 2 | 3,76 |
| 0,0005 | 0 | 1 | 43,13 |
| 0,0004 | 0 | 1 | 22,51 |
| 0,0003 | 0 | 1 | 1,88 |
| 0,0002 | 0 | 0 | 41,25 |
| 0,0001 | 0 | 0 | 20,62 |

1. Beispiel: = 1,2452; ∢ = ?(° ′ ″)

*Lösung:*
1,0 = 57° 17′ 44,80″
0,2 = 11° 27′ 32,96″
0,04 = 2° 17′ 30,59″
0,005 = 0° 17′ 11,32″
0,0002 = 0° 0′ 41,25″
1,2452 = 70° 78′ 160,92″
= 71° 20′ 40,92″

2. Beispiel: = 3,5701; ∢ = ?(° ′ ″)

*Lösung:*
1,0 = 57° 17′ 44,80″
1,0 = 57° 17′ 44,80″
1,0 = 57° 17′ 44,80″
0,5 = 28° 38′ 52,40″
0,07 = 4° 0′ 38,54″
0,0001 = 0° 0′ 20,62″
3,5701 = 203° 89′ 245,96″
= 204° 33′ 5,96″

*Bemerkung:* 1 Radiant (1 rad) ≈ 57,295 7795° ≈ 57° 17′ 44,8″

## 74.2. Umwandlung von Grad, Minuten, Sekunden in Bogenmaß rad

| Grad | +0° | +1° | +2° | +3° | +4° | +5° | +6° | +7° | +8° | +9° |
|---|---|---|---|---|---|---|---|---|---|---|
| 0° | 0,0000 | 0,0175 | 0,0349 | 0,0524 | 0,0698 | 0,0873 | 0,1047 | 0,1222 | 0,1396 | 0,1571 |
| 10° | 0,1745 | 0,1920 | 0,2094 | 0,2269 | 0,2443 | 0,2618 | 0,2793 | 0,2967 | 0,3142 | 0,3316 |
| 20° | 0,3491 | 0,3665 | 0,3840 | 0,4014 | 0,4189 | 0,4363 | 0,4538 | 0,4712 | 0,4887 | 0,5061 |
| 30° | 0,5236 | 0,5411 | 0,5585 | 0,5760 | 0,5934 | 0,6109 | 0,6283 | 0,6458 | 0,6632 | 0,6807 |
| 40° | 0,6981 | 0,7156 | 0,7330 | 0,7505 | 0,7679 | 0,7854 | 0,8029 | 0,8203 | 0,8378 | 0,8552 |
| 50° | 0,8727 | 0,8901 | 0,9076 | 0,9250 | 0,9425 | 0,9599 | 0,9774 | 0,9948 | 1,0123 | 1,0297 |
| 60° | 1,0472 | 1,0647 | 1,0821 | 1,0996 | 1,1170 | 1,1345 | 1,1519 | 1,1694 | 1,1868 | 1,2043 |
| 70° | 1,2217 | 1,2392 | 1,2566 | 1,2741 | 1,2915 | 1,3090 | 1,3265 | 1,3439 | 1,3614 | 1,3788 |
| 80° | 1,3963 | 1,4137 | 1,4312 | 1,4486 | 1,4661 | 1,4835 | 1,5010 | 1,5184 | 1,5359 | 1,5533 |
| 90° | 1,5708 | 1,5882 | 1,6057 | 1,6232 | 1,6406 | 1,6581 | 1,6755 | 1,6930 | 1,7104 | 1,7279 |
| 100° | 1,7453 | 1,7628 | 1,7802 | 1,7977 | 1,8151 | 1,8326 | 1,8500 | 1,8675 | 1,8850 | 1,9024 |
| 200° | 3,4907 | | | | | | | | | |
| 300° | 5,2360 | | | | | | | | | |

| Minuten | +0′ | +1′ | +2′ | +3′ | +4′ | +5′ | +6′ | +7′ | +8′ | +9′ |
|---|---|---|---|---|---|---|---|---|---|---|
| 0′ | 0,0000 | 0,0003 | 0,0006 | 0,0009 | 0,0012 | 0,0015 | 0,0017 | 0,0020 | 0,0023 | 0,0026 |
| 10′ | 0,0029 | 0,0032 | 0,0035 | 0,0038 | 0,0041 | 0,0044 | 0,0047 | 0,0049 | 0,0052 | 0,0055 |
| 20′ | 0,0058 | 0,0061 | 0,0064 | 0,0067 | 0,0070 | 0,0073 | 0,0076 | 0,0079 | 0,0081 | 0,0084 |
| 30′ | 0,0087 | 0,0090 | 0,0093 | 0,0096 | 0,0099 | 0,0102 | 0,0105 | 0,0108 | 0,0111 | 0,0113 |
| 40′ | 0,0116 | 0,0119 | 0,0122 | 0,0125 | 0,0128 | 0,0131 | 0,0134 | 0,0137 | 0,0140 | 0,0143 |
| 50′ | 0,0145 | 0,0148 | 0,0151 | 0,0154 | 0,0157 | 0,0160 | 0,0163 | 0,0166 | 0,0169 | 0,0172 |

| Sekunden | +0″ | +1″ | +2″ | +3″ | +4″ | +5″ | +6″ | +7″ | +8″ | +9″ |
|---|---|---|---|---|---|---|---|---|---|---|
| 0″ | 0,00000 | 0,00000 | 0,00001 | 0,00001 | 0,00002 | 0,00002 | 0,00003 | 0,00003 | 0,00004 | 0,00004 |
| 10″ | 0,00005 | 0,00005 | 0,00006 | 0,00006 | 0,00007 | 0,00007 | 0,00008 | 0,00008 | 0,00009 | 0,00009 |
| 20″ | 0,00010 | 0,00010 | 0,00011 | 0,00011 | 0,00012 | 0,00012 | 0,00013 | 0,00013 | 0,00014 | 0,00014 |
| 30″ | 0,00015 | 0,00015 | 0,00016 | 0,00016 | 0,00016 | 0,00017 | 0,00017 | 0,00018 | 0,00018 | 0,00019 |
| 40″ | 0,00019 | 0,00020 | 0,00020 | 0,00021 | 0,00021 | 0,00022 | 0,00022 | 0,00023 | 0,00023 | 0,00024 |
| 50″ | 0,00024 | 0,00025 | 0,00025 | 0,00026 | 0,00026 | 0,00027 | 0,00027 | 0,00028 | 0,00028 | 0,00029 |

Beispiel: arc 108° 52′ 18″ = ? rad
*Lösung:*
arc 108° = 1,8850 rad
arc 52′ = 0,0151 rad
arc 18″ = 0,00009 rad
arc 108° 52′ 18″ = 1,90019 rad
= 1,9002 rad

*Anmerkung:*
Für kleine Winkel unter 3° ist
sin α ≈ arc α
tan α ≈ arc α
Beispiel: sin 2° 4′ = arc 2° 4′ = ? rad
*Lösung:*
arc 2° = 0,0349 rad
arc 4′ = 0,0012 rad
arc 2° 4′ = 0,0361 rad = sin 2° 4′

## Binomialkoeffizienten **75.1.**

| $n$ | $\binom{n}{0}$ | $\binom{n}{1}$ | $\binom{n}{2}$ | $\binom{n}{3}$ | $\binom{n}{4}$ | $\binom{n}{5}$ | $\binom{n}{6}$ | $\binom{n}{7}$ | $\binom{n}{8}$ | $\binom{n}{9}$ | $\binom{n}{10}$ | $\binom{n}{11}$ | $\binom{n}{12}$ | $\binom{n}{13}$ | $\binom{n}{14}$ | $\binom{n}{15}$ |
|---|---|---|---|---|---|---|---|---|---|---|---|---|---|---|---|---|
| 1 | 1 | 1 | | | | | | | | | | | | | | |
| 2 | 1 | 2 | 1 | | | | | | | | | | | | | |
| 3 | 1 | 3 | 3 | 1 | | | | | | | | | | | | |
| 4 | 1 | 4 | 6 | 4 | 1 | | | | | | | | | | | |
| 5 | 1 | 5 | 10 | 10 | 5 | 1 | | | | | | | | | | |
| 6 | 1 | 6 | 15 | 20 | 15 | 6 | 1 | | | | | | | | | |
| 7 | 1 | 7 | 21 | 35 | 35 | 21 | 7 | 1 | | | | | | | | |
| 8 | 1 | 8 | 28 | 56 | 70 | 56 | 28 | 8 | 1 | | | | | | | |
| 9 | 1 | 9 | 36 | 84 | 126 | 126 | 84 | 36 | 9 | 1 | | | | | | |
| 10 | 1 | 10 | 45 | 120 | 210 | 252 | 210 | 120 | 45 | 10 | 1 | | | | | |
| 11 | 1 | 11 | 55 | 165 | 330 | 462 | 462 | 330 | 165 | 55 | 11 | 1 | | | | |
| 12 | 1 | 12 | 66 | 220 | 495 | 792 | 924 | 792 | 495 | 220 | 66 | 12 | 1 | | | |
| 13 | 1 | 13 | 78 | 286 | 715 | 1 287 | 1 716 | 1 716 | 1 287 | 715 | 286 | 78 | 13 | 1 | | |
| 14 | 1 | 14 | 91 | 364 | 1 001 | 2 002 | 3 003 | 3 432 | 3 003 | 2 002 | 1 001 | 364 | 91 | 14 | 1 | |
| 15 | 1 | 15 | 105 | 455 | 1 365 | 3 003 | 5 005 | 6 435 | 6 435 | 5 005 | 3 003 | 1 365 | 455 | 105 | 15 | 1 |

## Potenzen – Fakultäten **75.2.**

| $n$ | $2^n$ | $3^n$ | $4^n$ | $5^n$ | $6^n$ | $n!$ |
|---|---|---|---|---|---|---|
| 1 | 2 | 3 | 4 | 5 | 6 | 1 |
| 2 | 4 | 9 | 16 | 25 | 36 | 2 |
| 3 | 8 | 27 | 64 | 125 | 216 | 6 |
| 4 | 16 | 81 | 256 | 625 | 1 296 | 24 |
| 5 | 32 | 243 | 1 024 | 3 125 | 7 776 | 120 |
| 6 | 64 | 729 | 4 096 | 15 625 | 46 656 | 720 |
| 7 | 128 | 2 187 | 16 384 | 78 125 | 279 936 | 5 040 |
| 8 | 256 | 6 561 | 65 536 | 390 625 | 1 679 616 | 40 320 |
| 9 | 512 | 19 683 | 262 144 | 1 953 125 | 10 077 696 | 362 880 |
| 10 | 1 024 | 59 049 | 1 048 576 | 9 765 625 | 60 466 176 | 3 628 800 |

## Exponentialfunktionen **75.3.**

| $n$ | $2^n$ | $n$ | $2^n$ | $x$ | $2^x$ | $3^x$ | $10^x$ |
|---|---|---|---|---|---|---|---|
| 1 | 2 | 15 | $3{,}27680 \cdot 10^{4}$ | 0,1 | 1,07177 | 1,11612 | 1,25893 |
| 2 | 4 | 20 | $1{,}04858 \cdot 10^{6}$ | 0,2 | 1,14870 | 1,24573 | 1,58489 |
| 3 | 8 | 25 | $3{,}35544 \cdot 10^{7}$ | 0,3 | 1,23114 | 1,39039 | 1,99526 |
| 4 | 16 | 30 | $1{,}07374 \cdot 10^{9}$ | 0,4 | 1,31951 | $1{,}5518\bar{5}$ | 2,51189 |
| 5 | 32 | 40 | $1{,}09951 \cdot 10^{12}$ | 0,5 | 1,41421 | 1,73205 | 3,16228 |
| 6 | 64 | 50 | $1{,}12590 \cdot 10^{15}$ | 0,6 | 1,51572 | 1,93318 | 3,98107 |
| 7 | 128 | 60 | $1{,}15292 \cdot 10^{18}$ | 0,7 | 1,62450 | 2,15767 | 5,01187 |
| 8 | 256 | 64 | $1{,}84467 \cdot 10^{19}$ | 0,8 | 1,74110 | 2,40822 | 6,30957 |
| 9 | 512 | 70 | $1{,}18059 \cdot 10^{21}$ | 0,9 | 1,86607 | 2,68788 | 7,94328 |
| 10 | 1 024 | 80 | $1{,}20893 \cdot 10^{24}$ | 1,0 | 2 | 3 | 10 |
| 11 | 2 048 | 90 | $1{,}23794 \cdot 10^{27}$ | 1,1 | $2{,}1435\bar{5}$ | 3,34837 | 12,5893 |
| 12 | 4 096 | 100 | $1{,}26765 \cdot 10^{30}$ | 1,2 | 2,29740 | 3,73719 | 15,8489 |

## 76. Aufzinsungsfaktoren $q^n$ *

| $n$ | 1 % | 2 % | 3 % | $3\frac{1}{2}$ % | 4 % | $4\frac{1}{2}$ % | 5 % | 6 % | 8 % |
|---|---|---|---|---|---|---|---|---|---|
| 1 | 1,01 000 | 1,02 000 | 1,03 000 | 1,03 500 | 1,04 000 | 1,04 500 | 1,05 000 | 1,06 000 | 1,08 000 |
| 2 | 02 010 | 04 040 | 06 090 | 07 123 | 08 160 | 09 203 | 10 250 | 12 360 | 16 640 |
| 3 | 03 030 | 06 121 | 09 273 | 10 872 | 12 486 | 14 117 | 15 763 | 19 102 | 25 971 |
| 4 | 04 060 | 08 243 | 12 551 | 14 752 | 16 986 | 19 252 | 21 551 | 26 248 | 36 049 |
| 5 | 05 101 | 10 408 | 15 927 | 18 769 | 21 665 | 24 618 | 27 628 | 33 823 | 46 933 |
| 6 | 06 152 | 12 616 | 19 405 | 22 926 | 26 532 | 30 226 | 34 010 | 41 852 | 58 687 |
| 7 | 07 214 | 14 869 | 22 987 | 27 228 | 31 593 | 36 086 | 40 710 | 50 363 | 71 382 |
| 8 | 08 286 | 17 166 | 26 677 | 31 681 | 36 857 | 42 210 | 47 746 | 59 385 | 85 093 |
| 9 | 09 369 | 19 509 | 30 477 | 36 290 | 42 331 | 48 610 | 55 133 | 68 948 | 99 900 |
| **10** | 1,10 462 | 1,21 899 | 1,34 392 | 1,41 060 | 1,48 024 | 1,55 297 | 1,62 889 | 1,79 085 | 2,15 893 |
| 11 | 11 567 | 24 337 | 38 423 | 45 997 | 53 945 | 62 285 | 71 034 | 89 830 | 33 164 |
| 12 | 12 683 | 26 824 | 42 576 | 51 107 | 60 103 | 69 588 | 79 586 | 2,01 220 | 51 817 |
| 13 | 13 809 | 29 361 | 46 853 | 56 396 | 66 507 | 77 220 | 88 565 | 13 293 | 71 962 |
| 14 | 14 947 | 31 948 | 51 259 | 61 869 | 73 168 | 85 194 | 97 993 | 26 090 | 93 719 |
| 15 | 16 097 | 34 587 | 55 797 | 67 535 | 80 094 | 93 528 | 2,07 893 | 39 656 | 3,17 217 |
| 16 | 17 258 | 37 279 | 60 471 | 73 399 | 87 298 | 2,02 237 | 18 287 | 54 035 | 42 594 |
| 17 | 18 430 | 40 024 | 65 285 | 79 468 | 94 790 | 11 338 | 29 202 | 69 277 | 70 002 |
| 18 | 19 615 | 42 824 | 70 243 | 85 749 | 2,02 582 | 20 848 | 40 662 | 85 434 | 99 602 |
| 19 | 20 811 | 45 681 | 75 351 | 92 250 | 10 685 | 30 786 | 52 695 | 3,02 560 | 4,31 570 |
| **20** | 1,22 019 | 1,48 595 | 1,80 611 | 1,98 979 | 2,19 112 | 2,41 171 | 2,65 330 | 3,20 714 | 4,66 096 |
| 21 | 23 239 | 51 567 | 86 029 | 2,05 943 | 27 877 | 52 024 | 78 596 | 39 956 | 5,03 383 |
| 22 | 24 472 | 54 598 | 91 610 | 13 151 | 36 992 | 63 365 | 92 526 | 60 354 | 43 654 |
| 23 | 25 716 | 57 690 | 97 359 | 20 611 | 46 472 | 75 217 | 3,07 152 | 81 975 | 87 146 |
| 24 | 26 973 | 60 844 | 2,03 279 | 28 333 | 56 330 | 87 601 | 22 510 | 4,04 893 | 6,34 118 |
| 25 | 28 243 | 64 061 | 09 378 | 36 325 | 66 584 | 3,00 543 | 38 635 | 29 187 | 84 848 |
| 26 | 29 526 | 67 342 | 15 659 | 44 596 | 77 247 | 14 068 | 55 567 | 45 938 | 7,39 635 |
| 27 | 30 821 | 70 689 | 22 129 | 53 157 | 88 337 | 28 201 | 73 346 | 82 235 | 98 806 |
| 28 | 32 129 | 74 102 | 28 793 | 62 017 | 99 870 | 42 970 | 92 013 | 5,11 169 | 8,62 711 |
| 29 | 33 450 | 77 584 | 35 657 | 71 188 | 3,11 865 | 58 404 | 4,11 614 | 41 839 | 9,31 727 |
| **30** | 1,34 785 | 1,81 136 | 2,42 726 | 2,80 679 | 3,24 340 | 3,74 532 | 4,32 194 | 5,74 349 | 10,06 266 |
| 31 | 36 133 | 84 795 | 50 008 | 90 503 | 37 313 | 91 386 | 53 804 | 6,08 810 | 86 767 |
| 32 | 37 494 | 88 454 | 57 508 | 3,00 671 | 50 806 | 4,08 998 | 76 494 | 45 339 | 11,73 708 |
| 33 | 38 869 | 92 223 | 65 234 | 11 194 | 64 838 | 27 403 | 5,00 319 | 84 059 | 12,67 605 |
| 34 | 40 258 | 96 068 | 73 191 | 22 086 | 79 432 | 46 636 | 25 335 | 7,25 103 | 13,69 013 |
| 35 | 41 660 | 99 989 | 81 386 | 33 359 | 94 609 | 66 735 | 51 602 | 68 609 | 14,78 534 |
| 36 | 43 077 | 2,03 989 | 89 828 | 45 027 | 4,10 393 | 87 738 | 79 182 | 8,14 725 | 15,96 817 |
| 37 | 44 508 | 08 069 | 98 523 | 57 103 | 26 809 | 5,09 686 | 6,08 141 | 63 609 | 17,24 563 |
| 38 | 45 953 | 12 230 | 3,07 478 | 69 601 | 43 881 | 32 622 | 38 548 | 9,15 425 | 18,62 528 |
| 39 | 47 412 | 16 474 | 16 703 | 82 537 | 61 637 | 56 590 | 70 475 | 70 351 | 20,11 530 |
| **40** | 1,48 886 | 2,20 804 | 3,26 204 | 3,95 926 | 4,80 102 | 5,81 636 | 7,03 999 | 10,28 572 | 21,02 452 |
| 41 | 50 375 | 25 220 | 35 990 | 4,09 783 | 99 306 | 6,07 810 | 39 199 | 90 286 | 23,46 248 |
| 42 | 51 879 | 29 724 | 46 070 | 24 126 | 5,19 278 | 35 162 | 76 159 | 11,55 703 | 25,33 948 |
| 43 | 53 398 | 34 319 | 56 452 | 38 970 | 40 050 | 63 744 | 8,14 967 | 12,25 045 | 27,36 664 |
| 44 | 54 932 | 39 005 | 67 145 | 54 334 | 61 652 | 93 612 | 55 715 | 98 548 | 29,55 597 |
| 45 | 56 481 | 43 785 | 78 160 | 70 236 | 84 118 | 7,24 825 | 98 501 | 13,76 461 | 31,92 045 |
| 46 | 58 046 | 48 661 | 89 504 | 86 694 | 6,07 482 | 57 442 | 9,43 426 | 14,59 049 | 34,47 409 |
| 47 | 59 626 | 53 634 | 4,01 190 | 5,03 728 | 31 782 | 91 527 | 90 597 | 15,46 592 | 37,23 201 |
| 48 | 61 223 | 58 707 | 13 225 | 21 359 | 57 053 | 8,27 146 | 10,40 127 | 16,39 387 | 40,21 057 |
| 49 | 62 835 | 63 881 | 25 622 | 39 606 | 83 335 | 64 367 | 92 133 | 17,37 750 | 43,42 742 |
| **50** | 1,64 463 | 2,69 159 | 4,38 391 | 5,58 493 | 7,10 668 | 9,03 264 | 11,46 740 | 18,42 015 | 46,90 161 |

* $q = 1 + \frac{p}{100}$; $p$: Zinsfuß

# Abzinsungsfaktoren $\frac{1}{q^n}$ *



| n | 1% | 2% | 3% | $3\frac{1}{2}$% | 4% | $4\frac{1}{2}$% | 5% | 6% | 8% |
|---|---|---|---|---|---|---|---|---|---|
| 1 | 0,99 010 | 0,98 039 | 0,97 087 | 0,96 618 | 0,96 154 | 0,95 694 | 0,95 238 | 0,94 340 | 0,92 593 |
| 2 | 98 030 | 96 117 | 94 260 | 93 351 | 92 456 | 91 573 | 90 703 | 89 000 | 85 734 |
| 3 | 97 059 | 94 232 | 91 514 | 90 194 | 88 900 | 87 630 | 86 384 | 83 962 | 79 383 |
| 4 | 96 098 | 92 385 | 88 849 | 87 144 | 85 480 | 83 856 | 82 270 | 79 209 | 73 503 |
| 5 | 95 147 | 90 573 | 86 261 | 84 197 | 82 193 | 80 245 | 78 353 | 74 726 | 68 058 |
| 6 | 94 205 | 88 797 | 83 748 | 81 350 | 79 031 | 76 790 | 74 622 | 70 496 | 63 017 |
| 7 | 93 272 | 87 056 | 81 309 | 78 599 | 75 992 | 73 483 | 71 068 | 66 506 | 58 349 |
| 8 | 92 348 | 85 349 | 78 941 | 75 941 | 73 069 | 70 319 | 67 684 | 62 741 | 54 027 |
| 9 | 91 434 | 83 676 | 76 642 | 73 373 | 70 259 | 67 290 | 64 461 | 59 190 | 50 025 |
| **10** | 0,90 529 | 0,82 035 | 0,74 409 | 0,70 892 | 0,67 556 | 0,64 393 | 0,61 391 | 0,55 839 | 0,46 319 |
| 11 | 89 632 | 80 426 | 72 242 | 68 495 | 64 958 | 61 620 | 58 468 | 52 679 | 42 888 |
| 12 | 88 745 | 78 849 | 70 138 | 66 178 | 62 460 | 58 966 | 55 684 | 49 697 | 39 711 |
| 13 | 87 866 | 77 303 | 68 095 | 63 940 | 60 057 | 56 427 | 53 032 | 46 884 | 36 770 |
| 14 | 86 996 | 75 788 | 66 112 | 61 778 | 57 748 | 53 997 | 50 507 | 44 230 | 34 046 |
| 15 | 86 135 | 74 301 | 64 186 | 59 689 | 55 526 | 51 672 | 48 102 | 41 727 | 31 524 |
| 16 | 85 282 | 72 845 | 62 317 | 57 671 | 53 391 | 49 447 | 45 811 | 39 365 | 29 189 |
| 17 | 84 438 | 71 416 | 60 502 | 55 720 | 51 337 | 47 318 | 43 630 | 37 136 | 27 027 |
| 18 | 83 602 | 70 016 | 58 739 | 53 836 | 49 363 | 45 280 | 41 552 | 35 035 | 25 025 |
| 19 | 82 774 | 68 643 | 57 029 | 52 016 | 47 464 | 43 330 | 39 573 | 33 051 | 23 171 |
| **20** | 0,81 954 | 0,67 297 | 0,55 368 | 0,50 257 | 0,45 639 | 0,41 464 | 0,37 689 | 0,31 180 | 0,21 455 |
| 21 | 81 143 | 65 978 | 53 755 | 48 557 | 43 883 | 39 679 | 35 894 | 29 416 | 19 866 |
| 22 | 80 340 | 64 684 | 52 189 | 46 915 | 42 196 | 37 970 | 34 185 | 27 751 | 18 394 |
| 23 | 79 544 | 63 416 | 50 669 | 45 329 | 40 573 | 36 335 | 32 557 | 26 180 | 17 032 |
| 24 | 78 757 | 62 172 | 49 193 | 43 796 | 39 012 | 34 770 | 31 007 | 24 698 | 15 770 |
| 25 | 77 977 | 60 953 | 47 761 | 42 315 | 37 512 | 33 273 | 29 530 | 23 300 | 14 602 |
| 26 | 77 205 | 59 758 | 46 369 | 40 884 | 36 069 | 31 840 | 28 124 | 21 981 | 13 520 |
| 27 | 76 440 | 58 586 | 45 019 | 39 501 | 34 682 | 30 469 | 26 785 | 20 737 | 12 519 |
| 28 | 75 684 | 57 437 | 43 708 | 38 165 | 33 348 | 29 157 | 25 509 | 19 563 | 11 591 |
| 29 | 74 934 | 56 311 | 42 435 | 36 875 | 32 065 | 27 902 | 24 295 | 18 456 | 10 733 |
| **30** | 0,74 192 | 0,55 207 | 0,41 199 | 0,35 628 | 0,30 832 | 0,26 700 | 0,23 138 | 0,17 411 | 0,09 938 |
| 31 | 73 458 | 54 125 | 39 999 | 34 423 | 29 646 | 25 550 | 22 036 | 16 425 | 09 202 |
| 32 | 72 730 | 53 063 | 38 834 | 33 259 | 28 506 | 24 450 | 20 987 | 15 496 | 08 520 |
| 33 | 72 010 | 52 023 | 37 703 | 32 134 | 27 409 | 23 397 | 19 987 | 14 619 | 07 889 |
| 34 | 71 297 | 51 003 | 36 604 | 31 048 | 26 355 | 22 390 | 19 035 | 13 791 | 07 305 |
| 35 | 70 591 | 50 003 | 35 538 | 29 998 | 25 342 | 21 425 | 18 129 | 13 011 | 06 763 |
| 36 | 69 892 | 49 022 | 34 503 | 28 983 | 24 367 | 20 503 | 17 266 | 12 274 | 06 262 |
| 37 | 69 200 | 48 061 | 33 498 | 28 003 | 23 430 | 19 620 | 16 444 | 11 579 | 05 799 |
| 38 | 68 515 | 47 119 | 32 523 | 27 056 | 22 529 | 18 775 | 15 661 | 10 924 | 05 369 |
| 39 | 67 837 | 46 195 | 31 575 | 26 141 | 21 662 | 17 967 | 14 915 | 10 306 | 04 971 |
| **40** | 0,67 165 | 0,45 289 | 0,30 656 | 0,25 257 | 0,20 829 | 0,17 193 | 0,14 205 | 0,09 722 | 0,04 603 |
| 41 | 66 500 | 44 401 | 29 763 | 24 403 | 20 028 | 16 453 | 13 528 | 09 172 | 04 262 |
| 42 | 65 842 | 43 530 | 28 896 | 23 578 | 19 257 | 15 744 | 12 884 | 08 053 | 03 946 |
| 43 | 65 190 | 42 677 | 28 054 | 22 781 | 18 517 | 15 066 | 12 270 | 08 163 | 03 654 |
| 44 | 64 545 | 41 840 | 27 237 | 22 010 | 17 805 | 14 417 | 11 686 | 07 701 | 03 383 |
| 45 | 63 905 | 41 020 | 26 444 | 21 266 | 17 120 | 13 796 | 11 130 | 07 265 | 03 133 |
| 46 | 63 273 | 40 215 | 25 674 | 20 547 | 16 461 | 13 202 | 10 600 | 06 854 | 02 901 |
| 47 | 62 646 | 39 427 | 24 926 | 19 852 | 15 828 | 12 634 | 10 095 | 06 466 | 02 686 |
| 48 | 62 026 | 38 654 | 24 200 | 19 181 | 15 219 | 12 090 | 09 614 | 06 100 | 02 487 |
| 49 | 61 412 | 37 896 | 23 495 | 18 532 | 14 634 | 11 569 | 09 156 | 05 755 | 02 303 |
| **50** | 0,60 804 | 0,37 153 | 0,22 811 | 0,17 905 | 0,14 071 | 0,11 071 | 0,08 720 | 0,05 429 | 0,02 132 |

* $q = 1 + \frac{p}{100}$; $p$: Zinsfuß

# Physikalische Tafeln

## Allgemeine Formelzeichen (nach DIN 1304)

| Symbol | Größe |
|---|---|
| | **Masse** |
| $m$ | Masse |
| $\rho$ | Dichte |
| $V$ | Volumen |
| $A_r$ | Relative Atommasse (Atomgewicht) |
| $M_r$ | Relative Molekülmasse |
| | **Zeit** |
| $t$ | Zeit, Zeitspanne, Dauer |
| $T$ | Periodendauer |
| $f, \nu$ | Frequenz |
| $v$ | Geschwindigkeit |
| $a$ | Beschleunigung |
| $g$ | Fallbeschleunigung |
| $\omega$ | Winkelgeschwindigkeit |
| $\alpha$ | Winkelbeschleunigung |
| $n$ | Drehzahl, Umlaufzahl |
| | **Kraft und Druck** |
| $F$ | Kraft |
| $A$ | Fläche |
| $G, F_G$ | Gewichtskraft |
| $p$ | Druck |
| $M$ | Moment einer Kraft, Drehmoment |
| $\mu$ | Reibungszahl |
| | **Temperatur** |
| $T$ | Kelvin-Temperatur |
| $\Delta T, \Delta \vartheta$ | Temperaturdifferenz, Temperaturintervall |
| $\alpha$ | Längenausdehnungskoeffizient |
| | **Wärme, Arbeit, Energie** |
| $Q$ | Wärmemenge |
| $W$ | Arbeit |
| $E$ | Energie |
| $c_p$ | Spezifische Wärmekapazität bei konstantem Druck |
| $c_v$ | Spezifische Wärmekapazität bei konstantem Volumen |
| $\lambda$ | Wärmeleitfähigkeit |
| $C$ | Wärmekapazität |
| $P$ | Leistung |
| $R_i$ | Spezifische oder individuelle Gaskonstante des Stoffes *i* |
| $\eta$ | Wirkungsgrad |
| | **Elektrische und magnetische Größen** |
| $Q$ | Elektrizitätsmenge, Ladung |
| $e$ | Elementarladung |
| $E$ | Elektrische Feldstärke |
| $U$ | Elektrische Spannung |
| $I$ | Elektrische Stromstärke |
| $G$ | Elektrischer Leitwert |
| $R$ | Elektrischer Widerstand |
| $\varrho$ | Spezifischer elektrischer Widerstand |
| $D$ | Elektrische Flußdichte, Verschiebung |
| $C$ | Elektrische Kapazität |
| $H$ | Magnetische Feldstärke |
| $B$ | Magnetische Flußdichte, Induktion |
| $L$ | Induktivität |
| | **Licht** |
| $c_0$ | Lichtgeschwindigkeit im leeren Raum |
| $n$ | Brechungszahl |
| $f$ | Brennweite |
| $\Phi, \Phi_v$ | Lichtstrom |
| $E, E_v$ | Beleuchtungsstärke |
| $I, I_v$ | Lichtstärke |
| $L, L_v$ | Leuchtdichte |

| | Internationales Einheitensystem | Alte Systeme | | |
|---|---|---|---|---|
| | | Physikalische Systeme | | |
| Basisgröße | SI | CGS | MKS | Techn. System |
| | Basiseinheit | Basiseinheit | Basiseinheit | Basiseinheit |
| Länge | m | cm | m | m |
| Masse | kg | g | kg | – |
| Kraft | – | – | – | kp |
| Zeit | s | s | s | s |
| Temperatur | K | – | – | – |
| Elektrische Stromstärke | A | – | – | – |
| Lichtstärke | cd | – | – | – |
| Stoffmenge | mol | – | – | – |

**Meter:** m
1 Meter ist das 1650763,73fache der Wellenlänge der von Atomen des Nuklids $^{86}Kr$ beim Übergang vom Zustand $5d_5$ zum Zustand $2p_{10}$ ausgesandten, sich im Vakuum ausbreitenden Strahlung.

**Kilogramm:** kg
1 Kilogramm ist die Masse des internationalen Kilogrammprototyps.

**Kilopond:** kp
1 Kilopond ist die Anziehungskraft des Erdfeldes auf den Kilogrammprototyp an der Stelle der Erde, an der die Erdbeschleunigung den Normwert $g = 980{,}665\ \mathrm{cm\,s^{-2}}$ annimmt ($\approx 45°$ geogr. Breite). 1 kp = 9,80665 N.

**Sekunde:** s
1 Sekunde ist das 9192631770fache der Periodendauer der dem Übergang zwischen den beiden Hyperfeinstrukturniveaus des Grundzustandes von Atomen des Nuklids $^{133}Cs$ entsprechenden Strahlung.

**Kelvin:** K
1 Kelvin ist der 273,16te Teil der thermodynamischen Temperatur des Tripelpunktes des Wassers. Der Tripelpunkt des Wassers ist diejenige Temperatur, bei der Eis, flüssiges Wasser und Wasserdampf miteinander im Gleichgewicht stehen. Das ist bei einem Druck von 6,078 mbar bei +0,0075 °C der Fall.

**Ampere:** A
1 Ampere ist die Stärke eines zeitlich unveränderlichen elektrischen Stromes, der, durch zwei im Vakuum parallel im Abstand von 1 Meter voneinander angeordnete, geradlinige, unendlich lange Leiter von vernachlässigbar kleinem, kreisförmigem Querschnitt fließend, zwischen diesen Leitern je 1 Meter Leiterlänge elektrodynamisch die Kraft 1/5 000 000 Kilogrammmeter durch Sekundequadrat hervorrufen würde.

**Candela:** cd
1 Candela ist die Lichtstärke, mit der 1/600 000 Quadratmeter der Oberfläche des Schwarzen Strahlers (Plankscher Strahler) bei der Temperatur des beim Druck 101 325 Kilogramm durch Meter und durch Sekundequadrat erstarrenden Platins senkrecht zu seiner Oberfläche leuchtet.

**Mol:** mol
1 Mol ist die Stoffmenge eines Systems bestimmter Zusammensetzung, das aus ebenso vielen Teilchen besteht, wie Atome in (12/1 000) kg des Nuklids $^{12}C$ enthalten sind. Bei Benutzung des Mol müssen die Teilchen spezifiziert werden. Es können Atome, Moleküle, Ionen, Elektronen usw. oder eine Gruppe solcher Teilchen genau angegebener Zusammensetzung sein.

| **80.** | | **Maßeinheiten** | | | |
|---|---|---|---|---|---|
| | | **Internationales Einheitensystem** | **Alte Systeme** | | |
| | | | **Physikalische Systeme** | | |
| Größe | Symbol | SI | CGS | MKS | Techn. System |
| | | Einheit | Einheit | Einheit | Einheit |
| **Länge** | $l$ | Meter (m) | cm | m | m |
| Fläche | $A$ | $m^2$ | $cm^2$ | $m^2$ | $m^2$ |
| Volumen | $V$ | $m^3$ | $cm^3$ | $m^3$ | $m^3$ |
| **Masse** | $m$ | kg | g | kg | $kp\,m^{-1}\,s^2$ |
| Dichte | $\varrho$ | $kg\,m^{-3}$ | $g\,cm^{-3}$ | $kg\,dm^{-3}$ | $kp\,m^{-4}\,s^2$ |
| **Zeit** | $t$ | s | s | s | s |
| Geschwindigkeit | $v$ | $m\,s^{-1}$ | $cm\,s^{-1}$ | $m\,s^{-1}$ | $m\,s^{-1}$ |
| Beschleunigung | $a$ | $m\,s^{-2}$ | $cm\,s^{-2}$ | $m\,s^{-2}$ | $m\,s^{-2}$ |
| Frequenz | $f, \nu$ | $Hz = s^{-1}$ | $Hz = s^{-1}$ | $Hz = s^{-1}$ | $Hz = s^{-1}$ |
| Winkelgeschwindigkeit | $\omega$ | $rad\,s^{-1}$ | $s^{-1}$ | $s^{-1}$ | $s^{-1}$ |
| Winkelbeschleunigung | $\alpha$ | $rad\,s^{-2}$ | $s^{-2}$ | $s^{-2}$ | $s^{-2}$ |
| **Kraft** | $F$ | 1 N (Newton) $= 1\,kg\,m\,s^{-2}$ | 1 dyn $= 1\,g\,cm\,s^{-2}$ | 1 N (Newton) $= 1\,kg\,m\,s^{-2}$ | 1 kp = 9,80665 N |
| Druck | $p$ | $1\,N\,m^{-2} = 1$ Pa $= 10^{-5}$ bar | 1 mb $= 10^3\,dyn\,cm^{-2}$ | 1 b $= 10\,N\,cm^{-2}$ | 1 at $= 1\,kp\,cm^{-2}$ |
| Wichte | $\gamma$ | $N\,m^{-3}$ | $dyn\,cm^{-3}$ | $N\,dm^{-3}$ | $kp\,dm^{-3}$ |
| Impuls | $p$ | N s | $g\,cm\,s^{-1}$ | $kg\,m\,s^{-1}$ | kp s |
| Drehmoment | $M$ | 1 N m $= 1\,kg\,m^2\,s^{-2}$ | 1 dyn cm $= 1\,g\,cm^2\,s^{-2}$ | 1 N m $= 1\,kg\,m^2\,s^{-2}$ | kp m |
| Massenmoment 2. Grades | $J$ | $kg\,m^2$ | $g\,cm^2$ | $kg\,m^2$ | $kp\,m\,s^2$ |
| Drehimpuls (Drall) | $L$ | N m s rad $= rad\,kg\,m^2\,s^{-1}$ | $rad\,g\,cm\,s^{-1}$ | | |
| Arbeit (Energie) | $W$ | 1 J (Joule) = 1 N m $= 1\,kg\,m^2\,s^{-2}$ | 1 erg $= 1\,g\,cm^2\,s^{-2}$ | 1 N m $= 1\,kg\,m^2\,s^{-2}$ | 1 PS h = 270 000 kp m |
| Leistung | $P$ | 1 W (Watt) $= 1\,J\,s^{-1}$ | $1\,erg\,s^{-1} = 1\,g\,cm^2\,s^{-3}$ | $kg\,m^2\,s^{-3}$ | 1 PS $= 75\,kp\,m\,s^{-1}$ = 735 W |
| Wärmemenge | $Q$ | 1 J = 1 N m = 1 W s | $1\,g\,cm^2\,s^{-2} = 1$ cal | $1\,J = 1\,kg\,m^2\,s^{-2}$ | 1 kcal = 4186,8 J |

# Dichte (Mittelwerte) in g/cm³

**(Elemente Seite 84)**

**81.**

## Feste Stoffe (Wasser bei +4° C gleich 1 g/cm³)

| Stoff | Dichte |
|---|---|
| Achat | 2,6 |
| Alabaster | 2,6 |
| Alaun | 1,7 |
| Aluminiumbronze | 7,7 |
| Anthrazit | 1,6 |
| Asbest | 2,4 |
| Asphalt (Erdpech) | 1,3 |
| Basalt | 3,0 |
| Baumwolle, lufttrocken | 1,5 |
| Bergkristall, rein | 2,6 |
| Bernstein | 1,0 |
| Beton | 2,2 |
| Bienenwachs | 0,96 |
| Bimsstein | 0,6 |
| Bleiglätte | 8,0 |
| Bleiglanz | 7,4 |
| Bleiweiß | 6,7 |
| Bleizucker | 2,4 |
| Borax | 1,7 |
| Brauneisenstein | 3,7 |
| Braunkohle | 1,4 |
| Braunstein | 4,2 |
| Bronze (Cu + Sn) | 8,6 |
| Calciumkarbid | 2,3 |
| Chilesalpeter | 2,3 |
| Diamant | 3,5 |
| Dolomit | 2,9 |
| Eis (bei 0° C) | 0,9 |
| Eisen, Guß- | 7,3 |
| Schmiede- | 7,8 |
| Stahl | 7,9 |
| Eisenglanz | 5,0 |
| Eisenvitriol | 1,9 |
| Elfenbein | 1,8 |
| Erde | 1,7 |
| Elektronmetall | 1,8 |
| Feldspat | 2,6 |
| Feldsteine | 2,5 |
| Feuerstein | 2,7 |
| Galmei | 4,3 |
| Gips, ungebrannt | 2,2 |
| gebrannt | 1,8 |
| Glas, Fenster- | 2,5 |
| Spiegel- | 2,6 |
| Kristall- | 2,9 |
| Glaubersalz | 1,4 |
| Glimmer | 2,9 |
| Glockenmetall | 8,8 |
| Gneis | 2,6 |
| Granat | 3,8 |
| Granit | 2,8 |
| Graphit | 2,1 |
| Gummi, roh | 0,94 |
| Gummiarabikum | 1,4 |
| Guttapercha | 0,97 |
| Harz | 1,1 |
| Holzarten: Fichte, Kiefer, Tanne | 0,5 |
| Linde, Pappel, Weide | 0,5 |
| Ahorn, Birke, Birne | 0,6 |
| Buche, Nuß, Ulme | 0,7 |
| Apfel, Kirsche | 0,8 |
| Eiche, Esche | 0,9 |
| Ebenholz | 1,3 |
| Holzkohle | 0,4 |
| Holzpflaster | 0,7 |
| Kalk, ungebrannt | 2,6 |
| gebrannt | 1,4 |
| Kalkmörtel | 1,7 |
| Kalksandstein | 1,9 |
| Kampfer | 1,0 |
| Kaolin | 2,2 |
| Kies | 1,9 |
| Koks | 1,4 |
| Kolophonium | 1,1 |
| Kork | 0,24 |
| Korund | 4,0 |
| Kreide | 2,2 |
| Kupfer, -kies | 4,2 |
| -glanz | 5,6 |
| gewalzt | 9,0 |
| Kupfervitriol | 2,2 |
| Lava, basaltisch | 2,9 |
| trachytisch | 2,4 |
| Leder | 1,0 |
| Lehm | 1,6 |
| Leim | 1,3 |
| Linoleum | 1,2 |
| Magnesia | 3,2 |
| Magneteisenstein | 5,0 |
| Malachit | 3,9 |
| Manganerz | 3,8 |
| Marmor | 2,7 |
| Mauerwerk aus Bruchstein | 2,4 |
| Mauerwerk aus: Sandstein | 2,1 |
| Ziegeln | 1,5 |
| Meerschaum | 1,2 |
| Mennige | 9,0 |
| Mergel | 2,4 |
| Messing | 8,6 |
| Meteorstein | 3,6 |
| Onyx | 2,7 |
| Opal | 2,2 |
| Papier | 0,9 |
| Paraffin | 0,9 |
| Pech | 1,1 |
| Perlen | 2,7 |
| Phosphorbronze | 8,8 |
| Porphyr | 2,8 |
| Porzellan | 2,4 |
| Pottasche | 2,3 |
| Preßkohle (Brikett) | 1,3 |
| Quarz | 2,6 |
| Rubin | 4,0 |
| Salpeter | 2,1 |
| Salz, Meer- | 2,2 |
| Stein- | 2,4 |
| Sand | 1,7 |
| Sandstein | 2,4 |
| Saphir | 3,9 |
| Schamottesteine | 2,0 |
| Schiefer | 2,7 |
| Schießpulver | 1,3 |
| Schlacke, Hochofen- | 2,8 |
| Schwefelkies | 5,0 |
| Serpentin | 2,6 |
| Smaragd | 2,8 |
| Soda, kristallisiert | 1,5 |
| Speckstein | 2,7 |
| Steinkohle | 1,4 |
| Syenit | 2,7 |
| Töpferton | 2,0 |
| Topas | 3,5 |
| Torf, trocken | 0,6 |
| Türkis | 2,9 |
| Tuffstein | 1,3 |
| Zement | 1,4 |
| Ziegel, gewöhnl. | 1,5 |
| Klinker | 1,8 |
| Zinkblende | 4,0 |
| Zinnstein | 6,7 |

## Flüssige Stoffe (Wasser bei +4° C gleich 1 g/cm³)

| Stoff | Dichte |
|---|---|
| Äther | 0,74 |
| Alkohol | 0,79 |
| Benzin | 0,69 |
| Benzol | 0,878 |
| Chloroform | 1,48 |
| Eiweiß | 1,04 |
| Glyzerin | 1,26 |
| Leinöl | 0,94 |
| Milch | 1,03 |
| Olivenöl | 0,92 |
| Petroleum | 0,80 |
| Rizinusöl | 0,97 |
| Salpetersäure, konz. | 1,53 |
| Salzsäure, rauchend | 1,20 |
| Schwefelsäure, konz. | 1,84 |
| Seewasser | 1,02 |
| Steinkohlenteer | 1,20 |
| Terpentinöl | 0,87 |
| Tran | 0,92 |

## Gasförmige Stoffe (in g/dm³ bei 0° C und 1013 mbar)

| Stoff | Dichte |
|---|---|
| Ammoniak | 0,771 |
| Argon | 1,784 |
| Azetylen | 1,171 |
| Chlor | 3,22 |
| Generatorgas | 1,141 |
| Helium | 0,179 |
| Kohlendioxid | 1,977 |
| Leuchtgas | 0,49 |
| Luft | 1,293 |
| Sauerstoff | 1,429 |
| Stickstoff | 1,25 |
| Wasserstoff | 0,089 |
| Wasserdampf | 0,804 |

## 82.1. Konstante Zahlenwerte aus der Naturwissenschaft

| | | |
|---|---|---|
| Avogadrosche Zahl = Anzahl der Teilchen je Mol | $N_A$ | $6{,}022169 \pm 0{,}00004 \cdot 10^{23}\ \text{mol}^{-1}$ |
| Bohrsches Magneton | $\mu_B$ | $(1{,}1653 \pm 0{,}0005) \cdot 10^{-29}$ Vs m |
| Boltzmannsche Entropiekonstante | $k$ | $(1{,}3803 \pm 0{,}0005) \cdot 10^{-23}\ \text{J K}^{-1}$ $= (1{,}3803 \pm 0{,}0005) \cdot 10^{-23}\ \text{J K}^{-1}$ |
| Elektrische Feldkonstante | $\varepsilon_0$ | $(8{,}8542 \pm 0{,}00002) \cdot 10^{-12}\ \text{F m}^{-1}$ |
| Elektrische Elementarladung | $e$ | $1{,}60210 \cdot 10^{-19}$ C |
| Faradaysche Konstante | $F$ | $96494{,}5 \pm 1{,}5\ \text{As val}^{-1}$ (val ≡ mol) |
| Fallbeschleunigung | | |
| Normalbeschleunigung | $g_n$ | $9{,}80665\ \text{m s}^{-2}$ |
| Eispunkt | $T_0$ | 273,15 K |
| Geschwindigkeit der Molekeln bei 0° C | | $H_2 \approx 1800\ \text{m s}^{-1}$; $O_2 \approx 460\ \text{m s}^{-1}$ $N_2 \approx 500\ \text{m s}^{-1}$; $CO_2 \approx 393\ \text{m s}^{-1}$ |
| Gravitationskonstante | $f, (G)$ | $(6{,}674 \pm 0{,}002) \cdot 10^{-11}\ \text{m}^3\ \text{kg}^{-1}\ \text{s}^{-2}$ |
| Lichtgeschwindigkeit im Vakuum | $c_0$ | $2{,}997925 \cdot 10^{8}\ \text{m s}^{-1}$ |
| Loschmidtsche Zahl = Anzahl der Teilchen in 1 ml eines idealen Gases unter Normalbedingungen (0° C und 1013 mbar) | $n_L$ | $2{,}687 \cdot 10^{19}\ \text{cm}^{-3}$ |
| Magnetische Feldkonstante (Induktionskonstante) | $\mu_0$ | $4\pi \cdot 10^{-7}\ \text{H m}^{-1} = 1{,}256 \cdot 10^{-6}\ \text{Vs A}^{-1}\ \text{m}^{-1}$ |
| Molvolumen eines idealen Gases unter Normalbedingungen (0° C und 1013 mbar) | $V_m$ | $22{,}4129 \cdot 10^{3}\ \text{cm}^3\ \text{mol}^{-1}$ |
| Plancksches Wirkungsquantum | $h$ | $6{,}6256 \cdot 10^{-34}$ J s |
| Ruhemasse des Elektrons (Positrons) | $m_e$ | $9{,}1091 \cdot 10^{-31}$ kg |
| Ruhemasse des Neutrons | $m_n$ | $(1{,}6746 \pm 0{,}0004) \cdot 10^{-27}$ kg |
| Ruhemasse des Protons | $m_p$ | $1{,}67252 \cdot 10^{-27}$ kg |
| Ruhemasse des Deuterons | $m_d$ | $(3{,}3429 \pm 0{,}0008) \cdot 10^{-27}$ kg |
| Ruhemasse des α-Teilchens | $m_\alpha$ | $(6{,}643 \pm 0{,}002) \cdot 10^{-27}$ kg |
| Rydbergkonstante (bezogen auf unendliche Kernmasse) | $R_\infty$ | $(1{,}0973731 \pm 0{,}0000005) \cdot 10^{7}\ \text{m}^{-1}$ |
| Rydbergzahl für leichte H-Atome | $R_H$ | $(1{,}0967758 \pm 0{,}0000005) \cdot 10^{7}\ \text{m}^{-1}$ |
| Spezifische Ladung des Elektrons | $e/m_e$ | $1{,}75879 \cdot 10^{11}\ \text{As kg}^{-1}$ |
| Spezifisches Normvolumen idealer Gase | $v_0$ | $(2{,}2414 \pm 0{,}0001) \cdot 10^{1}\ \text{dm}^3\ \text{mol}^{-1}$ |
| Stefan-Boltzmannsche-Strahlungskonstante | $\sigma$ | $(5{,}66 \pm 0{,}01) \cdot 10^{-8}\ \text{W m}^{-2}\ \text{K}^{-4}$ |
| Universelle Gaskonstante (allgemeine Gaskonstante) | $R_0$ | $(8{,}3161 \pm 0{,}0007) \cdot 10^{3}\ \text{J K}^{-1}\ \text{mol}^{-1}$ |



## 82.2. Zeitmaße

| Einheit | Symbol | Umrechnung in Sekunden s | Umrechnung in Stunden h |
|---|---|---|---|
| Sternsekunde | s* | 0,997269 | $2{,}77019 \cdot 10^{-4}$ |
| Sekunde (mittl. Sonnenzeit) | s | 1 | $2{,}7 \cdot 10^{-4}$ |
| Minute | min | 60 | $1{,}6 \cdot 10^{-2}$ |
| Tag (Sterntag) | d* | $8{,}6164 \cdot 10^{4}$ | 23,934 |
| Tag (mittl. Sonnentag) | d | $8{,}64 \cdot 10^{4}$ | 24 |
| Jahr (siderisch) | a* | $3{,}155815 \cdot 10^{7}$ | $8{,}76615 \cdot 10^{3}$ |
| Jahr (tropisch) | a, y | $3{,}15569 \cdot 10^{7}$ | $8{,}7658 \cdot 10^{3}$ |

| Umrechnung „alter“ Einheiten in gesetzliche Einheiten | | | | | | 83. |
|---|---|---|---|---|---|---|
| **Einheiten von Energie, Arbeit, Wärmemenge** | | | | | | |
| | J | kJ | kWh | kcal | PSh | kp m |
| 1 J (1 N m = 1 W s) | 1 | 0,001 | $2{,}78 \cdot 10^{-7}$ | $2{,}39 \cdot 10^{-4}$ | $3{,}77 \cdot 10^{-7}$ | 0,102 |
| 1 kJ | 1 000 | 1 | $2{,}78 \cdot 10^{-4}$ | 0,239 | $3{,}77 \cdot 10^{-4}$ | 102 |
| 1 kWh | 3 600 000 | 3 600 | 1 | 860,1 | 1,36 | 367 000 |
| 1 kcal | 4 200 | 4,2 | 0,00116 | 1 | 0,00158 | 427 |
| 1 PSh | 2 650 000 | 2 650 | 0,736 | 632 | 1 | 270 000 |
| 1 kp m | 9,81 | 0,00981 | $2{,}72 \cdot 10^{-6}$ | 0,00234 | $3{,}7 \cdot 10^{-6}$ | 1 |
| **Leistung** | | | | | | |
| | W | kW | kcal/s | kcal/h | kpm/s | PS |
| 1 W (1 N m s = 1 J s) | 1 | 0,001 | $2{,}39 \cdot 10^{-4}$ | 0,86 | 0,102 | 0,00136 |
| 1 kW | 1 000 | 1 | 0,239 | 860 | 102 | 1,36 |
| 1 kcal/s | 4 190 | 4,19 | 1 | 3 600 | 427 | 5,69 |
| 1 kcal/h | 1,16 | 0,00116 | $\frac{1}{3600}$ | 1 | 0,119 | 0,00158 |
| 1 kp m/s | 9,81 | 0,00981 | 0,00234 | 8,43 | 1 | 0,00133 |
| 1 PS | 736 | 0,736 | 0,176 | 632 | 75 | 1 |

83

# 84. Chemie

## Chemische Elemente

| Element | Symbol | Ordnungszahl | Atommasse in u*) | Dichte (g/cm$^3$) | Spez. Wärmekapazität ($H_2O$ bei 0° C gleich 1) | Schmelzpunkt °C | Siedepunkt °C |
|---|---|---|---|---|---|---|---|
| Actinium[1] | Ac | 89 | 227,228 | – | – | 1 050 | – |
| Aluminium | Al | 13 | 26,982 | 2,7 | 0,2144 (18° C) | 660 | 2 450 |
| Americium[2] | Am | 95 | 237…246 | 11,7 | – | 1 100 | 1 200 |
| Antimon | Sb | 51 | 121,75 | 6,69 | 0,0503 (17°…100° C) | 630 | 1 440 |
| Argon | Ar | 18 | 39,948 | $1{,}782 \cdot 10^{-3}$ g/Ncm$^3$ | 0,125 (18° C) | −190 | −186 |
| Arsen | As | 33 | 74,922 | 5,72 metall. | 0,083 (21°…68° C) | subl. | 616 |
| Astatin[3] | At | 85 | 201…219 | – | – | – | – |
| Barium | Ba | 56 | 137,34 | 3,5 | 0,07 (18° C) | 704 | 1 638 |
| Berkelium[2] | Bk | 97 | 243…250 | – | – | – | – |
| Beryllium | Be | 4 | 9,0122 | 1,85 | 0,4246 (0°…100° C) | 1 283 | 2 970 |
| Blei | Pb | 82 | 207,19 | 11,34 | 0,0307 (2° C) | 327 | 1 750 |
| Bor | B | 5 | 10,811 | 2,54 | 0,2518 (0°…100° C) | 2 040 | 2 550 |
| Brom | Br | 35 | 79,909 | 3,12 flüssig | 0,1071 (13°…45° C) | −7,3 | 58 |
| Cadmium | Cd | 48 | 112,40 | 8,64 | 0,0555 (28° C) | 321 | 770 |
| Californium[2] | Cf | 98 | 244…255 | – | – | – | – |
| Calzium | Ca | 20 | 40,08 | 1,545 | 0,149 (0°…100° C) | 851 | 1 200 |
| Cäsium | Cs | 55 | 132,905 | 1,9 | 0,0522 (0° C) | 28,5 | 690 |
| Cer | Ce | 58 | 140,12 | 6,8 | 0,0448 (0°…100° C) | 775 | 1 400 |
| Chlor | Cl | 17 | 35,453 | 1,557 g/Ncm$^3$ | 0,120 (18° C) | −101 | −34 |
| Chrom | Cr | 24 | 51,996 | 7,14 | 0,1039 (0° C) | 1 903 | 2 200 |
| Curium[2] | Cm | 96 | 238…250 | 7 | – | 1 340 | – |
| Dysprosium | Dy | 66 | 162,50 | 8,56 | – | 1 500 | 2 600 |
| Einsteinium[2] | Es | 99 | 248…255 | – | – | – | – |
| Eisen | Fe | 26 | 55,847 | 7,86 | 0,1045 (0° C) | 1 525 | 2 800 |
| Erbium | Er | 68 | 167,26 | 9,16 | – | 1 525 | 2 600 |
| Europium | Eu | 63 | 151,96 | 5,22 | – | 1 150 | 1 489 |
| Fermium[2] | Fm | 100 | 248…256 | – | – | – | – |
| Fluor | F | 9 | 18,998 | $1{,}695 \cdot 10^{-3}$ g/Ncm$^3$ | – | −218 | −188 |
| Francium[3] | Fr | 87 | 217…223 | – | – | – | – |
| Gadolinium | Gd | 64 | 157,25 | 7,94 | – | 1 350 | 2 700 |
| Gallium | Ga | 31 | 69,72 | 5,91 | 0,079 (12°…23° C) | 30 | 1 983 |
| Germanium | Ge | 32 | 72,59 | 5,35 | 0,0737 (0°…100° C) | 937,6 | 2 700 |
| Gold | Au | 79 | 196,967 | 19,30 | 6,0312 (18° C) | 1 063 | 2 660 |
| Hafnium | Hf | 72 | 178,49 | 13,3 | – | 2 227 | >3 200 |
| Hahnium[2] | Ha | 105 | 260,261 | – | – | – | – |
| Helium | He | 2 | 4,0026 | $0{,}018 \cdot 10^{-3}$ g/Ncm$^3$ | 1,25 (18° C) | 269,7 | −269 |
| Holmium | Ho | 67 | 164,93 | 8,76 | – | 1 500 | – |
| Indium | In | 49 | 114,82 | 7,30 | 0,0569 (0°…100° C) | 156 | 2 087 |
| Iridium | Ir | 77 | 192,2 | 22,42 | 0,0323 (0°…100° C) | 2 454 | 4 450 |
| Jod | J | 53 | 126,90 | 4,93 | 0,0524 (2°…47° C) | 114 | 184 |
| Kalium[1] | K | 19 | 39,102 | 0,862 | 0,182 (14° C) | 64 | 757 |
| Kobalt | Co | 27 | 58,933 | 8,83 | 0,1041 (0°…100° C) | 1 490 | 3 185 |
| Kohlenstoff | C | 6 | 12,011 | 3,51 Diamant | 0,112 (11° C) | 3 550 | 4 200 |
| | | | | 2,25 Graphit | 0,1604 (11° C) | 3 600 | >4 000 |
| Krypton | Kr | 36 | 83,80 | $3{,}708 \cdot 10^{-3}$ g/Ncm$^3$ | – | −157,2 | −152,9 |
| Kupfer | Cu | 29 | 63,54 | 8,92 | 0,0928 (50° C) | 1 083 | 2 582 |
| Kurtschatovium | Ku | 104 | 257,259 | – | – | – | – |
| Lanthan | La | 57 | 138,91 | 6,15 | 0,0448 (0°…100° C) | 880 | 1 800 |
| Lawrencium[2] | Lr | 103 | 257 | – | – | – | – |
| Lithium | Li | 3 | 6,939 | 0,534 | 0,7854 (0° C) | 180 | 1 326 |
| Lutetium[1] | Lu | 71 | 174,97 | 9,7 | – | 1 700 | 1 900 |
| Magnesium | Mg | 12 | 24,312 | 1,74 | 0,2475 (17°…100° C) | 650 | 1 107 |
| Mangan | Mn | 25 | 54,938 | 7,2 | 0,1072 (0° C) | 1 244 | 2 087 |
| Mendelevium[2] | Md | 101 | 255,2 | – | – | – | – |
| Molybdän | Mo | 42 | 95,94 | 10,2 | 0,0647 (20°…100° C) | 2610 | 3 700 |

*) $1\,u = 1{,}660 \cdot 10^{-27}$ kg $= \frac{1}{12}$ der Masse von 1 Atom $^{12}C$.

| Element | Symbol | Ordnungszahl | Atommasse in u | Dichte ($g/cm^3$) | Spez. Wärmekapazität ($H_2O$ bei 0° C gleich 1) | Schmelzpunkt °C | Siedepunkt °C |
|---|---|---|---|---|---|---|---|
| Natrium | Na | 11 | 22,990 | 0,971 | 0,290 (27° C) | 98 | 889 |
| Neodym | Nd | 60 | 144,24 | 6,9 | – | 1 024 | 3 100 |
| Neon | Ne | 10 | 20,183 | $0{,}9002 \cdot 10^{-3}$ g/Ncm$^3$ | – | –248,6 | –246 |
| Neptunium[2] | Np | 93 | 231...241 | 20,2 | – | 640 | – |
| Nickel | Ni | 28 | 58,71 | 8,9 | 0,1084 (15°...100° C) | 1 452 | 2 800 |
| Niob | Nb | 41 | 92,906 | 8,55 | 0,064 (18° C) | 1 950 | 3 300 |
| Nobelium[2] | No | 102 | 253,254 | – | – | – | – |
| Osmium | Os | 76 | 190,2 | 22,48 | 0,0311 (19°...98° C) | 2 700 | 4 400 |
| Palladium | Pd | 46 | 106,4 | 11,97 | 0,0586 (18° C) | 1 555 | 3 560 |
| Phosphor | P | 15 | 30,974 | 1,83 weiß | 0,1772 (9° C) | 44 | 280 |
| Platin | Pt | 78 | 195,09 | 21,4 | 0,032 (18° C) | 1 769,3 | 4 010 |
| Plutonium[3] | Pu | 94 | 232...246 | 19,74 | – | 639,5 | – |
| Polonium[1] | Po | 84 | 192...218 | 9,32 | – | 254 | 962 |
| Praseodym | Pr | 59 | 140,91 | 6,5 | – | 932 | 3 450 |
| Promethium[2] | Pm | 61 | 141...152 | – | – | – | – |
| Protactinium[1] | Pa | 91 | 224...235 | 15,37 | – | <1 873 | – |
| Quecksilber | Hg | 80 | 200,59 | 13,55 | 0,0332 (20° C) | –39 | 357 |
| Radium[1] | Ra | 88 | 226,05 | 5 | – | 700 | 1 140 |
| Radon[1] | Rn | 86 | 222,... | $9{,}73 \cdot 10^{-3}$ g/Ncm$^3$ | – | –71 | –61,9 |
| Rhenium | Re | 75 | 186,2 | 21,4 | – | 3 147 | 5 870 |
| Rhodium | Rh | 45 | 102,90 | 12,5 | – | 1 966 | 3 960 |
| Rubidium[1] | Rb | 37 | 85,47 | 1,52 | 0,0792 (20°...35° C) | 39 | 679 |
| Rhutenium | Ru | 44 | 101,07 | 12,2 | 0,0611 (0°...100° C) | 2 500 | 4 110 |
| Samarium[1] | Sm | 62 | 150,35 | 6,93 | – | 1 052 | 1 590 |
| Sauerstoff | O | 8 | 15,999 | $1{,}4289 \cdot 10^{-3}$ g/Ncm$^3$ | 0,218 (18° C) | –218,7 | –182,97 |
| Scandium | Sc | 21 | 44,956 | 3,02 | – | 1 400 | 3 900 |
| Schwefel | S | 16 | 32,064 | 2,07 rhomb. | 0,1751 (0°...95° C) | 113 | 444 |
| Selen | Se | 34 | 78,96 | 4,46 rot | 0,084 (22°...62° C) | 144 | 736 |
| Silber | Ag | 47 | 107,87 | 10,50 | 0,0556 (0° C) | 960 | 2 193 |
| Silizium | Si | 14 | 28,086 | 2,4 krist. | 0,171 (0°...99° C) | 1 410 | 2630 |
| Stickstoff | N | 7 | 14,007 | $1{,}2506 \cdot 10^{-3}$ g/Ncm$^3$ | 0,249 (18° C) | –210 | –195,8 |
| Strontium | Sr | 38 | 87,62 | 2,63 | – | 771 | 1 384 |
| Tantal | Ta | 73 | 180,95 | 16,65 | 0,033 (14°...100° C) | 2 977 | 4 100 |
| Technetium[3] | Tc | 43 | 92...105 | ≈11,5 | – | ≈2 300 | – |
| Tellur | Te | 52 | 127,60 | 6,25 krist. | 0,0487 (15°...200° C) | 452 | 1 087 |
| Terbium | Tb | 65 | 158,924 | 8,33 | – | 1 450 | 2 500 |
| Thallium | Tl | 81 | 204,37 | 11,85 | 0,0326 (20°...100° C) | 303,6 | 1 457 |
| Thorium[1] | Th | 90 | 232,04 | 11,7 | 0,0276 (0°...100° C) | 1 750 | >3 000 |
| Thulium | Tm | 69 | 168,93 | 9,34 | – | 1 600 | 2 400 |
| Titan | Ti | 22 | 47,90 | 4,5 | 0,1125 (0°...100° C) | 1 812 | >3 000 |
| Uran[1] | U | 92 | 238,03 | 19,0 | 0,0280 (0°...98° C) | 1 131 | 3 818 |
| Vanadium | V | 23 | 50,942 | 5,96 | 0,1153 (0°...100° C) | 1 730 | 3 000 |
| Wasserstoff | H | 1 | 1,00797 | $0{,}08987 \cdot 10^{-3}$ g/Ncm$^3$ | 3,41 (18° C) | –259,2 | –252,78 |
| Wismut | Bi | 83 | 208,98 | 9,80 | 0,029 (18° C) | 271 | 1 420 |
| Wolfram | W | 74 | 183,85 | 19,3 | 0,0338 (20°...100° C) | 3 380 | 6 000 |
| Xenon | Xe | 54 | 131,30 | $5{,}85 \cdot 10^{-3}$ g/Ncm$^3$ | – | –111,9 | –108,1 |
| Ytterbium | Yb | 70 | 173,04 | 7,01 | – | 824 | 1 800 |
| Yttrium | Y | 39 | 88,905 | 5,51 | – | 1 490 | 4 100 |
| Zink | Zn | 30 | 65,37 | 7,14 | 0,0925 (18° C) | 419 | 906 |
| Zinn | Sn | 50 | 118,69 | 7,31 | 0,0496 (0°...20° C) | 232 | 2 337 |
| Zirkonium | Zr | 40 | 91,22 | 6,49 | 0,0660 (0°...100° C) | 1 860 | 2 900 |

1 Mindestens ein natürliches radioaktives Isotop.

2 Künstliches Element.

3 Natürliches Vorkommen wegen Instabilität sehr geringfügig. Praktische Gewinnung nur durch künstliche Kernumwandlungen.

# 86. Periodensystem der Elemente

beim Elementsymbol: Alle Isotope dieses Elements sind radioaktiv. Nach den Gesetzen der Quantenphysik können sich Elektrone um einen Atomkern nicht in beliebiger Weise versammeln, sondern nur geordnet nach Schalen (von innen nach außen gehend be zeichnet mit K, L, M, N, ...) und Unterschalen (bezeichnet mit s, p, d, f). Diesem energetischen Feinbau der Elektronosphäre entsprich ein verschiedenartiges Verhalten der Elektronen; z. B. sind s-Elektronen fester eingebaut als p-, d- und f-Elektronen. In den Unter schalen s, p, d und f wiederum können die Elektronen nur in **Gruppen** („Zellen") von maximal je zwei Elektronen auftreten, und zwa bei s in **einer** Gruppe, bei p in bis zu drei Gruppen, bei d in bis zu fünf Gruppen und bei f in bis zu sieben Gruppen. Die Tafel zeigt di energieärmste Verteilung der Elektronen auf die Unterschalen: den sogenannten Grundzustand.

| Perioden n = | Schalen | Hauptgruppen I | Hauptgruppen II | IIIa |
|---|---|---|---|---|
| **1** | | 1 | | |
| | | H | | |
| | | 1,00797 | | |
| 1 | K | 1 | | |
| **2** | | 3 | 4 | |
| | | Li | Be | |
| | | 6,939 | 9,0122 | |
| 1 | K | 2 | 2 | |
| 2 | L | 1 | 2 | |
| **3** | | 11 | 12 | |
| | | Na | Mg | |
| | | 22,990 | 24,312 | |
| 1 | K | 2 | 2 | |
| 2 | L | 2 6 | 2 6 | |
| 3 | M | 1 | 2 | |
| **4** | | 19 | 20 | 21 |
| | | K | Ca | Sc |
| | | 39,102 | 40,08 | 44,956 |
| 1 | K | 2 | 2 | 2 |
| 2 | L | 2 6 | 2 6 | 2 6 |
| 3 | M | 2 6 | 2 6 | 2 6 1 |
| 4 | N | 1 | 2 | 2 |
| **5** | | 37 | 38 | 39 |
| | | Rb | Sr | Y |
| | | 85,47 | 87,62 | 88,905 |
| 1 | K | 2 | 2 | 2 |
| 2 | L | 2 6 | 2 6 | 2 6 |
| 3 | M | 2 6 10 | 2 6 10 | 2 6 10 |
| 4 | N | 2 6 | 2 6 | 2 6 1 |
| 5 | O | 1 | 2 | 2 |

Zwischengruppen (Übergangselemente)

Lanthanide (58 bis 71) und Actinide (90 bis 103)

| Perioden n = | Schalen | | | | | | | | | | | | | | | | | |
|---|---|---|---|---|---|---|---|---|---|---|---|---|---|---|---|---|---|---|
| **6** | | 55 | 56 | 57 | 58 | 59 | 60 | 61 | 62 | 63 | 64 | 65 | 66 | 67 | 68 | 69 | 70 | 71 |
| | | Cs | Ba | La | Ce | Pr | Nd | Pm | Sm | Eu | Gd | Tb | Dy | Ho | Er | Tm | Yb | Lu |
| | | 132,905 | 137,34 | 138,91 | 140,12 | 140,91 | 144,24 | (141 ... 152) | 150,35 | 151,96 | 157,25 | 158,92 | 162,50 | 164,93 | 167,26 | 168,93 | 173,04 | 174,97 |
| 1 | K | 2 | 2 | 2 | 2 | 2 | 2 | 2 | 2 | 2 | 2 | 2 | 2 | 2 | 2 | 2 | 2 | 2 |
| 2 | L | 2 6 | 2 6 | 2 6 | 2 6 | 2 6 | 2 6 | 2 6 | 2 6 | 2 6 | 2 6 | 2 6 | 2 6 | 2 6 | 2 6 | 2 6 | 2 6 | 2 6 |
| 3 | M | 2 6 10 | 2 6 10 | 2 6 10 | 2 6 10 | 2 6 10 | 2 6 10 | 2 6 10 | 2 6 10 | 2 6 10 | 2 6 10 | 2 6 10 | 2 6 10 | 2 6 10 | 2 6 10 | 2 6 10 | 2 6 10 | 2 6 10 |
| 4 | N | 2 6 10 | 2 6 10 | 2 6 10 | 2 6 10 2 | 2 6 10 3 | 2 6 10 4 | 2 6 10 5 | 2 6 10 6 | 2 6 10 7 | 2 6 10 7 | 2 6 10 9 | 2 6 10 10 | 2 6 10 11 | 2 6 10 12 | 2 6 10 13 | 2 6 10 14 | 2 6 10 14 |
| 5 | O | 2 6 | 2 6 | 2 6 1 | 2 6 | 2 6 | 2 6 | 2 6 | 2 6 | 2 6 | 2 6 1 | 2 6 | 2 6 | 2 6 | 2 6 | 2 6 | 2 6 | 2 6 1 |
| 6 | P | 1 | 2 | 2 | 2 | 2 | 2 | 2 | 2 | 2 | 2 | 2 | 2 | 2 | 2 | 2 | 2 | 2 |
| **7** | | 87 | 88 | 89 | 90 | 91 | 92 | 93 | 94 | 95 | 96 | 97 | 98 | 99 | 100 | 101 | 102 | 103 |
| | | Fr* | Ra* | Ac* | Th* | Pa* | U* | Np* | Pu* | Am* | Cm* | Bk* | Cf* | Es* | Fm* | Md* | No* | Lr* |
| | | (217 ... 223) | 226,05 | (227,228) | 232,04 | (224 ... 235) | 238,03 | (231 ... 241) | (232 ... 246) | (237 ... 246) | (238 ... 250) | (243 ... 250) | (244 ... 254) | (248 ... 255) | (248 ... 256) | (255,256) | (253,254) | (256) |
| 1 | K | 2 | 2 | 2 | 2 | 2 | 2 | 2 | 2 | 2 | 2 | 2 | 2 | 2 | 2 | 2 | 2 | 2 |
| 2 | L | 2 6 | 2 6 | 2 6 | 2 6 | 2 6 | 2 6 | 2 6 | 2 6 | 2 6 | 2 6 | 2 6 | 2 6 | 2 6 | 2 6 | 2 6 | 2 6 | 2 6 |
| 3 | M | 2 6 10 | 2 6 10 | 2 6 10 | 2 6 10 | 2 6 10 | 2 6 10 | 2 6 10 | 2 6 10 | 2 6 10 | 2 6 10 | 2 6 10 | 2 6 10 | 2 6 10 | 2 6 10 | 2 6 10 | 2 6 10 | 2 6 10 |
| 4 | N | 2 6 10 14 | 2 6 10 14 | 2 6 10 14 | 2 6 10 14 | 2 6 10 14 | 2 6 10 14 | 2 6 10 14 | 2 6 10 14 | 2 6 10 14 | 2 6 10 14 | 2 6 10 14 | 2 6 10 14 | 2 6 10 14 | 2 6 10 14 | 2 6 10 14 | 2 6 10 14 | 2 6 10 14 |
| 5 | O | 2 6 10 | 2 6 10 | 2 6 10 | 2 6 10 | 2 6 10 2 | 2 6 10 3 | 2 6 10 4 | 2 6 10 5 | 2 6 10 7 | 2 6 10 7 | 2 6 10 8 | 2 6 10 9 | 2 6 10 10 | 2 6 10 11 | 2 6 10 12 | 2 6 10 13 | 2 6 10 14 |
| 6 | P | 2 6 | 2 6 | 2 6 1 | 2 6 | 2 6 1 | 2 6 1 | 2 6 1 | 2 6 1 | 2 6 | 2 6 1 | 2 6 1 | 2 6 1 | 2 6 1 | 2 6 1 | 2 6 1 | 2 6 1 | 2 6 1 |
| 7 | Q | 1 | 2 | 2 | 2 | 2 | 2 | 2 | 2 | 2 | 2 | 2 | 2 | 2 | 2 | 2 | 2 | 2 |
| Sch.-Aufbau | | s p d f | s p d f | s p d f | s p d f | s p d f | s p d f | s p d f | s p d f | s p d f | s p d f | s p d f | s p d f | s p d f | s p d f | s p d f | s p d f | s p d f |

Die jeweiligen Atomgewichte sind bezogen auf $^{12}C = 12{,}000\,00$

# mit Elektronenanordnung

| IVa | Va | VIa | VIIa | | VIIIa | | Ia | IIa | III | IV | V | VI | VII | VIII/O |
|---|---|---|---|---|---|---|---|---|---|---|---|---|---|---|
| | | | | | | | | | Hauptgruppen | | | | | |
| | | | | | | | | | | | | | | 2<br>He<br>4,0026<br>2 |
| | | | | | | | | | 5<br>B<br>10,811<br>2<br>2 1 | 6<br>C<br>12,011<br>2<br>2 2 | 7<br>N<br>14,007<br>2<br>2 3 | 8<br>O<br>15,999<br>2<br>2 4 | 9<br>F<br>18,998<br>2<br>2 5 | 10<br>Ne<br>20,183<br>2<br>2 6 |
| | | | | | | | | | 13<br>Al<br>26,982<br>2<br>2 6<br>2 1 | 14<br>Si<br>28,086<br>2<br>2 6<br>2 2 | 15<br>P<br>30,974<br>2<br>2 6<br>2 3 | 16<br>S<br>32,064<br>2<br>2 6<br>2 4 | 17<br>Cl<br>35,453<br>2<br>2 6<br>2 5 | 18<br>Ar<br>39,948<br>2<br>2 6<br>2 6 |
| 22<br>Ti<br>47,90<br>2<br>2 6<br>2 6 2<br>2 | 23<br>V<br>50,942<br>2<br>2 6<br>2 6 3<br>2 | 24<br>Cr<br>51,996<br>2<br>2 6<br>2 6 5<br>1 | 25<br>Mn<br>54,938<br>2<br>2 6<br>2 6 5<br>2 | 26<br>Fe<br>55,847<br>2<br>2 6<br>2 6 6<br>2 | 27<br>Co<br>58,933<br>2<br>2 6<br>2 6 7<br>2 | 28<br>Ni<br>53,71<br>2<br>2 6<br>2 6 8<br>2 | 29<br>Cu<br>63,54<br>2<br>2 6<br>2 6 10<br>1 | 30<br>Zn<br>65,37<br>2<br>2 6<br>2 6 10<br>2 | 31<br>Ga<br>69,72<br>2<br>2 6<br>2 6 10<br>2 1 | 32<br>Ge<br>72,59<br>2<br>2 6<br>2 6 10<br>2 2 | 33<br>As<br>74,922<br>2<br>2 6<br>2 6 10<br>2 3 | 34<br>Se<br>78,96<br>2<br>2 6<br>2 6 10<br>2 4 | 35<br>Br<br>79,909<br>2<br>2 6<br>2 6 10<br>2 5 | 36<br>Kr<br>83,80<br>2<br>2 6<br>2 6 10<br>2 6 |
| 40<br>Zr<br>91,22<br>2<br>2 6<br>2 6 10<br>2 6 2<br>2 | 41<br>Nb<br>92,906<br>2<br>2 6<br>2 6 10<br>2 6 4<br>1 | 42<br>Mo<br>95,94<br>2<br>2 6<br>2 6 10<br>2 6 5<br>1 | 43<br>Tc<br>(92 ... 105)<br>2<br>2 6<br>2 6 10<br>2 6 5<br>2 | 44<br>Ru<br>101,07<br>2<br>2 6<br>2 6 10<br>2 6 7<br>1 | 45<br>Rh<br>102,90<br>2<br>2 6<br>2 6 10<br>2 6 8<br>1 | 46<br>Pd<br>106,4<br>2<br>2 6<br>2 6 10<br>2 6 10 | 47<br>Ag<br>107,87<br>2<br>2 6<br>2 6 10<br>2 6 10<br>1 | 48<br>Cd<br>112,40<br>2<br>2 6<br>2 6 10<br>2 6 10<br>2 | 49<br>In<br>114,82<br>2<br>2 6<br>2 6 10<br>2 6 10<br>2 1 | 50<br>Sn<br>118,69<br>2<br>2 6<br>2 6 10<br>2 6 10<br>2 2 | 51<br>Sb<br>121,75<br>2<br>2 6<br>2 6 10<br>2 6 10<br>2 3 | 52<br>Te<br>127,60<br>2<br>2 6<br>2 6 10<br>2 6 10<br>2 4 | 53<br>J<br>126,90<br>2<br>2 6<br>2 6 10<br>2 6 10<br>2 5 | 54<br>Xe<br>131,30<br>2<br>2 6<br>2 6 10<br>2 6 10<br>2 6 |
| 72<br>Hf<br>178,49<br>2<br>2 6<br>2 6 10<br>2 6 10 14<br>2 6 2<br>2 | 73<br>Ta<br>180,95<br>2<br>2 6<br>2 6 10<br>2 6 10 14<br>2 6 3<br>2 | 74<br>W<br>183,85<br>2<br>2 6<br>2 6 10<br>2 6 10 14<br>2 6 4<br>2 | 75<br>Re<br>186,2<br>2<br>2 6<br>2 6 10<br>2 6 10 14<br>2 6 5<br>2 | 76<br>Os<br>190,2<br>2<br>2 6<br>2 6 10<br>2 6 10 14<br>2 6 6<br>2 | 77<br>Ir<br>192,2<br>2<br>2 6<br>2 6 10<br>2 6 10 14<br>2 6 7<br>2 | 78<br>Pt<br>195,09<br>2<br>2 6<br>2 6 10<br>2 6 10 14<br>2 6 9<br>1 | 79<br>Au<br>196,967<br>2<br>2 6<br>2 6 10<br>2 6 10 14<br>2 6 10<br>1 | 80<br>Hg<br>200,59<br>2<br>2 6<br>2 6 10<br>2 6 10 14<br>2 6 10<br>2 | 81<br>Tl<br>204,37<br>2<br>2 6<br>2 6 10<br>2 6 10 14<br>2 6 10<br>2 1 | 82<br>Pb<br>207,19<br>2<br>2 6<br>2 6 10<br>2 6 10 14<br>2 6 10<br>2 2 | 83<br>Bi<br>208,98<br>2<br>2 6<br>2 6 10<br>2 6 10 14<br>2 6 10<br>2 3 | 84<br>Po<br>(192 ... 218)<br>2<br>2 6<br>2 6 10<br>2 6 10 14<br>2 6 10<br>2 4 | 85<br>At<br>(201 ... 219)<br>2<br>2 6<br>2 6 10<br>2 6 10 14<br>2 6 10<br>2 5 | 86<br>Rn<br>(222,...)<br>2<br>2 6<br>2 6 10<br>2 6 10 14<br>2 6 10<br>2 6 |
| 104<br>Ku<br>(257, 259) | 105<br>Ha<br>(260, 261) | | | | | | | | | | | | | |
| s p d f | s p d f | s p d f | s p d f | s p d f | s p d f | s p d f | s p d f | s p d f | s p d f | s p d f | s p d f | s p d f | s p d f | s p d f |